南水北调泵站工

南水北调泵站主机组设备检修

NANSHUIBEIDIAO BENGZHAN
ZHUJIZU SHEBEI JIANXIU

南水北调东线江苏水源有限责任公司　编著

河海大学出版社
·南京·

图书在版编目(CIP)数据

南水北调泵站主机组设备检修 / 南水北调东线江苏水源有限责任公司编著. -- 南京：河海大学出版社，2021.4

南水北调泵站工程技术培训教材
　ISBN 978-7-5630-6896-8

Ⅰ. ①南… Ⅱ. ①南… Ⅲ. ①南水北调—水利工程—泵站—机电设备—设备检修—技术培训—教材 Ⅳ. ①TV675

中国版本图书馆 CIP 数据核字(2021)第 049749 号

书　　　名	南水北调泵站主机组设备检修
书　　　号	ISBN 978-7-5630-6896-8
责任编辑	金　怡
责任校对	彭志诚
装帧设计	徐娟娟
出版发行	河海大学出版社
地　　　址	南京市西康路 1 号(邮编：210098)
电　　　话	(025)83737852(总编室)　(025)83722833(营销部)
经　　　销	江苏省新华发行集团有限公司
排　　　版	南京布克文化发展有限公司
印　　　刷	江苏凤凰数码印务有限公司
开　　　本	787 毫米×1092 毫米　1/16
印　　　张	12.375
字　　　数	290 千字
版　　　次	2021 年 4 月第 1 版
印　　　次	2021 年 4 月第 1 次印刷
定　　　价	76.00 元

《南水北调泵站工程技术培训教材》编委会

主 任 委 员：荣迎春
副主任委员：袁连冲　刘　军　袁建平　李松柏
　　　　　　吴学春　徐向红　缪国斌　侯　勇
编 委 委 员：韩仕宾　鲍学高　吴大俊　沈昌荣
　　　　　　王亦斌　沈宏平　雍成林　李彦军
　　　　　　黄卫东　沈朝晖　张永耀　周昌明
　　　　　　宣守涛　莫兆祥

《南水北调泵站主机组设备检修》编写组

主　　编：袁连冲
执行主编：刘　军
副 主 编：李松柏　吴大俊　袁建平　雍成林
　　　　　施　伟
编写人员：林建时　蒋兆庆　杨登俊　林　亮
　　　　　沈广彪　江　敏　王从友　孙　涛
　　　　　乔凤权　孙　毅　张鹏昌　范雪梅
　　　　　刘　尚　刘佳佳　辛　欣　严再丽
　　　　　曹　虹　潘月乔　张金凤　骆　寅
　　　　　邱　宁　付燕霞　李亚林　张　帆

目 录
CONTENTS

第一章 概论 ... 1

第一节 大型泵站检修的背景及意义 ... 1
第二节 检修的分类及要求 ... 1
第三节 检修方法介绍 ... 2
第四节 检修组织与计划 ... 2
第五节 检修标准、验收及管理 ... 3

第二章 主机组检修 ... 4

第一节 基本规定 ... 4
 一、检修方式 ... 4
 二、检修周期 ... 4
 三、检修前的准备 ... 5

第二节 立式机组的检修 ... 7
 一、立式机组的泵站形式 ... 7
 二、立式机组的结构 ... 10
 三、主要检修项目 ... 13
 四、立式机组拆卸 ... 14
 五、立式主水泵部件的检修 ... 16
 六、立式同步电动机部件的检修 ... 48
 七、立式机组的安装 ... 68

第三节 卧式与斜式机组的检修 ... 109
 一、卧式与斜式机组的泵站形式 ... 109
 二、卧式轴流泵机组结构 ... 113

　　　　三、电动机的结构 ································· 123
　　　　四、卧式与斜式轴流泵机组的检修 ················· 125
　第四节　灯泡贯流式机组的检修 ························· 151
　　　　一、灯泡贯流式机组泵站形式 ····················· 151
　　　　二、联轴器直联灯泡贯流式机组检修 ··············· 154
　　　　三、齿轮箱传动灯泡贯流式机组检修 ··············· 165
　　　　四、共轴式灯泡贯流式机组检修 ··················· 169
　第五节　卧式离心泵机组的检修 ························· 178
　　　　一、高扬程泵站形式 ····························· 178
　　　　二、卧式中开式离心泵机组的拆卸 ················· 184
　　　　三、机组部件的检修 ····························· 184
　　　　四、机组的安装 ································· 186
　第六节　主电动机的电气试验 ··························· 187
　　　　一、一般规定 ··································· 187
　　　　二、试验项目 ··································· 188
　　　　三、电动机试验项目要求 ························· 188
　第七节　试运行和交接验收 ····························· 189
　　　　一、试运行 ····································· 189
　　　　二、交接验收 ··································· 189

第一章　概论

第一节　大型泵站检修的背景及意义

农业是我国国民经济的基础,是实现四个现代化宏伟目标的战略重点之一。为解决北方缺水问题,国家启动了南水北调工程,大型电力排灌站的作用从过去的面向农业生产转向为社会服务,即为工农业生产和人民生活用水服务,它的作用和地位将进一步提高。

为了服务好工农业生产,必须要求机组在运行中"安全、高效、低耗"。在工作中,泵站所有机电设备均应具有很高的运行可靠性,保证机电设备经常处于良好的技术状态。因此,必须对泵站的全部机电设备进行检查与修理,更新那些难修复的易损件,修复那些在运行中已明显损坏且可修复的零部件。及时发现问题、消除隐患,预防事故发生,保证机组运行稳定性和可靠性,延长机组使用寿命。

通过对泵站的检修,还可以发现设计、制造和安装过程中的问题,积累丰富的运行经验,为泵站更新改造提供依据,为大型泵站的选型、施工、安装提供有益的资料。

第二节　检修的分类及要求

一般根据泵站机电设备的检修性质及工作量、检修形式及项目、拆卸规模和时间,主要分为以下两类。

(1) 小修:在不拆卸整个主机组、电气和辅助设备的条件下,定期检查、维护设备,消除设备的一般性缺陷,确保设备安全可靠运行,延长设备使用周期,同时通过小修掌握设备的使用情况,为大修提供依据。

(2) 大修:全面检查主机组、主要电气和辅助设备各部件的结构及技术数据,消除设备运行过程中的重大缺陷,更换或修补易损零件,恢复设备的规定功能和技术状态。

在泵站实际设备检修中常出现设备中修情况。设备中修通常是在设备发生突发性故障情况下,临时采取的一种针对性的局部检修。设备中修可以界定为:需中修的设备整体状态良好,未达到大修年限,通过局部性的解体检修,可以在较短时间内、使用较少费用情况下,恢复设备原有的技术状态。设备中修的检修范围、工作量超越小修但也不是设备的全部解体,对不同的设备中修因检修的项目具有不确定性,不能具体做出规范性和指导性的要求,仅设备检修范围内的技术性标准可参照大修的相关内容和要求执行。

小修一般每年一次。大修周期可根据制造厂、规程规范要求以及设备的技术状态综合考虑，大修周期确定后，便可制订泵站的年检修计划。检修项目和质量标准依据制造厂和规程规范要求执行。

第三节　检修方法介绍

长期以来，在大型泵站中基本上实行计划检修的模式，即以检修规程规定的检修周期为依据，按周期进行设备的计划检修。但以周期为依据的计划检修方式，在执行中暴露出的问题是：计划周期只是适用于一般情况，个别的设备则可能会出现状况完好而不需要进行检修的情况，从而造成经济上的浪费和设备不必要的拆卸装配等问题。另外，有的设备缺陷发展较快，未到检修周期即构成事故或形成设备带病运行的状态。因此，对机电设备的故障只能被动接受。

随着科技的发展，近些年状态检修逐步得到发展，它是针对计划检修的一种变革，是根据机电设备的实际状况来安排设备检修的一种检修方式，它从根本上克服了计划检修的不足。尽管计划检修对于消除运行中的设备事故有着显著的作用，但无论计划订得如何合理以及泵站设备设计、制造如何安全可靠，终究不能消除设备的缺陷与不足，发生故障的概率总是存在的，仍然存在着设备发生事故的概率与设备维修的浪费。在故障发生前及时地测报设备的故障，对机组安全运行、减少事故发生率具有非常重要的意义。故障测报，对安排设备检修、消除设备薄弱环节和评价通过检修或技术改造后的效果都将起到一定的作用。

随着大型泵站综合自动化系统的实施，在大型泵站应逐步推行在线故障监测技术系统。通过在线故障监测设备，确立精密的诊断方法，预知主机组、主要电气和辅助设备的故障，以便及时采取措施，提高大型泵站运行的可靠性。

对大型泵站应用在线故障测报技术来改变大型泵站的检修模式具有非常重要的意义。在线故障测报技术可使设备以高质量状态投入运行，运行中定时或不间断地对设备进行现状监测以发现异常，对即将产生的故障进行诊断，及时处理，适时维修，防止事故的发生，避免事故损失，确保安全运行，节约维修费用，最大限度地延长设备的寿命，提高大型泵站的经济效益。

第四节　检修组织与计划

检修组织与计划是整个检修工作的基础，它将直接影响工期和质量。为此，必须做好这一工作。

泵站机电设备的检修工作专业性较强，为提高检修工作效率和检修质量，目前状况下宜由技术业务能力较强的人员组成专门维修中心，承担南水北调大型泵站主要机电设备中修和大修的检修任务。泵站管理单位负责泵站运行管理、故障处理及工程设备的日常维修保养工作，根据泵站机组设备状况和检修要求，制订和上报检修方案和计划，并参与设备的检修工作。

主机组、主要电气和辅助设备大修和抢修需要维修中心派出专门检修力量，维修中心在完成南水北调泵站检修任务的前提下，积极开展对外服务，承包工程项目，拓展经营业务。泵站管理人员参与设备检修有利于提高业务技术水平和运行管理水平。南水北调全线泵站工程分布比较分散，相距较远，泵站机组设备的检修和抢修宜由维修中心的主要技术骨干和泵站管理技术人员共同完成。

第五节　检修标准、验收及管理

大型泵站机组检修是运行管理工作的关键。为此，要贯彻预防为主、检修为次、该修必修、修必修好的原则，保证机组能高质量、安全可靠地运行。

泵站的检修管理需要遵循以下基本原则。

（1）坚持"预防为主，计划检修"原则。根据设备运行状况，做到预防为主的计划检修。

（2）统筹安排，坚持长远规划、短期计划相结合原则，组织设备检修。每台设备运转年限、制造质量、运行状况、存在缺陷等各有不同，在安排检修计划时，应对每台设备进行分析研究，分清影响安全生产的主次矛盾，了解设备存在问题及发展趋势等情况，统筹规划，合理安排，长短结合，有计划、有重点地制订检修计划，克服盲目性。

（3）加强施工管理，确保检修质量。在施工中，重点做好质量标准、工艺措施的贯彻，并严格质量验收，按规定要求做好设备的相关检测和试验，设备检修完成后应进行试运行，试运行完成后进行交接验收。

（4）做好检修档案管理工作。对每次检修的项目内容、实施方案、图纸资料等收编齐全，以便检验检修的效果，为合理改进提供科学依据。切实做好机电设备检修管理工作，确保设备安全运行，使泵站更好地发挥工程效益。

第二章 主机组检修

第一节 基本规定

一、检修方式

1. 主机组小修

主机组小修主要包括：根据制造厂和规程规范要求定期对主机组进行检查、维修和养护，确保设备处于良好状态，延长设备使用周期。根据主机组运行情况及定期检查、维护中发现的问题，通过局部的拆卸、调整、更换或修复失效的零部件，以恢复设备的正常功能。同时通过小修掌握主机组技术状态，为主机组大修提供依据。

定期检查和维护通常安排在汛前、汛后和按计划安排的时间进行。

2. 主机组大修

主机组大修是对主机组进行全面解体、检查和处理，更新易损件，修补磨损件，对机组的同轴度、摆度、垂直（水平）度、高程、中心和间隙等进行重新调整，消除机组运行过程中的重大缺陷，恢复机组各项技术指标。

主机组大修可分为一般性大修和扩大性大修，一般性大修不吊出叶轮进行处理。

扩大性大修除一般性大修项目外，还包括：吊出叶轮解体检修、做静平衡试验和油压试验、机组重要部件的检修或更换，以及其他较大的技术革新、改造工作。扩大性大修一般应根据机组技术状态和需要来确定。

二、检修周期

1. 主机组检修周期应根据制造厂和规程规范要求、机组的技术状况，以及零件的磨损、腐蚀、老化程度和运行维护条件确定，一般可按表 2-1 的规定进行检修，亦可根据具体情况提前或推后。

表 2-1 主机组检修周期

检修类别	检修周期（a）	运行时间（h）	工作内容	时间安排
小修	1	1 000～5 000	定期检查和维护，处理设备故障和异常情况，掌握设备技术状态	汛前、汛后及故障时

续表

检修类别	检修周期(a)	运行时间(h)	工作内容	时间安排
大修	3~8	3 000~20 000	分为一般性大修或扩大性大修,包括运行机组解体、检修、组装、试验和试运行,验收交付使用	按照周期列入年度计划

2. 泵站主机组运行中发生以下情况应立即进行大修:

(1) 发生轴瓦损坏现象;

(2) 主电机线圈内部绝缘击穿或短路;

(3) 发生其他需要通过大修才能排除的故障。

3. 在确定大修周期和工作量时应注意下列问题:

(1) 如果没有特殊要求,应尽量避免拆卸工作性能良好的部件和机构,因为任何这样的拆卸和装配都会有损于它们的工作状态和精度;

(2) 尽量延长检修周期,同时要考虑到零件的磨损情况、类似设备的实际运行经验和该设备在运行中某些性能指标的下降情况等因素。有充分把握能维持机组的正常运行,就不安排大修。但也不能片面地追求延长大修周期,而不顾某些零件的磨损情况。因此,大修应有计划地而不是盲目地、教条式地进行,以免影响机组正常效益的发挥。

三、检修前的准备

设备检修一般分为小修和大修,设备大修的工作范围、工作量较大,且工作标准和技术复杂程度等均较高;而设备小修相对简单但变化较大,其准备工作可根据实际情况参照设备大修要求确定。

1. 成立大修领导班子,组织检修人员,配备各工种技术骨干,明确分工,查阅技术档案,了解主机组运行状况,主要准备资料包括:

(1) 运行情况记录;

(2) 历年检查保养和维修记录及故障记录;

(3) 上次大修总结报告和技术档案;

(4) 近年汛前、汛后检查的试验记录;

(5) 近年泵站主厂房及主机组基础的沉陷观测记录;

(6) 机组图纸等与检修有关的机组技术资料。

2. 编制大修施工组织计划,其主要内容应包括:

(1) 机组基本情况、大修的原因和性质;

(2) 检修进度计划;

(3) 检修人员组织及具体分工;

(4) 检修场地布置:大修场地一般以主厂房为主,在不妨碍运行的前提下,合理布置水泵、电机等大型部件摆放地点并清理检修场地;

(5) 关键部件的检修方案及主要检修工艺;

(6) 质量标准及保证措施,包括施工记录、各道工序检验要求;

（7）施工安全及环境保护措施；

（8）试验与试运行；

（9）大修经费预算；

（10）主要施工机具、备品备件和材料明细表。

大修前应将主要施工工具、仪器和材料准备齐全，确保检修顺利进行，按期完工。下面所列工具、仪器和消耗性材料，可供大修前配备参考。

①一般工具设备

一般工具设备包括锉刀、扳手、钢锯弓、丝锥、板牙、铰刀、锤子、起子、皮带冲、钢号码、管子割刀、管子绞丝机、管子钳、三角刮刀、起重工具配件、安全帽、安全带、安全网、螺旋千斤顶、液压千斤顶、电钻、砂轮机、磨角机、手拉葫芦、滤油机、电焊机、切割机、氧气瓶、乙炔瓶、喷灯、台虎钳、钳工工作台和行灯变压器等。

②常用仪器和量具

常用仪器和量具包括水平仪、外径千分尺、内径千分尺、塞尺、百分表、百分表座、游标卡尺、深度尺、秒表和温度计等。

③消耗性材料

消耗性材料主要包括有油漆类、调漆剂、松动剂、除污剂、502胶、密封胶、酒精、清洗剂、煤油、柴油、汽轮机油、凡士林、油石、研磨膏、砂纸、石棉盘根、平板橡胶、耐油平板橡胶、耐油橡胶圆条、红纸板、青壳纸、绝缘胶带、焊条类、铜皮、羊毛毡和纱手套等劳保类。

④专用工具

a. 求心器：将其放在中心架上，悬挂钢琴线，用以找正机组中心的工具。

b. 中心架：用角铁或槽钢焊制而成，用来支撑求心器。

c. 水平梁：用型钢或其他具有一定刚度的材料焊接制成，具有一定刚度，装在推力头卡环螺栓上，水平梁上安装框式或合象水平仪，用以测量机组水平。

d. 专用扳手：电机轴与水泵轴连接螺栓专用扳手、上机架地脚螺丝专用扳手、定子地脚螺丝专用扳手、泵壳螺栓专用扳手、叶轮头与泵轴法兰连接专用扳手、上导瓦抗重螺栓专用开口扳手、下导瓦抗重螺栓专用开口扳手和重型套筒扳手。

e. 推力头拆装工具：包括专用配套加厚钢板、专用导向螺杆、专用全牙螺杆和固定轴顶螺杆等。

f. 标准平板：分两种，一种是磨削推力头绝缘垫片用平板，另一种是调整泵轴摆度时铲刮泵轴法兰面用平板。

g. 刮刀：是轴瓦研刮的专用工具，它包括平头短刀和弯头刮刀。

h. 吊转子专用工具与吊泵轴专用工具。

i. 油压、水压试验工具，用于测量空气间隙、叶片间隙的楔形塞尺（竹制）等。

j. 手动液压叉车，直向（或万向）搬运坦克车。

⑤备品配件

应根据主机组和辅助设备出厂资料，编制备品配件采购计划并组织采购，进口件应提前预购。计划表中，必须注明产品代号、名称及装配要求，以防采购有误。

3. 大修注意事项

（1）机组大修的场地布置，主要在检修间和电机层。在考虑各部件的吊放位置时，除考虑部件的外部尺寸外，应根据部件的质量，考虑地面承载能力及对检修工作面和交叉作业是否有影响。

（2）行车按规定由专业机构检测合格，大车、小车、大钩、小钩在规定范围内运行顺畅，无卡涩、跳动，刹车良好，大车、小车及大钩、小钩电机绝缘良好，电气控制灵敏、准确、可靠，安全保护装置稳定可靠。起吊重要设备或部件均应经过检查试验，并指派专人负责。

（3）手拉葫芦、钢丝绳等各种起重工具、吊具均需严格检查，手拉葫芦实际起重量不得超过额定起重量，实际起吊高度不得超过规定的起吊高度，钢丝绳应无断丝断股等现象。

（4）各种脚手架、工作台、安全网等设施，应指派专人检查，负责现场安全工作。

（5）临时照明应采用安全照明，移动电气设备的使用应符合有关安全使用规定。

（6）对大修中所需的专用工具、支架等应预先准备和制作，需要运出站外修理的部件应事先准备搬运工具和联系加工单位，避免机组解体后停工待料，影响机组大修进度。

（7）如在汛期进行大修，施工组织计划中的安全措施应包括制定相应的防汛应急预案。

第二节　立式机组的检修

一、立式机组的泵站形式

早期建成的大、中型泵站均采用立式机组，立式机组是指立式水泵和立式电动机采用联轴器直联的结构形式。立式机组一般选用混流泵和轴流泵，具有占地面积小、水泵轴承荷载小、可靠性高、电机通风散热条件好、不易受潮、机组安装检修方便等优点，各方面技术比较成熟，至今仍是应用最为广泛的一种泵站形式。随着科学技术、制造能力以及设计理念的发展，立式机组及泵站形式均有了较大改变。典型的泵站形式主要有以下几种。

1. 立式金属弯管式半调节轴流泵泵站

采用立式金属弯管式半调节轴流泵，肘形流道进水，虹吸式出水流道真空破坏阀断流的泵站，是我国最初建设的泵站形式，现已改造为机械全调节轴流泵机组，结构如图2-1所示。

2. 立式井筒插入式液压全调节轴流泵泵站

采用立式井筒插入式液压全调节轴流泵，肘形流道进水，虹吸式出水流道真空破坏阀断流的泵站，是目前比较成熟、应用最为广泛的一种泵站形式，结构如图2-2所示。

3. 立式井筒插入式液压全调节混流泵泵站

采用立式井筒插入式中置式液压全调节混流泵，肘形流道进水，虹吸式出水流道真空破坏阀断流的泵站，是目前效率最高的立式机组泵站，结构如图2-3所示。

4. 立式蜗壳式液压全调节混流泵泵站

采用立式液压全调节混流泵，钟形平面蜗壳式进水、平直管出流液压启闭快速闸门断流的泵站，是目前我国最大的立式混流泵泵站形式，结构如图2-4所示。

5. 立式双向轴流泵泵站

采用立式轴流泵，X形双向进出水流道，卷扬式启闭快速闸门断流的泵站，一座泵站可实现抽水、排涝双向功能，结构如图2-5所示。

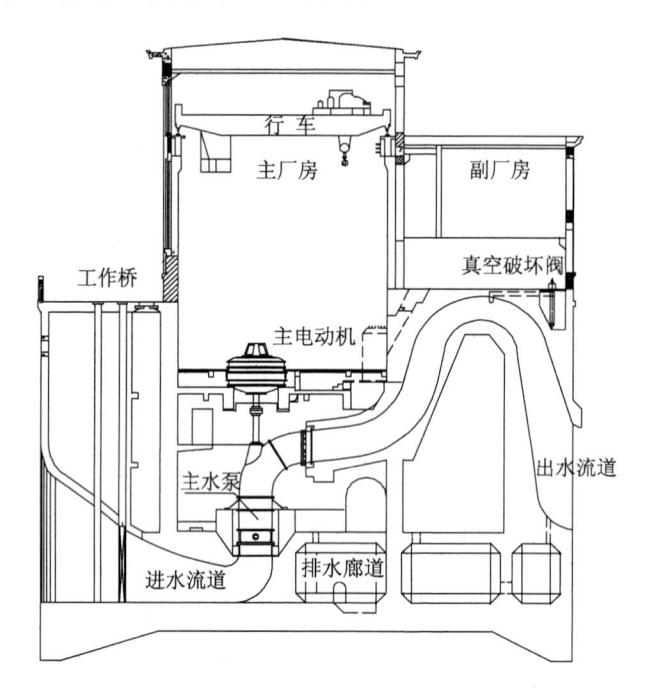

图2-1 立式金属弯管式半调节轴流泵泵站剖面图

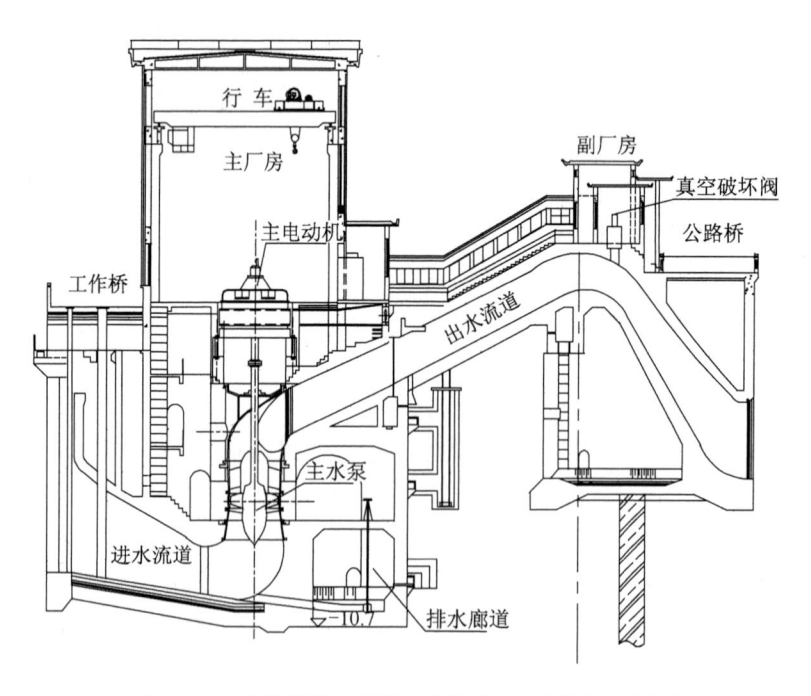

图2-2 立式井筒插入式液压全调节轴流泵泵站剖面图

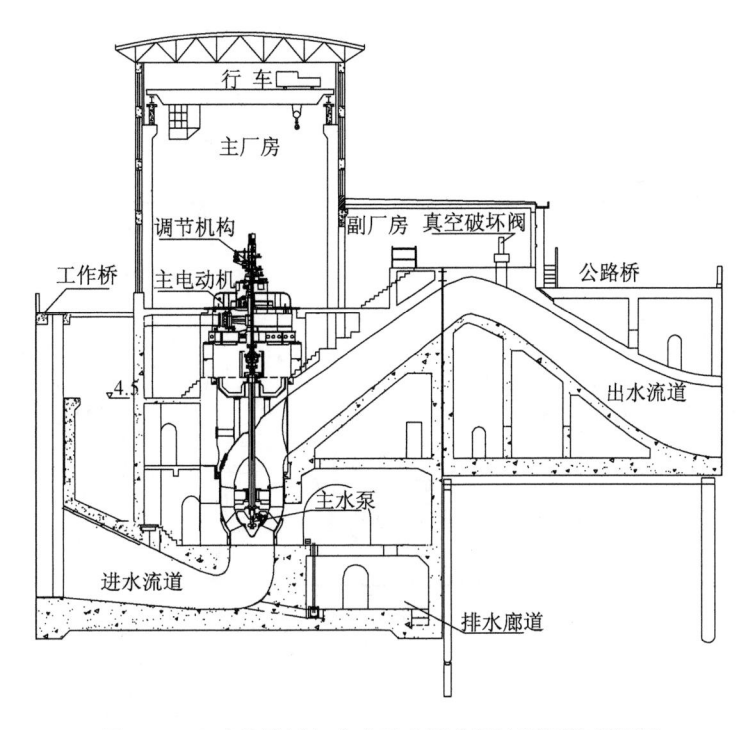

图 2-3　立式井筒插入式液压全调节混流泵泵站剖面图

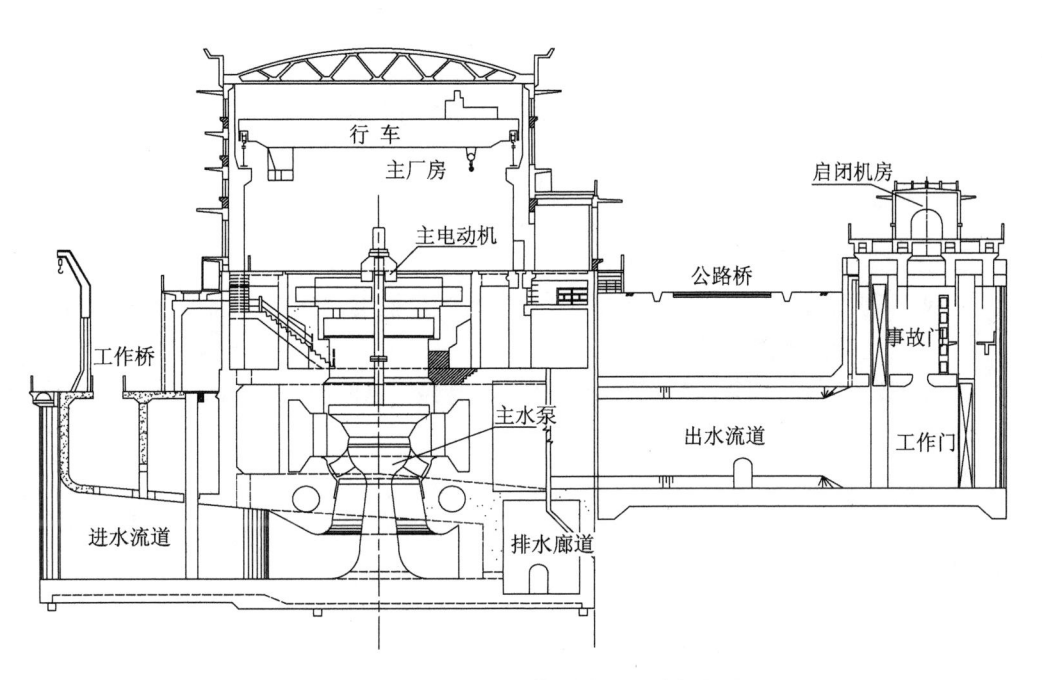

图 2-4　立式液压全调节混流泵泵站剖面图

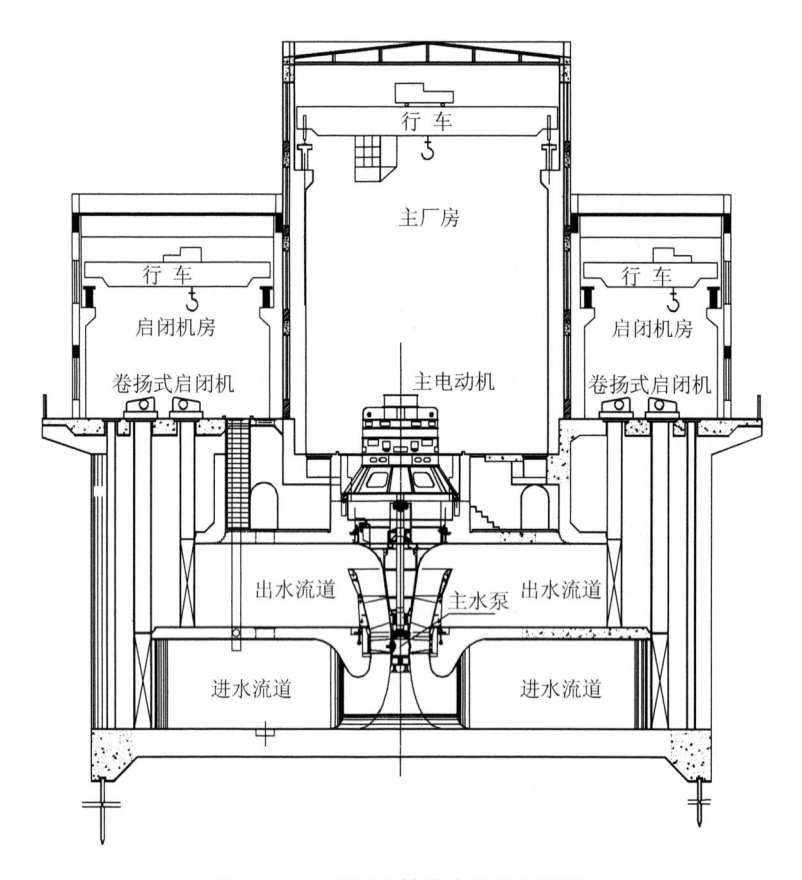

图 2-5　立式双向轴流泵泵站剖面图

二、立式机组的结构

1. 弯管式轴流泵机组

出水弯管用铸铁浇铸或钢板制成的弯管式轴流泵机组,结构形式如图 2-6 所示。

2. 混凝土管式轴流泵机组

出水管部分采用钢筋混凝土的混凝土管式轴流泵,也称圬工式轴流泵,其机组结构形式如图 2-7 所示。

3. 井筒式轴流泵机组

泵体出水管部分全部装在钢筋混凝土井筒内的井筒式轴流泵,也称泵井式轴流泵,其机组结构形式如图 2-8 所示。

4. 混凝土管蜗壳式混流泵机组

出水管部分采用钢筋混凝土的混凝土管蜗壳式混流泵机组,结构形式如图 2-9 所示。

5. 导叶式混流泵机组

导叶式混流泵机组结构形式如图 2-10 所示。

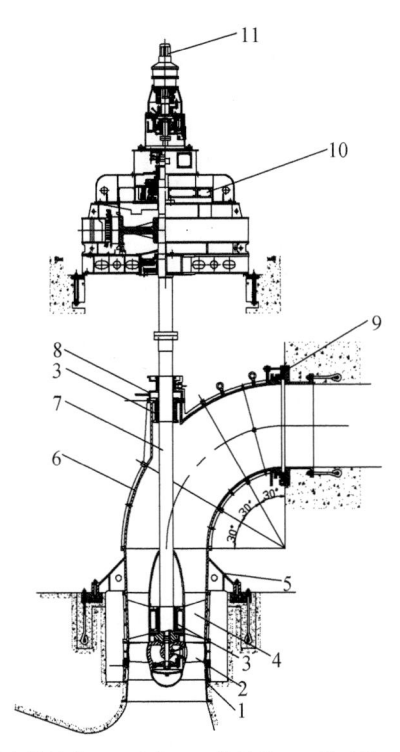

1—进水伸缩节；2—叶轮；3—导轴承；4—导叶体；5—中间接管；6—30°弯管；7—泵轴；8—填料盒；9—出水伸缩节；10—电动机；11—叶片调节器。

图 2-6　弯管式轴流泵机组结构图

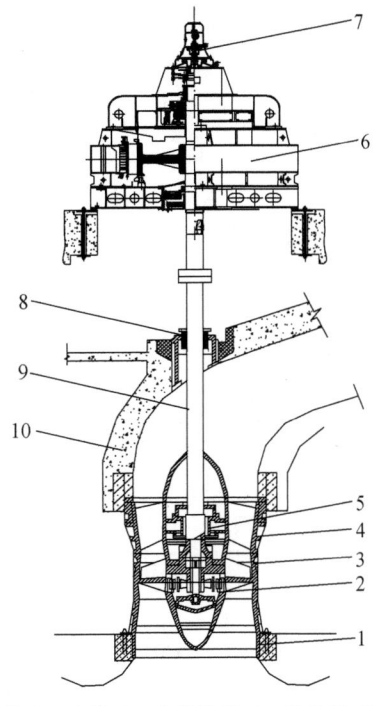

1—底座；2—叶轮；3—叶轮外壳；4—导叶体；5—导轴承；6—电动机；7—叶片调节器；8—填料盒；9—泵轴；10—砼弯管。

图 2-7　混凝土管式轴流泵机组结构图

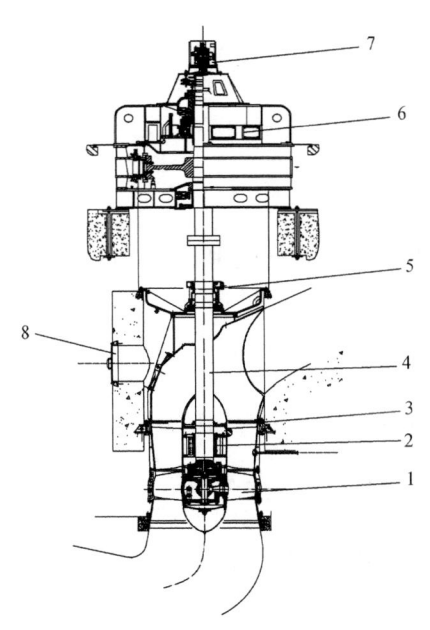

1—叶轮；2—导轴承；3—导叶体；4—泵轴；5—填料密封；6—电动机；7—叶片调节器。

图 2-8　井筒式轴流泵机组结构图

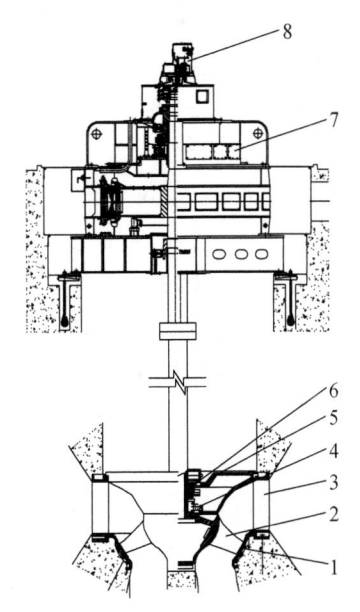

1—叶轮外壳；2—叶轮；3—导叶体；4—密封；5—泵盖；6—导轴承；7—电动机；8—叶片调节器。

图 2-9　混凝土管蜗壳式混流泵结构图

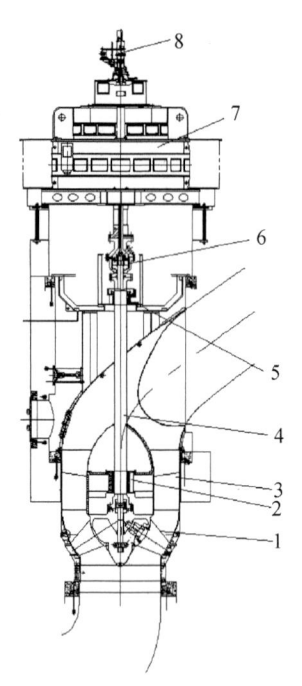

1—叶轮；2—导轴承；3—导叶体；4—泵轴；5—填料；6—接力器；7—电动机；8—受油器部件。

图 2-10　导叶式混流泵结构图

立式机组由固定部分和转动部分组成。

水泵固定部分一般由泵体进水管部件（包括底座、套管、压环或底座、接管、进水锥管）、叶轮外壳、导叶体、泵体出水管部件（包括中间接管、60°弯管、30°弯管、套管、异形管、泵盖、上盖、上座）、轴承部件、填料密封部件和调节器部件等组成。

导叶体中间设置水泵导轴承，弯管式轴流泵在60°弯管上还设置了上导向轴承。设置水泵导轴承的目的是承受水泵轴上的径向荷载。径向荷载的来源，一是水泵的水力不平衡，二是电动机的磁拉力不平衡，三是机械动不平衡。

水泵转动部分包括叶轮部件和泵轴部件等。

水泵叶片安放角度调节方式有半调节和全调节两种。根据使用要求，将叶片以一定角度安装在轮壳毂体上，用紧固螺母压紧固定，如工况发生变化需调节角度，需停机后松开紧固螺母，转动叶片后再进行固定，称为半调节。半调节水泵，结构简单，安装检修方便，但叶片角度不能自动调节，不能适应不同的运行工况。轴流泵、导叶式混流泵叶轮根据工况要求可做成叶片可调式。全调节水泵由于其叶片角度能自动调节，以适应不同的运行工况，运行效率较高，因此在大型泵站被广泛应用。全调节水泵按调节的方法又分为液压全调节和机械全调节。随着泵站技术的创新，又出现了一种不同结构形式的半调节水泵，该种水泵叶轮部件类同全调节叶轮部件，通过安装在联轴器内的蜗轮蜗杆组成的手动调节部件，调节水泵操作杆运动，实现叶片的调整，但这种操作必须在停机状态下进行，所以目前仍称为半调节水泵。

泵轴一般用锻钢制成，半调节式水泵一般为实心轴。泵轴下端与叶轮连接，一般有两种连接方式，一种采用锥轴用键传递扭矩，用螺母锁紧；另一种采用联轴器，用多只螺栓固定。泵轴上端设刚性联轴器与电机轴相连。全调节式水泵为空心轴，泵轴上端设刚性联轴器与电机轴相连，下端设联轴器与轮毂顶相连，并在联轴器圆周上设圆柱销，以传递扭矩切向力。泵轴在上下导轴承和填料密封位置处设有不锈钢套或喷镀不锈钢层，以防泵轴锈蚀和磨损。空心轴内设操作油管或操作杆与叶轮轮毂内操作杆相连。

由于泵体结构形式不同，其拆卸和安装方法也各不相同。因此在拆卸和安装时，对机组结构应予以充分的了解。必须根据机组结构特点因地制宜地来确定正确的、符合实际的机组安装内容和顺序。

三、主要检修项目

1. 小修的主要项目

（1）水泵部分

①水泵主轴填料密封检查、添加或更换。

②油润滑水导轴承及间隙检查、清理或维修，润滑油更换。

③轴承密封的检查或维修。

④水润滑水导轴承间隙检查或维修。

⑤叶片调节机构的检查或维修。

⑥受油器上操作油管内外油管部分的检查或维修。

⑦液位信号器及测温装置的检查或维修。

（2）电机部分

①冷却器的检查和维修。

②上、下油槽的检查，润滑油检测，不合格时进行滤油处理或更换。

③滑环、刷握和碳刷的检查、清理或更换。

④制动器和液压减载系统的检查或维修。

⑤轴瓦间隙及磨损情况的检查或维修。

⑥绝缘电阻检查，不合格时进行干燥和处理。

2. 大修的主要项目

（1）一般性大修

①叶片、叶轮外壳的汽蚀检查和维修。

②泵轴轴颈磨损的处理及轴承的维修和处理。

③叶片调节机构、操作油管或操作杆的检查和维修，操作油管的耐压试验。

④ 电机轴瓦的研刮。

⑤机组的垂直同心，轴线的摆度、垂直度、中心的测量与调整等。

⑥电机磁场中心、空气间隙的测量与调整。

⑦导轴瓦间隙的调整。

⑧小修的所有内容。

（2）扩大性大修

①更换损坏的转子磁极线圈或定子线圈。

②全调节水泵叶轮的检查和耐压试验。

③叶轮的静平衡试验。
④机组主要部件的重大缺陷处理或更换。
⑤一般性大修的所有内容。

四、立式机组拆卸

1. 拆卸机组注意事项

(1) 机组解体是将机组的重要部件依次拆开、检查和清理。机组解体的顺序是先外后内,先电机后水泵,先部件后零件。机组解体要求准备充分,有条不紊,秩序井然,排列有序。

(2) 各分部件的相对结合处拆卸前,应查对原位置,做好记号或编号,如不清楚应用新钢号码字依次标记,确定相对方位,在零件相对结合处划出一两条刻线,使复装后能保持原配合状态。拆卸要有记录,总装时按记录安装。

(3) 零部件拆卸时,先拆销钉,后拆螺栓。

(4) 螺栓按部位集中涂油或浸在油中存放,以防止丢失和锈蚀。

(5) 不应敲打或碰伤零件加工面,如有损坏应及时修复。各零部件清洗后应分类存放,各精密加工面,如镜板面等,应擦干并涂防锈油,表面覆盖油纸或毛毡。其他零部件下面要用干净木板或橡胶垫垫好,避免碰伤,上面用布或毛巾盖好,防止灰尘杂质侵入。大件存放应用木方或其他物件垫好,避免损坏零部件的加工面和地面。

(6) 清洗零部件时,应备足消防器材,周边不应有零碎杂物或其他易燃易爆物品,严禁火种,清洗用油应集中妥善保管。

(7) 拆卸螺栓时宜使用套筒扳手、梅花扳手、呆扳手和专用扳手。精制螺栓拆卸时,不能用手锤直接敲打,应加垫铜棒或硬木。锈蚀严重的螺栓拆卸时,不应强行扳扭,可先用松动剂、煤油或柴油浸润,然后用手锤从不同方位轻敲,使其受振松动后,再行拆卸。

(8) 各零部件除结合面和摩擦面外,均应清理干净,涂防锈漆。油槽及充油容器内壁应涂耐油油漆或酒精漆片。

(9) 各管道或孔洞口,应用木塞或盖板封堵,压力管道应加封盖,防止异物进入或介质泄漏。

(10) 废油应妥善处理回收,避免造成污染和浪费。

(11) 部件起吊前,应对起吊器具进行详细检查,核算允许载荷并试吊,以确保安全。

(12) 机组解体过程中,应注意原始资料的收集,对原始数据必须认真测量、记录、检查和分析。机组解体中应收集的原始资料主要包括下列内容:

①间隙的测量记录,包括轴瓦间隙、叶片间隙和空气间隙等;
②电机磁场中心的测量记录;
③转动轴线的摆度、垂直(水平)度、中心的测量记录;
④关键部位螺栓销钉等紧固情况的记录,如叶轮连接螺栓和主轴连接螺栓、基础螺栓、瓦架固定螺栓和支架螺栓等;
⑤固定部件同轴度、垂直(水平)度和机组关键部件高程的测量记录;
⑥叶片、叶轮室汽蚀情况的测量记录,包括汽蚀破坏的方位、区域和程度等,严重的应

绘图和拍照存档；

⑦磨损件的测量记录，包括轴瓦的磨损、轴颈的磨损和密封件的磨损等，对磨损的方位、程度详细记录；

⑧各部位漏油、甩油情况的记录；

⑨零部件的裂纹、损坏等异常情况记录，包括位置、程度和范围等，并且应有综合分析结论；

⑩电机绝缘和主要技术参数的测量记录；

⑪其他重要数据的测量记录。

2. 拆卸过程

(1) 关闭进、出水流道检修闸门，排净流道内积水，打开流道进人孔。虹吸式出水流道，应打开真空破坏阀或手动阀。

(2) 将水泵叶片角度调整至最大安放角位置后，排放电动机上、下油槽和油润滑水导轴承油盆等容器的油。

(3) 关闭相应的连接管道闸阀，拆除机组油、水、气连接管路。

(4) 拆卸电机顶部水泵叶片角度调节装置，拆液压调节装置时须用专用测量工具测量记录上操作油管内外管的摆度和同轴度后再拆上操作油管内外管。

(5) 松脱碳刷，拆除电机转子引入线，拆除电机端盖。

(6) 在电动机轴顶部位置，装设盘车工具或其他盘车设施，可进行人工、机械或电动盘车。

(7) 拆除水泵导水帽、导水圈，拆除油润滑水导轴承密封装置和固定油盆，拆除水润滑水导轴承密封装置，拆除填料函和集水盘等。

(8) 按叶片方位，盘车测量叶片间隙，选用塞尺或梯形竹条尺和外径千分尺配合，分别在叶片上、中、下部位测量，列表记录。

(9) 拆卸叶轮外壳，检查测量叶片、叶轮室的汽蚀破坏方位、程度等。

(10) 拆除上、下油槽盖板，拆除上、下油槽内测温装置。

(11) 用专用千斤顶顶紧电机导向瓦，用塞尺测量电机上、下导轴瓦间隙和水泵上、下导轴承间隙并记录。

(12) 拆除电机定子盖板，用塞尺或梯形竹条尺配外径千分尺，按磁极数在磁极上下端的圆弧中测量电机空气间隙，列表记录。

(13) 采用相对高差法测量电机磁场中心，采用深度尺或自制的专用两脚规游标卡尺，与直尺配合，按磁极数在电机上、下部测量转子、定子铁芯端面相对高差，列表记录。

(14) 拆除上导瓦架、油冷却器，再重新安装上导瓦架，拆除电机下导轴承、水泵轴承，适度抱紧电机上导轴瓦。

(15) 在电机上导、下导轴颈和水泵下水导轴颈处，在90°上、下同方位架设带磁座的百分表，在电机轴头上安装水平仪，用8个方位盘车测量各点的轴线摆度值和垂直度测量值，列表记录。

(16) 在水泵水导轴颈与轴承窝间架设百分表，或用内径千分尺，在电机上导瓦方位分相互垂直的4个方位盘车测量轴线中心值，列表记录。

(17) 采用液压顶车装置或千斤顶在电机下机架位置顶起电机转子 3～5 mm 左右。

(18) 拆除电机上导瓦及瓦架、推力头和上机架。

(19) 启动液压顶转子油泵(或千斤顶),在制动器顶高转子 3～5 mm 后停止运行液压顶转子油泵,使重量落在制动器(或千斤顶)上,并将制动器锁上,在提升制动器(或千斤顶)的过程中应注意制动器(或千斤顶)的行程高度。

(20) 将叶轮置于前导叶或事先装配的专用叶轮支架上,拆卸泵轴与电机轴连接螺栓,泵轴和叶轮重量落在前导叶或叶轮支架上。

(21) 在电动机轴顶部装上吊转子专用吊具,细心调整使吊钩位于转子轴中心,套上吊转子的专用钢丝绳以及吊操作油管的手拉葫芦和专用钢丝绳。

(22) 在转子与定子间的间隙内,在不少于 8 个方位插入长方形青壳纸条或其他厚纸条,由专人负责纸条的保护作用。

(23) 起吊初期应点动,不断调整吊点中心直至起吊中心准确,再慢慢起吊并不断上下拉动纸条,应无卡阻现象,轴法兰通过下机架时注意防止碰撞,直至将电动机转子吊出定子,置于转子坑或专用支架上。

(24) 在起吊转子过程中,吊出液压调节的操作油管(或机械调节的推拉杆)的专用钢丝绳均应处于不受力状态,待转子上升 150～200 mm 后暂停转子提升,拆卸中、下操作油管(或推拉杆)连接螺栓,吊出中操作油管(或推拉杆),或将中操作油管(或推拉杆)随同转子一起吊出定子,置于转子坑或专用支架上后再拆卸中操作油管(或推拉杆)。

(25) 用泵轴专用吊具吊起主泵大轴,将叶轮置于前导叶上或木方和千斤顶上,拆卸主泵与叶轮连接螺栓,吊出主泵大轴。下操作油管(或推拉杆)的拆卸并吊出方法同中操作油管(或推拉杆)。

(26) 测量固定部件的垂直同心。在电动机定子上部架设装有求心器、带磁座百分表的横梁。将求心器钢琴线上悬挂的重锤置于盛有一定黏度的油的油桶中央,无碰触现象。初调求心器使钢琴线居于水泵水导轴承窝中心,然后使用内径千分尺电气回路法,测量并调整钢琴线直至其到轴承窝 4 个方位的距离相等,即钢琴线居于轴承窝中心,最后使用专用加长杆的内径千分尺测量定子铁芯上部、下部相同 4 个方位至中心钢琴线的距离,列表记录。

五、立式主水泵部件的检修

(一) 水泵叶片磨损与汽蚀破坏的检修

水泵过流零部件遭受泥沙磨损与汽蚀破坏后,如果破坏程度并不十分严重,可以在现场进行修理,恢复其应有的工作能力。泥沙磨损与汽蚀破坏造成的损坏尽管有所不同,但也有着基本的共同点——工作零部件表面金属大量流失并有局部穿孔。这两种情况的修复工作基本相同,构成了水泵的主要检修工作内容。

1. 大型泵站汽蚀修复工作应遵循的原则

(1) 必须寻求经济实用的方法。理论与实践都表明,完全消除汽蚀是不可能的,因此修复中要根据不同情况采用经济实用的方法。

(2) 在条件允许、保证质量的前提下,尽量避免拆除、分解机组,必须解体时,也应使拆除部分尽量减少。

(3) 综合治理的原则。除了部件修复外,还要针对运行中的情况,合理选择运行的工况,减少汽蚀的扩大。

2. 常用的汽蚀修补方法

可运用抗磨电焊条对严重汽蚀损坏部分进行堆焊,该方法一般用于水泵叶片汽蚀处理。

堆焊前,首先进行汽蚀破坏情况的测量工作。汽蚀面积可用涂色翻印法测量,在侵蚀区域周边涂刷墨汁等着色材料,待涂料干燥前用纸印下,再将纸放在 10 mm×10 mm 方格玻璃板下,用数格方法求出面积。将每块面积加起来,得到每一叶片和整个转轮的侵蚀面积。其深度可用探针插入破坏区,再用钢板尺测量。以上测量结果要作为评定破坏强度的原始数据和检修工作的资料加以记录保存。

在焊补前,首先对侵蚀区进行处理,侵蚀区一般要大些,因为周围的金属组织实际上遭受到了轻度的疲劳破坏。清理采用铲削方法。若铲削过深,堆焊工作量大;过浅,影响堆焊质量;铲削不平,增加堆焊量和打磨困难。一般用砂轮将高点和毛刺铲掉,对于深度不超过 2 mm 的地方,可直接用砂磨打磨,对于个别小而深的孔则不必铲除。对于较大深坑,为避免铲穿成孔,可留下 3 mm 左右不予铲除,作为堆焊的衬托。对于穿孔严重的叶片出水边,可事先做出样板,成块割下,按样板用中碳钢板进行复制,然后再拼焊到叶片上。在实际工作中,补焊难以采用热处理回火工艺,在堆焊中变形大,容易产生裂纹。因此,一般使周围温度升高 20~30 ℃ 以上,避免在室温 15 ℃ 以下进行焊接。具体施工过程中可采用分块跳步焊、对称焊等方法,使焊补部件受热均匀,克服变形问题。对穿孔部分,孔中应事先加填板,填板周围分几次焊接,最后在填板表面和焊接缝上堆焊一层抗磨损、抗汽蚀的表面层。

3. 堆焊时应注意的事项

(1) 采用小电流短弧堆焊。电流太大,金属熔化较深,扩大热影响区。母材料中的碳也可能渗入焊缝,形成碳化铬,从而降低堆层的含铬量和抗汽蚀性能。堆焊时运动速度要一致,电弧要稳定,尽量采用短弧。

(2) 避免发生气孔。焊条保持在干燥通风的地方,用前烘干,母材料面要去污,清理干净。

4. 补焊后应注意的事项

(1) 叶片各部位不得有裂纹。

(2) 叶片曲面光滑,不得有凹凸不平处。

(3) 补焊层打磨后,不得有深度超过 0.5 mm、长度大于 50 mm 的沟槽和夹纹。

(4) 抗汽蚀层不得小于 3 mm,如焊两层不得小于 5 mm。

(5) 叶片经修型处理,其与样板间隙应在 2~3 mm 以内,且间隙宽度同间隙长度之比要小于 2%。

(6) 叶片的表面粗糙度(R_a)范围为 6.3~12.5。

(7) 有条件时应做静平衡试验,以消除不平衡重量。

(8) 当叶片外缘被损坏时,叶片与转轮的间隙补焊完成后应保证原有的设计间隙值。

5. 叶片整形

通过相邻叶片开口值的测量比较,若某一叶片出水边型线已发生变化,为了消除变形,一般可用气焊火焰把叶片背面烤红,然后在正面放上该叶型线样板与千斤顶进行矫正,直到合格为止。用修形样板做最后检查,与样板允许误差控制在 0.5 mm 以内。

（二）水泵叶轮外壳汽蚀的修理

1. 环氧（复合）涂料配方

由于泵壳是铸铁件,汽蚀分布面大,呈蜂窝状,不能焊补,故考虑用改型环氧（复合）涂料修复,基本配方见表 2-2。

表 2-2　环氧涂料配方表（重量比）

材料	涂层 底	涂层 中	涂层 面	材料	涂层 底	涂层 中	涂层 面
环氧树脂 E-44(6101)	100	100	100	金刚砂 60～100 目混合		450～550	
丁腈 4-0	12	12	12	铁红	30		
二乙烯三胺 $C_4H_{12}N_3$	9	9	9	二硫化钼粉 MoS_2			25
氧化铝粉 Al_2O_3	15			氧化铈 CeO_2	0.5	0.5	0.5

配方选用双酚 A 型通用环氧树脂 E-44,其环氧值为 0.41～0.47,当量 1/100 g 时,固化剂选用常温下固化的二乙烯三胺。固化剂过多会影响机械强度,若固化剂少于理论量,则固化不安全,但耐水性较好。

为了增加环氧树脂的韧性和弹性,提高其抗汽蚀性能,可用液体丁腈改性,并用稀土 CeO_2 做催化剂与树脂同步固化,以改善涂料性能。为了消除内应力和便于施工,应适当提高环境温度,配方中不宜加稀释剂。

为了改善涂料抗腐蚀性能,将涂层分底、中、面三层。底层加铁红、氧化铝粉,提高黏结强度。中层加金刚砂提高机械强度,便于修复过流部件形状。面层加适量二硫化钼,提高表面光洁度。有关资料指出,底层与母材黏结强度达 40～45 MPa,中层抗拉强度达 15 MPa,抗压强度达 60 MPa,填料金刚砂硬度为石英砂的 2 倍。

2. 涂敷工艺

(1) 将待修工件清洗预热至 40 ℃,保温。

(2) 对工件做喷砂处理,除锈、油。这个步骤对涂层黏结强度影响较大。另配一只盛砂桶和两根橡胶管。一根接 0.4～0.7 MPa 的压缩空气管,另一根用于吸砂。砂粒采用建筑黄砂（粒径 2～3 mm）筛除细粒及粉尘。经处理,表面呈现母体本色。油污严重的,可在喷砂后各用丙酮擦洗一遍,除锈后应尽快涂敷。

(3) 涂料按比例配制,一次用完,称量要准确,搅拌要均匀,其顺序如下:环氧+丁腈+氧化铈 $\xrightarrow{\text{拌匀预热至 50 ℃左右}}$ 加入二乙烯三胺 $\xrightarrow{\text{充分搅拌}}$ 加入填料（先预热至 40 ℃）→搅匀备用。

(4) 涂敷。底涂层须刷均匀而不漏,薄而不积。紧接着涂中间层。严格保持工件原来形状,用刮板热抹压实修复成形,40 ℃左右保温2～3 h。初步固化后再涂两面,两面务必涂刷光滑平顺。

(5) 修饰。面层涂后可由40 ℃升温,保持60～80 ℃ 8 h,后用手提砂轮仔细修饰形状即可。

(三) 叶轮密封机构的检修

1. 叶轮部件结构形式

叶轮部件由轮毂、叶片、转动机构、密封装置及其他附件组成。

(1) 液压全调节轴流泵叶轮

液压全调节轴流泵叶轮结构如图2-11所示。

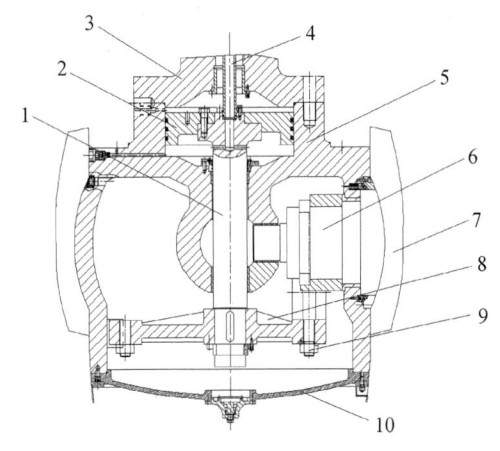

1—活塞杆;2—活塞;3—泵轴;4—操作油管;5—轮毂;6—转臂;7—叶片;8—操作架;9—耳柄;10—下盖。

图2-11 液压全调节轴流泵叶轮结构图

液压全调节轴流泵叶轮的叶片一般与枢轴合为一体,转动机构一般采用操作架,高压油腔与回油腔分开。将活塞接力器设置在轮壳上部,泵轴联轴器作为轮毂盖,与轮毂组合成活塞腔,活塞上下两侧通过操作油管输入压力油或回油,这种活塞接力器称为下置式活塞接力器。

轮毂下部设置叶片转动机构,叶片转动机构由活塞杆、操作架、耳柄及转臂等组成。活塞接力器与活塞杆、活塞杆与操作架、操作架与耳柄为刚性连接,耳柄与连杆、连杆与转臂之间均采用铰接,转臂与叶片枢轴为刚性连接。当活塞接力器向上或向下运动时,活塞杆、操作架、耳柄及连杆跟着一起上、下运动,带动转臂和叶片做相应转动,叶片向正或负角度方向转动,达到调节叶片角度的目的。为减少活塞接力器高压油腔的油渗入低压油腔,一般活塞接力器采用U形橡胶圈止漏结构,活塞杆采用Y-O形组合密封。

叶轮的装配质量要求主要有三个方面:一是密封良好,叶片密封装置、阀门不渗油,接力器内不窜油;二是动作正常,活动部件不蹩劲、无阻卡,配合合适、叶片转角一致;三是叶片径向尺寸准确,叶片外缘弧度高低一样,窜动量小。

以上装配质量要求主要通过耐压和动作试验来检查。

以叶轮轮毂耐压和动作试验检查密封装配质量。最大试验压力一般按叶轮叶片中心至受油器顶面的油柱高度的三倍来确定,一般机组的油柱高度约为 12~20 m。规范规定叶轮轮毂密封试验压力如制造厂无规定,可采用 0.5 MPa 并应保持 16 h,油温不应低于 +5 ℃。试验过程中,应操作叶片全行程动作 2~3 次,各组合缝不应渗漏,每个叶片密封装置不应漏油,因为叶片密封装置的漏油量与操作次数有关,所以试验有操作次数的要求。也可根据设备制造厂的要求进行抽真空试验。

一般以接力器的最低动作油压来检查装配质量。当活塞式叶轮接力器动作试验压力超过 15% 的工作压力时,一般可认为叶轮的装配不良,存在卡阻现象或接力器密封有缺陷。

叶轮组装后的油压试验是对叶片和接力器密封装置设计制造和组装质量的初步检验,是有必要的,但是液压试验并没有完全模拟机组运行中的状况,没有外部水压和振动的影响。因此试验过程中叶片密封装置应不漏油,接力器内应不窜油。

(2)机械全调节轴流泵叶轮

机械全调节轴流泵叶轮结构如图 2-12 所示。

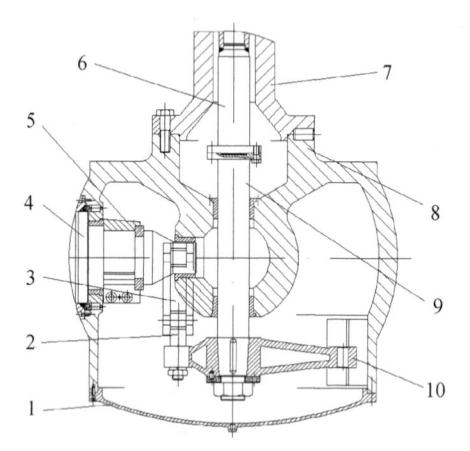

1—下盖;2—耳柄;3—连杆;4—叶片;5—转臂;6—中操作杆;7—泵轴;8—叶轮;9—下操作杆;10—操作架。

图 2-12 机械全调节轴流泵叶轮结构图

机械全调节轴流泵叶轮的叶片转动机构形式和动作原理与液压全调节轴流泵叶轮相同,仅有的区别是机械全调节轴流泵叶片转动机构没有活塞,而是在电动机顶部设置了一个小电动机带动减速器旋转调节器,通过主轴中的上下操作杆,带动操作架做上下移动,其转动部件的动作过程与液压全调节水泵相同,叶片转动机构的耐压和动作试验参照液压全调节水泵的叶轮耐压试验相关要求进行。

(3)液压全调节蜗壳式混流泵叶轮

液压全调节蜗壳式混流泵叶轮结构如图 2-13 所示。

液压全调节蜗壳式混流泵叶轮的结构与全调节轴流泵叶轮基本类似。但混流泵的叶片转动中心线和水泵轴线成一斜角,因此其叶片操作机构比轴流泵叶片操作机构要复杂。

液压全调节蜗壳式混流泵叶轮由叶片、轮毂、叶轮下端盖、拨叉、操作盘、转叶式油缸等零部件组成。转叶式油缸也称为刮板式接力器,主要由缸体、缸盖、转轴、固定叶、转叶等组成,与泵轴连接。接力器转动杆的下部装有操作盘,在交替油压的作用下,操作盘来

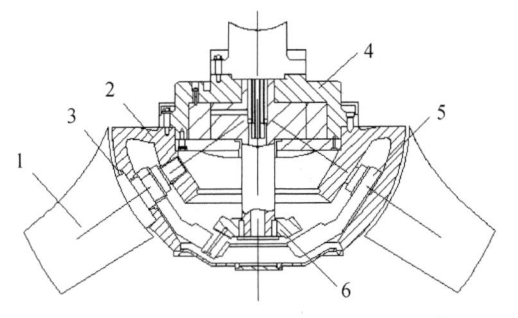

1—叶片；2—轮毂；3—叶片密封装置；4—转叶式油缸；5—拨叉；6—操作盘。

图 2-13　液压全调节蜗壳式混流泵叶轮结构图

回转动，并通过装于操作盘上的滑块推动拨叉，使叶片角度向正角度或负角度转动。

（4）液压全调节导叶式混流泵叶轮

液压全调节导叶式混流泵叶轮结构如图 2-14 所示。

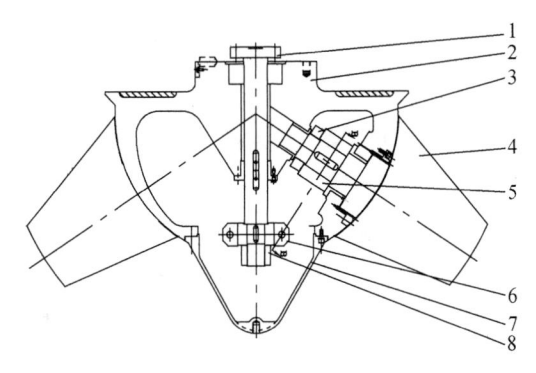

1—下操作杆；2—轮毂；3—叶片螺母；4—叶片；5—拐臂；6—操作架；7—叶轮帽；8—操作架螺母。

图 2-14　液压全调节导叶式混流泵叶轮结构图

液压全调节导叶式混流泵叶轮结构与液压全调节蜗壳式混流泵叶轮的结构基本相似，混流泵的叶片转动中心线和水泵轴线成一斜角，但叶片的调节方式又与液压全调节轴流泵相似，在压力油的作用下活塞上下运动，活塞的上下运动带动操作架做上下运动，操作架的上下运动带动拐臂旋转，带动叶片向正反向旋转，实现叶片角度的调节。

（5）中置式活塞接力器

一般液压全调节水泵将活塞接力器设置在叶轮轮毂上部，泵轴联轴器作为轮毂盖，与轮毂组合成活塞腔，活塞上下两侧通过操作油管输入压力油或回油，这种活塞接力器称为下置式活塞接力器。而中置式活塞接力器是将活塞接力器设置在泵轴联轴器和电动机轴联轴器之间，结构布置形式如图 2-15 所示。

活塞接力器两侧通过安装在上部的操作油管输入压力油，活塞接力器做上下运动，操作杆安装在活塞下部，活塞的上下运动带动操作杆做上下运动，通过操作杆带动叶片转动机构，完成调节叶片角度动作过程。

2. 叶轮密封装置的结构形式

叶轮密封装置主要包括：叶轮叶片枢轴密封装置，下置式活塞接力器下腔活塞杆密封装置和接力器活塞密封装置。

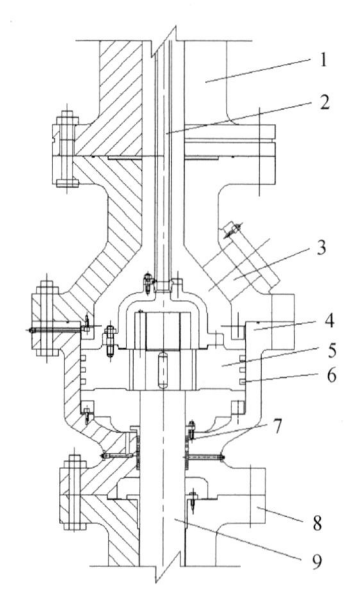

1—电动机轴；2—操作油管；3—检修孔；4—接力器；5—活塞；6—活塞密封；7—接力器下腔活塞杆密封装置；8—水泵轴；9—操作杆。

图 2-15　中置式活塞接力器结构图

(1) 叶轮叶片枢轴密封装置

轴流转叶式水泵和混流转叶式水泵的叶轮叶片枢轴密封装置多采用"λ"形可拆卸式密封装置。"λ"形密封装置的结构形式如图 2-16 所示。水泵叶片在转动机构的作用下做相应转动，轮毂下部设置的采用稀油润滑的叶片转动机构腔内有相应的压力，润滑油会沿着相应的路径渗透；"λ"形密封圈安放在叶片枢轴圆周面上，三个唇边分别贴在叶轮和枢轴的两个接触面上，在压环和顶紧环的作用下，三个唇面始终保持一定的接触力度，从而达到密封效果，弹簧的作用是保证顶紧环始终有一定的张力。

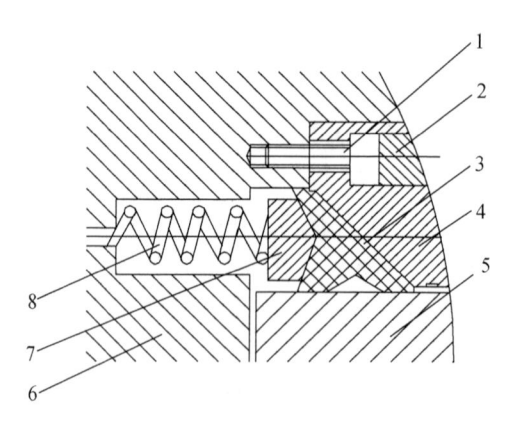

1—压环螺栓；2—堵头；3—"λ"形密封圈；4—压环；5—叶片枢轴；6—叶轮体；7—顶紧环；8—弹簧。

图 2-16　叶轮叶片枢轴"λ"形密封装置结构图

(2) 接力器下腔活塞杆密封装置

中置式与下置式活塞接力器下腔活塞杆密封装置结构基本相同，接力器下腔活塞杆密封一般采用 Y-O 形组合密封。接力器下腔活塞杆密封装置的结构形式如图 2-17 所示。

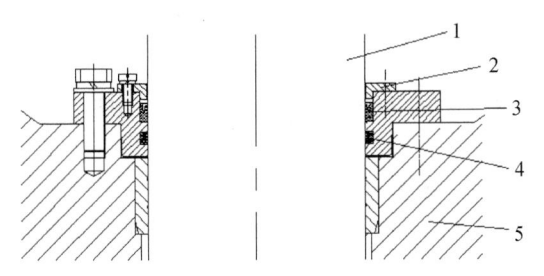

1—操作杆；2—密封压盖；3—Y 形橡胶密封圈；4—O 形橡胶密封圈；5—叶轮轮毂。

图 2-17　接力器下腔活塞杆密封装置结构图

（3）接力器活塞密封装置

中置式与下置式活塞接力器活塞密封基本相同，接力器活塞密封主要采用3～4道U形橡胶圈或金属密封环实现。接力器活塞密封装置的结构形式如图 2-18 所示。

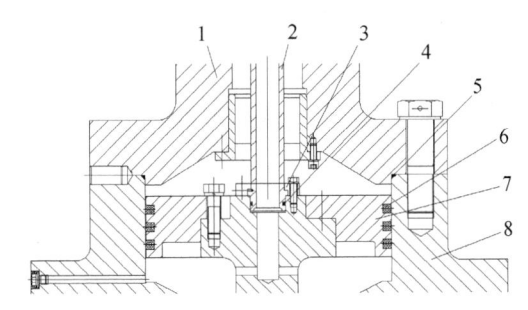

1—泵轴；2—下操作油管；3—压力油管压盖；4—油管密封圈；5—O 形橡胶密封圈；6—U 形橡胶圈或金属密封环；7—活塞；8—叶轮轮毂。

图 2-18　接力器活塞密封装置的结构图

3. 叶片密封装置渗油的原因分析

（1）"λ"形密封圈断面尺寸有偏差，或密封圈的性能，如硬度、抗拉强度、延伸率、磨耗、轴向压缩变形率、水浸油浸重量变化率等不符合要求，或装配不良使"λ"形密封圈变形。

（2）由于顶紧环变形而产生漏油，顶紧环的双边倒角不对称，和枢轴不同心，导致顶紧环的内、外圆直径及圆度不能符合相应技术要求。

（3）顶紧环导向螺孔偏位，致使定位导向螺杆不能顺利地拧进，顶紧环有憋劲现象。

（4）弹簧的内径、外径、高度等尺寸有偏差，弹簧端面与高度方向不垂直，弹簧的弹性系数偏差过大，顶紧环按图纸要求装配好以后，顶紧环弹回不灵活，并不能回到原位。

（5）止推轴套间隙过大或偏磨使轮叶下沉，导致密封装置漏油。

4. 接力器窜油的原因分析

（1）接力器窜油的主要原因是活塞密封失效。活塞密封 U 形橡胶圈老化，或金属密封环加工或装配精度不高，导致在调节叶片角度时上下腔之间窜油，使叶片角度调节困难，甚至不能调节。

(2) 接力器下腔活塞杆组合密封以及上腔泵轴靠背轮与叶轮轮毂连接处橡胶圈密封,由于磨损、老化、尺寸选择偏小或装配不良,造成接力器上腔向外或下腔向叶轮轮毂内渗油,严重时导致叶片角度调节和叶片角度保持困难。

5. 叶片密封装置的拆卸

叶片密封装置渗漏油处理一般需将转轮解体,再根据渗油的原因通过更换密封圈或更换止推轴套的方法解决。

(1) 转轮体排油后,拆卸叶轮封盖。

(2) 用专用工具固定轮毂内的转臂,要确保叶片被拔出后转臂不发生位移。

(3) 做好记号,拆卸叶片卡环。

(4) 如果不吊出叶轮,则须安装好放置叶片的专用小车,将叶片按现行角度相对固定在专用小车上,将叶片从轮毂内拔出。

(5) 如果将叶轮吊到检修现场,则需要将叶轮翻身,将需要吊出的叶片向上,将叶片从轮毂内拔出。

(6) 用火焰或专用工具除去密封压环固定螺栓的堵头,拧下压环螺栓,做好位置记号后取出压环。

(7) 钩出"λ"形密封圈,检查密封圈的技术状况。

(8) 拆卸顶紧环的连接螺栓,取出顶紧环与弹簧等,检查其技术状况。

6. 叶片密封装置的检修与装配

(1) 根据叶片渗油的原因对密封圈、弹簧、顶紧环、顶紧环导向螺孔、止推轴套等进行检查处理并对密封圈环槽进行清洗后,即可进行"λ"形密封装置的安装,一般密封圈、弹簧均需更换。

(2) 将弹簧装入弹簧孔内,将顶紧环螺栓拧紧,检查顶紧环的活动余量使其符合设计要求。

(3) 将压环固定在叶片枢轴圆周面,将"λ"形密封圈套在叶片枢轴圆周面上,检查在叶片枢轴圆周面上的密封圈唇边是否完好。

(4) 在检修现场进行密封装置更换,需吊起叶片,检查调整叶片枢轴的垂直度后使其慢慢地下落,插入叶片轴颈孔中,注意不能碰撞轮毂内的转臂,注意确保"λ"形密封圈的另一侧唇边能完好地进入叶轮密封槽内,注意压环螺栓的位置应符合要求。

(5) 如果没有吊出叶轮,则需将叶片专用小车推向叶片轴颈中,其他技术要求同上。

(6) 待叶片进入相对位置后,按记号安装叶片卡环,拧紧卡环螺栓,安装压环并拧紧压环螺栓。

(7) 安装叶轮封盖,向轮毂内注油,按规范要求,进行叶轮耐压试验。

7. 接力器密封装置的拆卸

接力器发生窜油或试压不符合要求时应拆卸接力器活塞,检查或更换接力器密封。活塞如为橡胶圈,在大修时应更换。

(1) 拆除接力器活塞与活塞杆之间的连接螺栓。

(2) 在活塞上部装上吊环,用钢丝绳和手拉葫芦挂在行车吊钩上,用手拉葫芦缓慢拔出活塞。如活塞较紧,可用铜棒在活塞边缘四周轻轻震动活塞边,拉紧手拉葫芦,直至活塞吊出。

(3) 检查活塞橡胶圈密封或金属密封技术状况。

(4) 拆除接力器下腔活塞杆密封压盖,检查密封圈的技术状况。

(5) 如密封圈有渗漏或损伤现象,则应更换密封圈。

8. 接力器密封装置的装配

(1) 清理和检查活塞杆、铜套及密封压盖是否完好,应无损伤。

(2) 检查新 Y 形组合密封完好后,涂抹少许润滑油,依次装入活塞杆组合密封。

(3) 检查组合密封压入及配合情况完好后,用螺栓压紧活塞杆密封压盖。

(4) 如为橡胶圈密封,检查新 U 形橡胶圈质量、尺寸符合设计要求后,在活塞上装 U 形橡胶圈。如为金属密封,在检查和处理缸壁和活塞环后,将活塞环装入活塞槽,并相互错开接口 90°。

(5) 给装配好的活塞涂抹少许润滑油,将接力器活塞吊入叶轮缸体,装上专用工具,用两只千斤顶同步缓慢地将活塞压入叶轮接力器内。

(6) 装上接力器活塞与活塞杆连接螺栓。

(7) 在安装操作油管和泵轴后,按规范要求,进行接力器和操作油管的密封耐压试验。

(四) 主轴轴颈磨损的修理

水泵轴的轴承段在运行较长时间后,会发生磨损,特别是水润滑的橡胶导轴承的不锈钢段磨损严重。除了偏磨外,还会出现许多深沟。为了恢复泵轴的圆度,应在大修时对轴颈进行检查与处理。主轴轴颈出现严重的机械损坏或不锈钢套脱焊等情况,应当将其运回制造厂进行修复。

采用稀油润滑轴承的水泵轴颈,因其磨损小,一般不需要处理。由于事故等原因造成的轴颈局部拉毛等缺陷,一般采用刮削、手工研磨方法修复。

1. 主轴偏磨的加工处理

轴颈磨损的主要表现是单边磨损,在单边磨损不太严重时,可对轴颈进行车削以保证轴颈为整圆。

2. 不锈钢衬磨损处理

若发现不锈钢衬有横向深沟,可用堆 227 焊条补焊,然后磨光。

3. 金属喷镀修复主轴轴颈

水力机械检修常用的金属喷镀修复工艺,对于轴颈偏磨和磨损及其他部件的修复而言都是极有效的方法。金属喷镀是利用喷镀枪将金属丝熔化,然后借压缩空气的气流将熔化了的金属吹成极细小的雾状金属颗粒,喷在经过处理的粗糙工件表面上,堆积和舒展成金属镀层,冷却后,所喷镀的金属即可牢固地附在工件表面上,形成一层致密的金属层。进行金属喷镀的主要工具是金属喷镀枪。一种是乙炔焰的自动调节式金属喷镀枪,它利用气流推动叶轮为动力,输送单股金属丝,以乙炔焰来熔化金属丝。另一种是固定电弧金属喷镀枪,它利用电动枪为动力,输送接在不同电极的两根金属丝,在喷枪电弧内接触产生电弧,将金属丝熔化。两者均用压缩空气将熔化后的金属喷镀在工件表面。两者相比,以电弧金属喷镀枪为优,在调节控制方面比较方便,易于掌握。

喷镀质量的好坏主要看镀层和工件表面结合的牢固程度,它在很大程度上取决于工件表面处理的好坏。

4. 轴颈镶套

轴颈磨损也可以采用将不锈钢镶套在主轴上的方法修复(有的轴颈的本身就镶套不锈钢),其结构形式如图 2-19 所示。

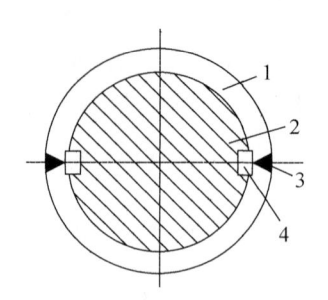

1—分瓣不锈钢套;2—泵轴;3—焊接缝;4—铜销。

图 2-19 不锈钢镶套结构示意图

将不锈钢套加工成分瓣件,在接缝处加工成倒角,与大轴接合处装有两只铜销,用电焊焊接接缝处。铜销传热快,冷却后使不锈钢套牢固地抱紧主轴。

5. 电焊堆焊修复轴颈工艺

采用电焊堆焊轴颈工艺是目前我国大型水泵的成功应用经验,堆焊不锈钢较传统的镶焊不锈钢套效果好,因堆焊可大大提高轴颈的表面硬度(不低于 HRC45),能更有效地提高抗锈蚀能力和耐磨性,延长其使用寿命。电焊堆焊轴颈工艺不仅可用于轴颈修复,而且目前我国对制造的大型水泵泵轴轴颈普遍有这样的技术要求。

泵轴修复主要工序如下。

①以两端止口为基准,在泵轴两端装配闷头,打定位中心孔,将泵轴需要堆焊的轴颈部位(轴承部位、填料函部位、空气围带部位)外圆车掉 6 mm。

②在车后的轴颈表面堆焊不锈钢层,堆焊时应采取相应的技术措施防止泵轴变形和堆焊层开裂,堆焊厚度按保证轴颈的最终尺寸确定。

③焊接好不锈钢层后,为消除焊接变形引起的轴尺寸和形位误差,对泵轴两端法兰平面、止口、外圆进行检测,如果需要可进行车刀修正,在泵轴其他表面进行车刀修正,去除锈蚀层后涂刷防锈剂。

④对轴颈部位进行车削加工、磨削加工,加工精度不低于 h7,表面粗糙度 R_a 不大于 1.6。

⑤对修复后的泵轴进行检测,保证各部位的加工精度及形位精度不低于原泵轴设计要求,轴颈部位的表面硬度为 HRC45~52。

(五)水润滑导轴承的检修

1. 水润滑轴承类型

水润滑轴承有自润滑和清水润滑两种类型。采用清水润滑的水润滑轴承还设有密封装置，因此，水泵导轴承分为轴承部分和水封部分。

水润滑轴承的轴承部分可分为筒式整体轴承和筒式瓦轴承，筒式整体轴承结构如图 2-20 所示，筒式瓦轴承结构如图 2-21 所示。

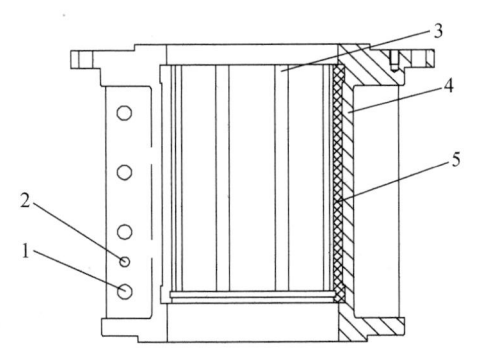

1—螺栓孔；2—销钉孔；3—排沙槽；4—轴承；5—瓦衬。

图 2-20 筒式整体轴承结构图

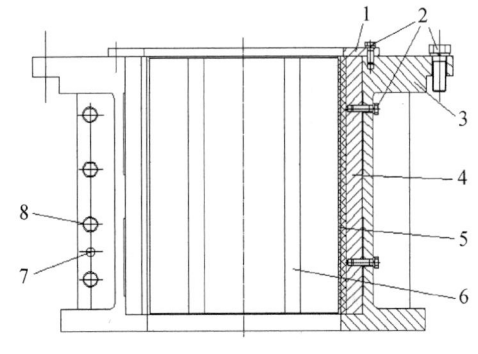

1—压板；2—螺栓；3—轴承体；4—轴瓦；5—瓦衬；6—排沙槽；7—销钉孔；8—螺栓孔。

图 2-21 筒式瓦轴承结构图

筒式整体轴承是将轴衬材料直接压铸（或镶嵌）在一般分成两半并组合成整体的轴承体上。筒式瓦轴承是将轴衬材料（即瓦衬）压铸在轴瓦上，轴承体一般分为两半，轴瓦分 4～8 块，每块轴瓦由紧固轴瓦螺栓将其与轴承体组合成整体。按不同的轴衬材料，水润滑轴承分为橡胶轴承、聚氨酯合成橡胶轴承、P23 酚醛塑料轴承、F102 塑料轴承、赛龙轴承和弹性金属塑料轴承等。泵轴与轴承接触的轴颈一般为不锈钢护面。

2. 水润滑轴承部件结构

水润滑轴承部件结构如图 2-22 所示。

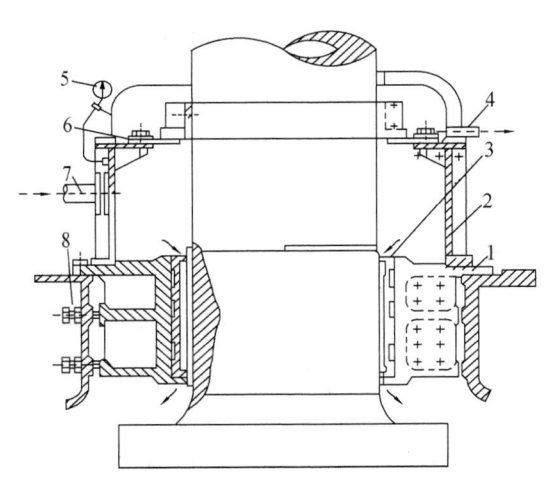

1—轴承体；2—水箱；3—瓦衬；4—排水管；5—压力表；6—平板密封；7—进水管；8—调整螺栓。

图 2-22 水润滑轴承部件结构图

3. 水润滑轴承部件的检修

（1）轴承的拆卸

①待拆除轴承水封部分和水箱后，松开调整螺栓，拔出轴承体的定位销，松开其固定

螺栓。用2~4只手拉葫芦在对称方向同步起升,将轴承体吊起。在起吊过程中,可向轴承间隙倒入清水,以减少摩擦。

②将轴承体吊起,在轴承体下方放入木方,使轴承体落在木方上,然后按组合面进行分解。在分解过程中,注意组合面处有无垫片。若有垫片,要测量垫片的厚度并记录位置。

(2) 轴承的检修和安装

①测量轴承前,将分瓣的轴承体清理干净后组合成圆,再用内径千分尺测量轴承的内径。测量点的布置为:在每块瓦的水平方向布置2~3点,垂直方向布置3~4排。用外径千分尺测量轴颈外径尺寸。以上两项测量值均做好记录。

②清理检查时,将轴瓦编号并做好记录后,拆去轴瓦与轴承壳体的螺栓,用吊环吊起轴瓦,对轴承壳体内、外面进行清理、去锈,涂上防锈底漆。在清理过程中,严禁矿物油接触瓦面。

③水泵水润滑导轴瓦安装前,检查轴瓦应表面光滑,无裂纹、起泡及脱壳等缺陷。

④水润滑轴瓦均有不同程度的膨胀量,为了避免因轴瓦泡水后膨胀发生抱轴事故,水润滑轴承在干式加工时,其加工尺寸除考虑符合设计轴承间隙外,还应考虑其膨胀量。膨胀系数应在将轴瓦于运行常温下浸泡一定的时间,待其充分膨胀后,数值基本稳定的状态下测量求得。轴承间隙在考虑材料的热胀性、水胀性及轴线摆度后,应保证单边最小间隙大于或等于0.05 mm,以供形成润滑液膜。

(六) 稀油润滑导轴承的检修

1. 稀油润滑轴承的分类

稀油润滑轴承的轴承体一般为分半式,组合成圆筒形,所以也称为筒式轴承。轴衬材料一般为锡基轴承合金。稀油润滑的筒式轴承有斜槽式、自循环和毕托管式三种不同结构形式。

2. 斜槽式稀油润滑筒式水导轴承的检修

(1) 斜槽式稀油润滑筒式水导轴承结构

斜槽式稀油润滑筒式水导轴承结构如图2-23所示。

斜槽式稀油润滑筒式轴承是利用转动油盆随机组旋转时所形成的抛物线状的油压力,使油盆内的油沿着在轴承瓦面上的60°斜油槽上升,压力油由于有黏性,在泵轴旋转带动下,沿斜槽上升的油起到润滑轴承的作用,沿斜槽上升的油进入轴承固定油盆,冷却后沿回油管流回转动油盆,如此反复循环。

(2) 轴承的拆卸和间隙测量

①将固定油盆内的油排干净后,将油箱盖、转动油盆、温度计、油位计、管路及附件等全部拆除。

②主轴处于自由状态下,机组转动部分上无人工作时,用长塞尺在4个或8个方向测量轴承的间隙(要注意避开油沟)。将测出的间隙做好记录,并与设计及原安装中的间隙进行比较。

③拆卸轴承体的定位销钉及固定螺栓,根据轴承的大小用2只或4只手拉葫芦在对

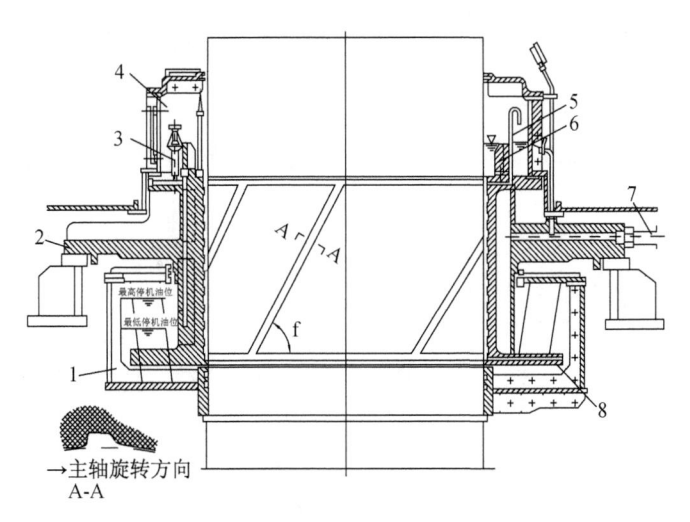

1—转动油盆；2—轴承体；3—回油管；4—固定油盆；5—油管；6—溢油管；7—冷却水管；8—法兰。

图 2-23 斜槽式稀油润滑筒式水导轴承结构图

称的方向将轴承体均匀吊起，吊离约 300 mm 后暂停，并做好防止吊件下落的安全措施。

④拆除转动油盆上的盖板定位销钉及固定螺栓。继续吊起轴承体，当其下方超过轴承座位置时，放入木方，使轴承体落在木方上。

⑤将转动油盆盖板分解、吊出。拆除轴承体的组合销钉及螺栓，将轴承体分瓣吊出。

⑥如转动油盘外径大于泵盖和下机架内孔，则应解体转动油盆。将转动油盆内的油排干净后，拆卸转动油盆与轴肩的连接螺栓，整体吊出转动油盆至轴承座支撑好后，拆除转动油盆连接螺栓，将转动油盆分解、吊出。

⑦轴承分解后，在检修场地重新组合，用内径千分尺分上、中、下 3 层测出各方位的内径，同时用外径千分尺测出对应点轴颈的外径，复核轴承的间隙值。

（3）轴承的检修

①将轴承清理干净，检查轴瓦应无脱壳、裂纹、硬点及密集气孔等缺陷，对硬点应剔除，对裂纹及密集气孔应进行补焊处理，如有脱壳现象则应更换。

②筒式轴承研刮前的间隙测量需首先将轴承组合并抱住泵轴轴颈，使轴承的中心线与泵轴中心线平行。用塞尺检查轴承与泵轴轴颈上下左右的间隙 $\delta_上$、$\delta_下$、$\delta_左$、$\delta_右$。一般前后间隙中的 $\delta_上$ 应为 0，$\delta_左$ 与 $\delta_右$ 应相等，$\delta_下$ 即为轴承的总间隙。检查 $\delta_下$ 是否符合设计要求。轴承间隙测定后，要求其间隙应符合设计要求。椭圆度及上下间隙之差均不大于实际总间隙的 10%。若轴承间隙大于允许值，必须进行处理。若轴承结合面有垫，可将垫撤去或减薄。若没有垫，将结合面刮去或铣去某一厚度，然后重新组合，测量。重新组合后，若椭圆度超出要求，可重新镗孔，然后进行研刮。重新镗孔后，一般应留 0.1 mm 的刮削余量。

③轴承研刮时，应先将水泵轴轴颈调整水平，并搭设工作平台，然后用酒精或甲苯将轴颈清洗干净，并根据轴承工作位置，用角铁箍在轴颈上，以便轴承在轴颈上研磨时的位置符合运转时的实际位置，也为了在研刮时，可使轴承研磨的位置不变，使刮瓦后形成的点子不易发生变化。轴承研磨时，先用三角刮刀将轴承衬的弧度大致修整好，习惯称之为

粗刮。吸取筒式导轴瓦不刮瓦或只刮瓦不刮点的经验，认为筒式瓦的润滑主要靠油膜，轴颈与瓦面并不接触。水泵在运行中，轴是摆动的，与瓦面的接触并不理想，所以只要保证轴承间隙、圆度及锥度符合要求，可以不要求接触点的多少。根据这一经验，在规范中没有提出水泵导轴瓦研刮点的要求，只提到轴承研刮应修刮油沟及进油边尺寸应符合设计要求。

（4）轴承的安装

①安装前，机组轴线及中心已经调整合格，电动机上、下导轴瓦间隙调整已经完成，水泵叶轮部件已经固定在轴线中心位置。

②将转动油盆吊至轴承座上，在转动油盆的组合面装上平面密封并涂以耐油性密封胶，然后将其组合，拧紧连接螺栓。在轴肩上装上密封并涂以耐油性密封胶，缓慢将转动油盆吊放在轴肩上，拧紧连接螺栓。

③将煤油倒入转动油盆内做渗漏试验，油位高度应与运行高度基本一致，渗漏试验时间一般应不少于4 h，渗漏试验合格后将转动油盆清理干净。

④在轴承座上垫好木方，将轴承体吊放在木方上。在轴承体的组合面上涂以耐油性密封胶或耐油性油漆，然后将其组合，打入定位销，拧紧组合螺栓。将转动油盆盖板组合在轴承体上，组合面也应涂耐油性密封胶或耐油性油漆。接着让轴承体徐徐下落，当转动油盆盖板与转动油盆面相接触后，将转动油盆盖板与转动油盆组装，打入销钉，拧紧螺栓并锁住，最后将轴承体落下。

⑤根据机组的轴线位置，考虑水导处的摆度值，确定轴承各方位的间隙。各方位的间隙可先用塞尺测量，再平移轴承体进行调整，待调整至符合要求后再将轴承体固定螺栓拧紧。

⑥用百分表检查轴承间隙，轴瓦间隙允许的偏差应在分配间隙值的±20%以内，轴承体定位后，若原销钉孔有错位，则应扩大孔或重新钻销钉孔，配制销钉。

⑦将上油槽、温度计、油位计、管路等附件复装，封闭油槽盖板，充油到规定的高度。

3. 自循环稀油润滑筒式水导轴承的检修

（1）自循环稀油润滑筒式水导轴承结构

自循环稀油润滑筒式水导轴承结构如图2-24所示。

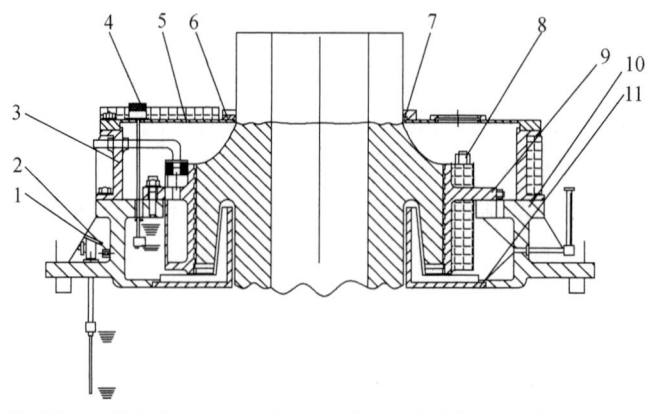

1—液位信号器；2—温度计；3—轴承盖支架；4—浮子信号器；5—轴承盖；6—压圈；7—密封圈；8—压力温度计；9—轴承体；10—轴承体支架；11—内油盆。

图2-24 自循环稀油润滑筒式水导轴承结构图

(2) 轴承的拆卸和间隙测量

①将油盆内的油排干净后,将密封压圈、密封圈、轴承盖、浮子信号器、液位信号器、压力温度计、管路及附件等全部拆除。

②主轴处于自由状态下,机组转动部分上无人工作时,用长塞尺在4个或8个方向测量轴承的间隙(要注意避开油沟)。将测出的间隙做好记录,并与设计及原安装中的间隙进行比较。

③拆卸轴承体的定位销钉及固定螺栓,根据轴承的大小用2只或4只手拉葫芦在对称的方向将轴承体均匀吊起,当其下方超过轴承座位置时,放入木方,使轴承体落在木方上。

④拆除轴承体的组合销钉及螺栓,将轴承体分瓣吊出。

⑤轴承分解后,在检修场地重新组合,用内径千分尺分上、中、下3层测出各方位的内径,同时用外径千分尺测出对应点轴颈的外径,复核轴承的间隙值。

(3) 轴承的检修

稀油润滑自循环筒式水导轴承的检修同稀油润滑斜槽式水导承轴。

(4) 轴承的安装

稀油润滑自循环筒式水导轴承的安装,程序与轴承的拆卸相反,方法基本同稀油润滑斜槽式水导承轴的安装方法。

4. 毕托管式稀油润滑筒式轴承的检修

(1) 毕托管式稀油润滑筒式水导轴承结构

毕托管式稀油润滑筒式水导轴承结构如图2-25所示。

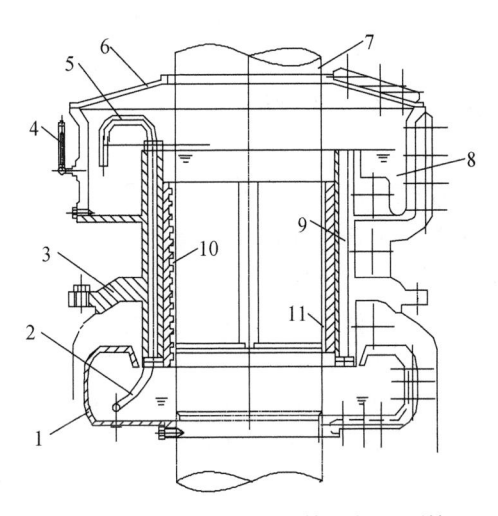

1—转动油盆;2—毕托管;3—轴承体;4—油位计;5—油管;6—轴承盖;7—泵轴;8—固定油盆;9—回油孔;10—金属轴承衬;11—润滑油沟。

图2-25 毕托管式稀油润滑筒式轴承结构图

毕托管式稀油润滑轴承是利用转动油盆随机组旋转时所形成的抛物线状油压力,使润滑油在油压力作用下顺着毕托管上升至上油槽,上油槽内的油则进入润滑油沟以供轴承内润滑,多余的油沿回油孔流回转动油盆,如此自动循环。

(2)轴承的拆卸和间隙测量

①拆除轴承盖,将固定油盆内的油排干净,扭松毕托管拼帽,将毕托管向泵轴方向旋转到基本靠近泵轴。

②主轴处于自由状态下,机组转动部分上无人工作时,用长塞尺在4个或8个方向测量轴承的间隙(要注意避开油沟)。将测出的间隙做好记录,并与设计及原安装中的间隙进行比较。

③拆卸轴承体的定位销钉及固定螺栓,用2只手拉葫芦在对称的方向将轴承体均匀吊起,当其下方超过轴承座位置时,放入木方,使轴承体落在木方上。

④拆除轴承体的组合销钉及螺栓,将轴承体分瓣吊出。

⑤将转动油盆内的油排干净,用专用工具将转动油盆从其安装位置拔出,然后将转动油盆分解、吊出。

⑥轴承分解后,在检修场地重新组合,用内径千分尺分上、中、下3层测出各方位的内径,同时用外径千分尺测出对应点轴颈的外径,复核轴承的间隙值。

(3)轴承的检修

毕托管式稀油润滑筒式轴承的检修同斜槽式稀油润滑水导承轴。

(4)轴承的安装

①将转动油盆清洗干净,按设计要求在转动油盆组合面垫上密封垫,插入组合螺栓和定位销钉,拧紧组合螺栓,在转动油盆就位的位置涂上密封胶,用专用工具将转动油盆均匀压入泵轴的安装位置。

②将煤油倒入转动油盆内做渗漏试验,油位高度应与运行高度基本一致,渗漏试验时间一般不应少于4h,渗漏试验合格后将转动油盆清理干净。

③分别将分半的轴承体吊起,使轴承体落在轴承座位置的木方上,清理轴承体组合面,插入组合螺栓和定位销钉,拧紧组合螺栓,插入毕托管,并将毕托管向泵轴方向旋转到基本靠近泵轴。

④在轴承座上放置好密封垫,徐徐落下轴承体,注意在轴承体下落过程中毕托管不受任何卡阻,待轴承体下落到相对位置后,插入组合销钉和定位销钉,拧紧组合螺栓。

⑤调整毕托管的相对位置,扭松毕托管拼帽,毕托管的上油量与机组转速有关,且与毕托管的形状有关。因此,在安装毕托管时,要特别注意毕托管在油盆中的弯曲方向和与转动油盆的边壁距离,使其符合进油要求。毕托管口方向应与主轴旋转方向相反且应固定可靠,以免毕托管运行时的位置或方向有所改变,从而影响其上油量,甚至造成毕托管断裂。毕托管安装时还应注意毕托管口与转动油盆底的距离,此值应大于顶电动机转子时的顶起高度。

⑥向固定油盆注油,待注到相应高度后,再继续注入转动油盆的油量后注油完成,最后安装轴承盖。

(七)主轴密封装置的检修

水泵导轴承密封按其工作性质分为工作密封和检修密封,按其结构形式分为平板橡胶密封、轴向端面密封、梳齿密封、填料密封和空气围带密封等,平板橡胶密封、轴向端面密封、梳齿密封、填料密封属于工作密封,空气围带密封属于检修密封。

1. 平板橡胶密封装置的检修

水润滑导轴承的轴承密封一般采用平板橡胶密封,平板橡胶密封有双层和单层两种结构。

(1) 双层平板橡胶水封结构

双层平板橡胶水封结构如图 2-26 所示。

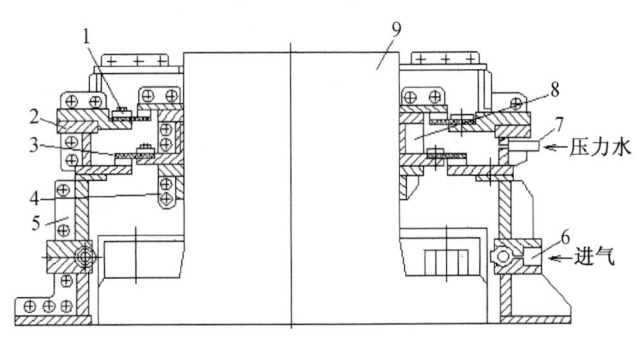

1—压板;2—密封水箱;3—橡胶板;4—衬架;5—支架;6—进气管;7—压力水管;8—转动环架;9—主轴。

图 2-26　双层平板橡胶板密封结构图

双层平板橡胶水封设有上、下两层封水橡胶,两橡胶板之间形成一个密封室,通入压力清水。在压力清水的作用下,下部封水橡胶贴紧下密封环,上部封水橡胶贴紧上密封环,从而起到密封作用。

如仅有上封水橡胶板和上密封环,而无下封水橡胶板和下密封环,即为单层平板橡胶水封。

(2) 平板橡胶密封装置的检修和安装

①检查不锈钢抗磨环面有无明显的擦伤和磨损。对于轻度的擦伤和磨损,用油石打磨,使其光滑无刺。若擦伤和磨损严重,先补焊后修磨或者进行更换。

②检查平板橡胶的磨损及老化情况,如已有明显的磨损或老化则应予更换(一般每次检修均更换平板橡胶圈),更换的平板橡胶圈备件的保管时间不宜超过规定时间,且保管条件和技术符合规定要求。

③更换平板橡胶圈如需将其剖开,剖口应按燕尾形式样削好,在现场进行胶接。要保证平板橡胶密封能安全运行,首先是封水橡胶板的搭接处要平整,整圈橡胶板不应有翘起现象。

④如果平板橡胶圈没有备件,则可选用同等厚度、表面无龟裂老化的橡胶板,按图纸尺寸下料、划线、冲孔。上一道橡胶板的外径应比压槽的直径小 2～3 mm,而下一道橡胶板的内径应比转动环架上压槽直径大 2～3 mm,以便压紧。橡胶板的接头部分如图 2-27 所示的式样削好,在现场进行胶接。目前普遍采用 502 胶水直接黏合普通橡胶板,效果良好,也可采用热压胶接方法。

⑤热压胶接方法:橡胶板下好料后,用木锉将接头处锉平、打毛,使接头搭接平整。然后在接头的毛面处涂上两层生胶水(将胶浸泡于甲苯中制成)。要求第一层生胶水干后再

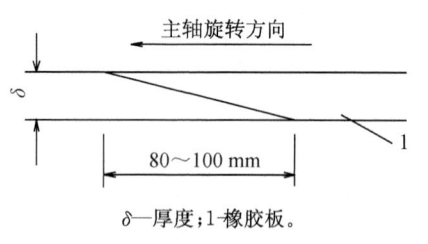

图 2-27 橡胶板接头式样示意图

δ—厚度；1—橡胶板。

涂第二层，第二层稍干后，将接头黏合。黏合上的接头应平整、不留卷边、无缺损。在接头处包上二三层纸，放在专用的压板内，把螺栓把牢压紧。用火焰均匀地加热压板，使其温度保持在 60～70 ℃左右，持续加热 45～60 min，然后用石棉布包上，保温时间 1 h 即可。在加热过程中，为不使外露部分的橡胶过热老化，可用石棉布包好，并随时浇以冷水冷却。

⑥安装时保持原来的高程、位置并调整水平，要求转动环架合缝处的平面高差不大于 0.1 mm。抗磨板与橡胶平板间的距离应均匀并符合设计要求（一般为 1～2 mm），允许偏差不应超过实际平均间隙值的±20%。

⑦密封室内水压应大于进入水导轴承的抽水压力，一般应调整为 0.15～0.20 MPa。在水润滑导轴承安装的整个过程中，橡胶轴瓦及橡胶板应严禁与矿物油脂接触。

2. 端面密封装置的检修

油润滑导轴承的密封装置结构形式有端面密封、梳齿密封和空气围带密封等，密封装置布置在导轴承下面。

端面密封有水压端面密封和机械端面密封两种。

（1）活塞式水压端面密封装置

活塞式水压端面密封装置结构如图 2-28 所示。

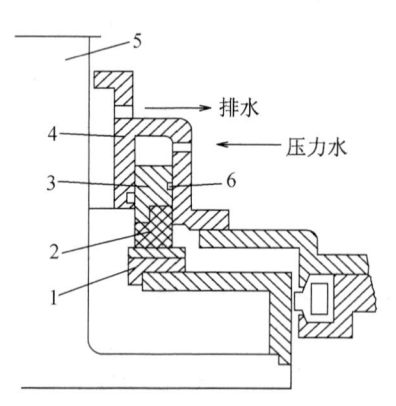

1—转环；2—密封块；3—密封铜环；4—密封架；5—主轴；6—橡胶条。

图 2-28 活塞式水压端面密封装置结构图

活塞式水压端面密封的检修和安装步骤如下。

①检查密封环应能上下自由移动，密封块与转环抗磨面的接触应良好，压力水管应无堵塞。

②检查密封铜环及密封橡胶条的磨损或损坏情况。

③检查密封块的磨损情况,测量其厚度,决定是否需要更换。尼龙密封块接缝处一般应有 2~3 mm 的间隙。炭精密封块的接缝处应严密,最大间隙不宜超过 0.3 mm。

④检查主轴法兰保护罩上的转环抗磨板面应与主轴垂直,抗磨板面不得有错位,并检查其磨损情况。常用的修理方法有用油石修磨、补焊后修磨或者予以更换。

(2) 弹簧式端面自调整密封装置

弹簧式端面自调整密封装置结构如图 2-29 所示。

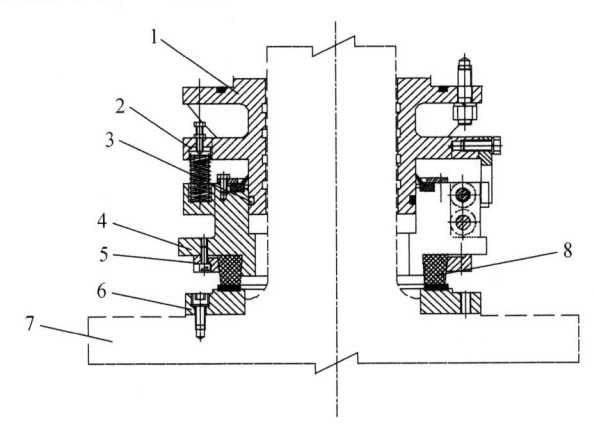

1—固定座;2—弹簧座;3—密封圈;4—静环座;5—静环压板;6—动环;7—叶轮轮毂;8—静环。

图 2-29　弹簧式端面自调整密封装置结构图

弹簧式端面自调整密封和空气围带密封装置结构如图 2-30 所示。

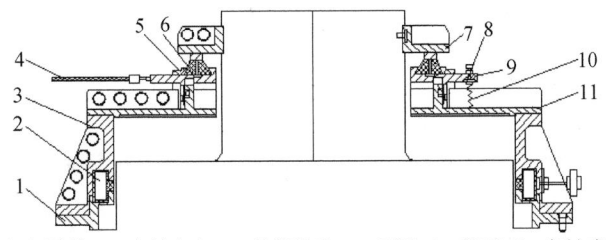

1—空气围带下环;2—空气围带;3—密封支座;4—软管接头;5—压圈;6—静环;7—密封动环;8—弹簧座;9—静环座;10—弹簧;11—支撑盘。

图 2-30　弹簧式端面自调整密封和空气围带密封装置结构图

弹簧式端面自调整密封装置,其动环的上端面镶有不锈钢或其他耐磨材料的抗磨板,静环磨损块的材料为耐磨橡胶或尼龙等。当磨损块磨损后,靠弹簧弹力,能上下自由移动,自动保证磨损块与密封动环端面严密接触,从而起密封止水作用。

弹簧式端面自调整密封装置的检修和安装步骤如下。

①为保证磨损块与抗磨板接触的严密性,要求在安装动环时其密封面应与泵轴垂直,水平偏差应不大于 0.05 mm/m。

②为避免因磨损块块数多,组合面产生表面不平整情况,检查静环抗磨板组合面应平整无错牙。

③在安装静环座时应先检查导向螺栓的位置和其他止水用的橡胶圈或橡胶圆条的大小是否合适。

④静环座的弹簧装好后,利用调节螺栓使各弹簧高度相同且符合规定,然后紧好防松螺母。

⑤当静环座、弹簧、磨损块等安装好后,应检查动环抗磨板与静环磨损块间的接触情况,一般允许局部有 0.05~0.10 mm 的间隙。

3. 梳齿密封装置的检修

(1) 梳齿密封装置结构

梳齿密封装置结构如图 2-31 所示。

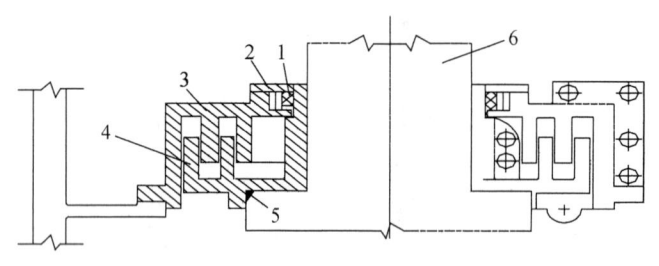

1—橡胶密封圈;2—压板;3—上梳环;4—下梳环;5—密封圈;6—泵轴。

图 2-31 梳齿密封装置结构图

上梳环与导叶体连接,下梳环与泵轴连接,梳齿密封装置主要利用上、下梳齿的间隙,增加渗漏水流动的路径,增加水力损失,减小漏水量。漏进导叶体内的水通过排水管排出,同时安装密封橡胶,直接与轴接触,从而达到更好的密封止水效果。下梳环与泵轴连接处设置密封圈,防止接触面的渗水。

(2) 梳齿密封装置的检修和安装

①密封环安装前,应检查上、下密封环的圆度与同心度,允许偏差不应超过实际平均间隙值的±20%。

②安装上、下梳齿环要求间隙均匀,允许偏差不应超过实际平均间隙值的±20%。如果间隙不均匀,则在间隙内的高压水流会形成不均匀的压力脉动,从而引起机组振动和运行时的摆度增加。

③检查密封橡胶圈的磨损情况,如需更换应将密封橡胶圈剖开,剖口应按 45°角削好再用 502 胶黏接。

④橡胶圈因受压变形每次梳齿密封检修均应更换,更换时应将橡胶圈剖开,剖口应按45°角削好再用 502 胶黏接。

4. 填料密封装置的检修

(1) 填料密封装置的结构

水泵均需设置填料密封部件。弯管式轴流泵的填料密封部件设置在上导轴承上部,混凝土管轴流泵的填料密封部件设置在钢筋混凝土上部弯管内,井筒式轴流泵的填料密封部件设置在上盖内。

采取水润滑轴承形式的水泵填料密封,运行时应从填料处有少量的渗水为宜。随着填料的磨损,漏水量增加。为了控制机组运行时的填料漏水量,一般采取压紧填料的做法,由于橡胶石棉填料较硬,摩擦系数大,增加了功率损耗。填料压紧后与泵轴直接接触,在机组运行时,限制了水泵轴承处的摆度值,这样导致填料易受磨损,而且泵轴轴颈也常被填料磨成凹坑。一旦密封安装的间隙不均匀,漏水也将大幅增加。

填料密封部件一般由填料箱(也称填料函)、填料压盖、填料等组成。

(2) 填料密封装置的检修和安装

①安装填料箱时,要保证填料箱与泵轴轴颈的间隙均匀,允许偏差不应大于实际平均间隙值的±20%,最小间隙不宜小于 2 mm。

②在安装填料时要分层分圈填入,不能成螺旋形。每圈接头宜斜接,且各层接头应错开 90°～180°。

③填料密封部件的填料一般采用橡胶石棉填料。随着新技术、新材料的发展,应选用摩擦系数小、摩擦性能好、耐腐蚀的填料。

5. 空气围带装置的检修

(1) 空气围带装置结构

泵站立式机组空气围带指的是检修密封装置,设置检修密封装置是为了当需要检修水泵导轴承和轴承密封装置时,向空气围带充气,主水泵进水流道内的水便进不了检修部位,就不需要对进水流道进行排水。

空气围带装置结构如图 2-32 所示。

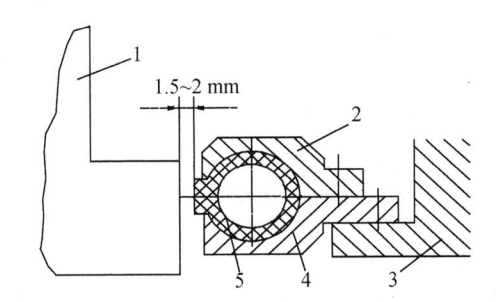

1—泵轴法兰;2—密封盘;3—顶盖;4—密封座;5—空气围带。

图 2-32 空气围带装置结构图

(2) 空气围带装置的检修和安装

①密封盘是按密封座的止口来定位的。拆卸密封盘后,检查测量空气围带与主轴法兰保护罩之间隙并做好记录。

②空气围带安装前,应将密封座、空气围带、密封盘进行预组装,通入 0.1 MPa 左右的压缩空气进行试验,以检查接头处或围带部分有无漏气现象。

③在安装密封盘前,应先将空气围带放入槽内。空气围带的进气孔应与密封盘的预留孔一致,其方向与供空气围带压缩空气管的所在位置一致。在连接空气围带进气管时,应注意不要将空气围带进气管的接头处拧坏。

④如中间环是整圆的,则中间环应在密封座与轴承座联结前放入。密封盘分块组合预装时,检查与泵轴的轴向距离应符合规定,以免在机组顶转子时相碰。安装后应钻铣定位销钉孔。

⑤空气围带在正常停机后不宜使用,以免造成磨损过大而在检修时失去作用。

（八）操作油管和操作杆的检修

1. 操作油管和操作杆的结构

水泵的大轴通常采用铸钢整锻后再经加工而成，水泵大轴上部与电动机轴连接，下部与叶轮连接，全调节水泵大轴加工了中心孔，中心孔内装有液压全调节水泵的操作油管或机械全调节水泵的操作杆。

液压全调节水泵的操作油管上部接到受油器内，下部与叶轮接力器的活塞杆连接，机械全调节水泵的操作杆上部与机械调节器连接，下部与叶轮转动机构的操作架杆连接。

（1）液压全调节套管式操作油管结构

液压全调节套管式操作油管结构如图2-33所示。

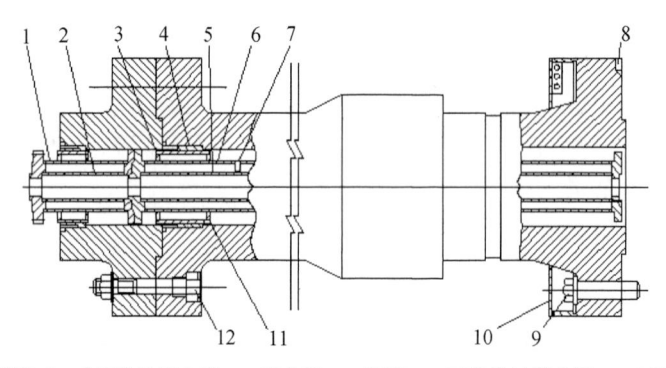

1—中操作油管外管；2—中操作油管内管；3—导向筒；4—铜套；5—下操作油管内管；6—下操作油管外管；7—螺栓；8—销孔；9—连接螺钉；10—联轴器护罩；11—扇形孔；12—泵轴螺栓。

图 2-33 液压全调节套管式操作油管结构图

操作油管通常分为三段，分别在受油器、电动机和水泵轴内，即为上操作油管、中操作油管、下操作油管。操作油管有套管和单管两种结构形式，套管结构形式的操作油管用两根无缝钢管组成内外两个压力油腔，操作油管的外油腔与叶轮接力器活塞上部油腔连通，内油腔则与活塞下部油腔连通。

各段操作油管一般采用法兰连接，操作油管与主轴同步旋转，而且根据叶片调节的需要随着活塞一起做上下移动，所以在主轴中心孔内装有引导瓦，引导瓦与操作油管之间有一定的间隙。

为了增加操作油管的刚性，操作油管内外管间装有数排起支撑作用的螺栓，用点焊保险，防止松动。

（2）液压全调节单管式操作油管结构

液压全调节单管式操作油管结构如图2-34所示。

液压全调节单管式操作油管结构与套管式操作油管结构基本相似，操作油管通常分为三段，分别在受油器、电动机和水泵轴内，即为上操作油管、中操作油管、下操作油管。单管结构形式的操作油管用一根无缝钢管组成内外两个压力油腔，操作油管的外侧与泵轴内孔形成外油腔，外油腔与叶轮接力器活塞上部油腔连通，内油腔则与活塞下部油腔连通。

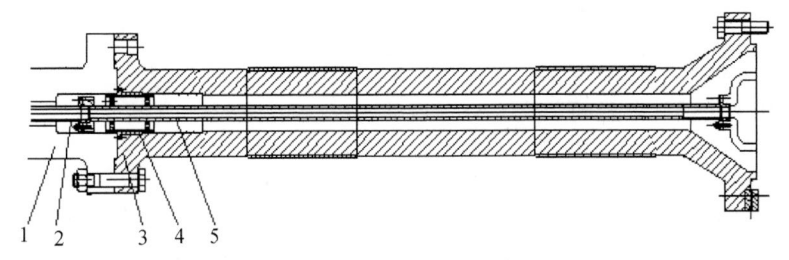

1—电动机轴;2—上操作油管;3—泵轴;4—引导瓦;5—中操作油管。

图 2-34　液压全调节单管式操作油管结构图

各段操作油管一般采用法兰连接,操作油管与主轴同步旋转,而且根据叶片调节的需要随着活塞一起做上下移动,所以在主轴中心孔内装有引导瓦,引导瓦与操作油管套筒之间有一定的间隙。

(3) 机械全调节操作杆结构

机械全调节操作杆结构如图 2-35 所示。

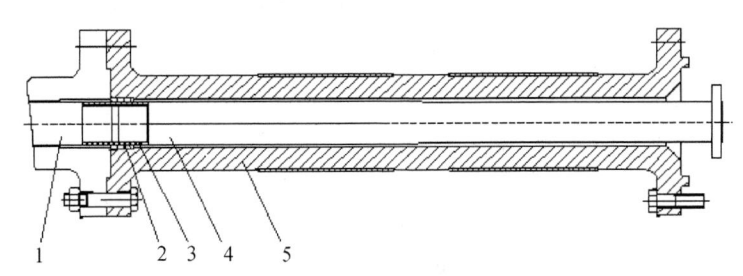

1—中操作杆;2—引导瓦;3—导向筒;4—下操作杆;5—泵轴。

图 2-35　机械全调节操作杆结构图

机械全调节操作杆结构与套管式操作油管结构形式基本相似,但机械全调节是采用操作杆,是"杆"而不是"管",操作杆也通常分为三段,分别在机械调节器、电动机和水泵轴内,即为上操作杆、中操作杆、下操作杆,操作杆上部与机械调节器连接,下部与叶轮转动机构的操作架连接。

各段操作杆一般采用套筒内螺纹连接,该套筒又是导向筒,操作杆与主轴同步旋转,而且根据叶片调节的需要做上下移动,在主轴中心孔内装有引导瓦,引导瓦与导向筒之间有一定的间隙,导向筒则可以在引导瓦中上下运动。

2. 操作油管和操作杆的检修

随着机组各部分的拆卸,上、中、下三段操作油管(操作杆)也随着受油器(机械调节器)、电动机和水泵同步分段拆卸。其检修的主要内容如下。

(1) 检查各引导瓦及导向块的磨损情况。测量两个引导瓦的内径、圆度及各导向块的外径和圆度,看其配合间隙是否符合图纸要求。

(2) 检查套管式操作油管内外管间用点焊保险的起支撑作用的螺栓应无脱焊、裂缝等异常现象。

(3) 检查操作油管连接法兰面应有可靠的密封,无内外腔压力油渗漏痕迹,检查各段组合面应无毛刺,垫片应完好,检查操作杆螺纹应完好。

(4) 在操作油管两端安装专用闷盖,对操作油管进行严密性耐压试验(1.25倍的工作压力),0.5 h内应无渗漏。

(九)叶片调节装置的检修

叶片全调节装置可以在不停机的情况下调节叶片角度,使水泵在运行时,以及启动和停机时,可根据泵站上、下游水位变化,改变运行叶片角度,使水泵在高效区运行,或调节机组流量,满足调度水量。同时小角度启动,可以降低启动功率,减少启动时间。大角度停机,可以降低有害的反力矩,缩短倒转时间。所以叶片全调节水泵在泵站中得到了较为广泛的应用。

叶片全调节装置一般安装在电动机顶部,根据驱动方法的不同分为液压调节和机械调节两种不同的结构形式,液压全调节装置习惯称之为受油器,机械全调节装置习惯称之为调节器。

受油器因操作油管结构形式的不同而分为套管式受油器和单管式受油器,随着液压技术的发展,采用液压三位四通阀电磁阀来替代受油器中的配压阀的做法也得到了广泛的应用。

1. 套管式受油器

(1) 套管式受油器的结构

套管式受油器结构如图2-36所示。

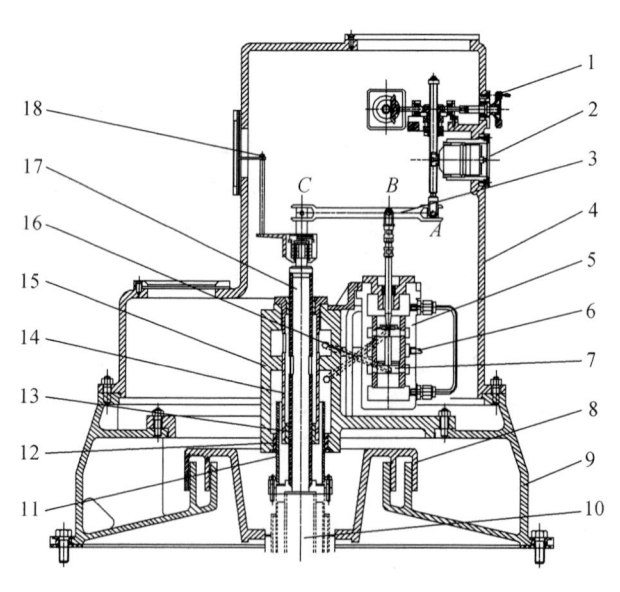

1—手动操作机构;2—电动操作机构;3—操作杠杆机构;4—外壳;5—配压阀;6—进油口;7—活塞;8—转动油盘;9—底座;10—中操作油管;11—上操作油管外管;12—下密封;13—中密封;14—中间隔管;15—本体;16—连接管;17—上操作油管内管;18—叶片角度指示。

图2-36 套管式受油器结构图

液压全调节水泵,其叶片的转动是靠油压来控制的,受油器的作用是将进入受油器体的高压油,通过配压阀分别送入接力器活塞的上油腔或下油腔。当到达活塞下油腔时,使活塞带动操作杆上升,叶片向正角度方向转动。当进入活塞上油腔时,使活塞带动操作杆下降,叶片向负角度方向转动。另外,还可将叶片的转动角度反映至刻度表上。

受油器主要由受油器体、配压阀、调节机构等三部分组成。

受油器体由受油器壳体、受油器底座、转动油盆、压力油管、回油管、上密封、中密封、下密封、上操作油管(内油管和外油管)等组成。受油器底座又为固定集油盆,直接收集从活塞下腔渗漏到放置叶片操作机构的叶轮腔内,再经套管式操作油管的外管与主轴之间的空腔渗出的油,经回油管流入集油箱,它与转动油盆组成梳齿密封装置,给受油器的漏油增加了路径,不致漫入电动机内。

配压阀由阀体、阀套、阀盖、阀芯、阀杆、密封圈和密封压盖等组成,主要作用是调配压力油进入内油管或外油管,然后分别进入活塞接力器的下油腔或上油腔。与此同时,接受上油腔或下油腔的回油,并排至回油管。

调节机构是指连接配压阀与操作油管的传动机构。由调节杆、传动机构、杠杆、手轮及指示器等组成,通过人工、电动或自动方式使调节杆上下移动。调节杆通过回复杆的另一端与受油器的随动轴连接,中间和配压阀的活塞杆连接,从而构成调节器的刚性回复装置。

(2) 套管式受油器的工作原理

套管式液压调节机构的工作原理如图 2-37 所示。

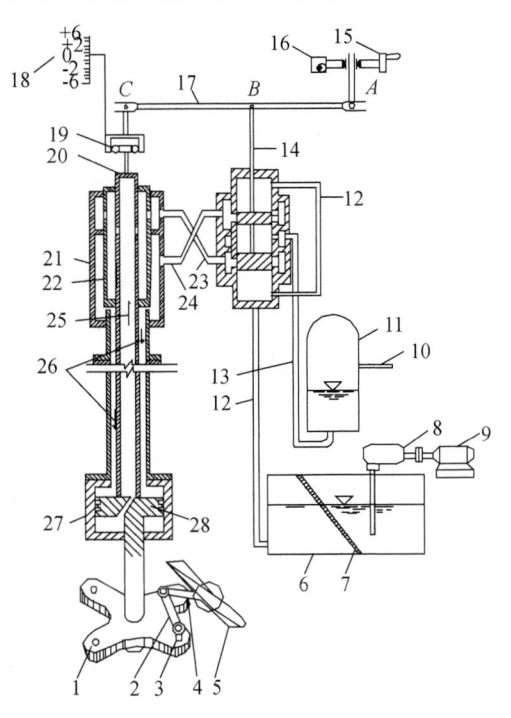

1—操作架;2—连杆;3—耳柄;4—转臂;5—叶片;6—油箱;7—滤网;8—油泵;9—电动机;10—压缩空气管;11—压力油罐;12—回油管;13—进油管;14—配压阀阀杆;15—手轮;16—伺服电动机;17—回复杆;18—叶片角度刻度盘;19—随动轴换向接头;20—上操作油管;21—受油器体;22—中间隔管;23—内腔连接油管;24—外腔连接油管;25—操作油管内腔;26—操作油管外腔;27—接力器;28—活塞。

图 2-37 套管式液压调节机构工作原理图

①油压装置。为了实现液压全调节水泵叶片角度的调节,泵站均设有油压装置。图2-37中应用的油压装置主要包括压力油罐、回油箱、油泵、电动机组和油压控制元件等。

压力油罐是一个蓄能容器,压力油罐容积的30%~50%是汽轮机油,其他是压缩空气。用空气和油共同形成压力,保证和维持调节机构所需要的工作压力。由于压缩空气具有良好的弹性,并贮存了一定的机械能,使压力油罐中当由于调节作用油的容积减少时仍能维持一定的压力。

在水泵叶片角度调节过程中,压力油罐中被消耗的油,由油泵自动补充。压缩空气的损耗很少,主要是从不严密处漏失。所损耗的压缩空气,利用专用压缩空气系统来补充,以维持一定比例的空气量。

目前一般采用油气相互隔离的囊式蓄能器油压装置。囊式蓄能器油压装置油气相互隔离,油气相互隔离方式使油液不易被氧化变质,并可取消中压供气系统。囊式气体选用清洁经济的氮气。气囊密封良好,一般不必补气,三年左右检查一次。正常运行时,由于水泵机组调节叶片角度及叶片角度调节系统漏油等原因,油压下降一定值,此时由自动控制电路启动油泵投入运行,使油压保持在规定值。油泵有连续和断续两种运行方式。

②叶片角度增大。当需要将叶片安装角度调大到某一角度时,转动手轮直到叶片角度指示器转到刻度盘上某一角度位置时停止。这时由于接力器的活塞腔尚未有压力油输入,所以C点(图2-36)作为支点不动,而配压阀的活塞在杠杆作用下,阀杆B点和调节杆A点一起以回复杆C点为支点向下移动。由于配压阀活塞向下移动后,压力油就由配压阀通过内油管进入接力器活塞的下腔,使接力器活塞向上移动,通过操作架和耳柄、连杆、转臂的叶片转动机构,使叶片向正角度方向移动。接力器活塞向上移动时,C点向上移动,带动配压阀阀杆B点以A点为支点向上移动,一直到配压阀活塞恢复到原来位置将油管口堵住,水泵的叶片就固定在调大的安装角位置上运行。

③叶片角度减小。当叶片安装角需要调小时,转动手轮使调节杆A点向上移动,由于接力器活塞腔尚未有压力油输入,而配压阀活塞在杠杆作用下,阀杆B和调节杆A一起以回复杆C点为支点向上移动,压力油就由配压阀通过外油管进入接力器活塞的上腔,使接力器活塞向下移动。这时C点便带动阀杆B点以A点为支点向下移动,一直到配压阀的活塞恢复到原来位置,水泵的叶片就固定在调小的安装角位置上运行。

④叶片角度自动跟踪。水泵在运行时,水压力使叶轮活塞有上、下运动趋势,导致活塞上、下腔压力不等。由于活塞密封、受油器本体与内外管密封处存在渗漏,活塞移动致使叶片转动。活塞移动,带动上操作机构杠杆C点、杠杆B点及配压阀活塞移位,打开配压阀下方或上方油路,压力油进入操作油管内腔或外腔,使叶轮活塞自动复位。同时带动杠杆C点、杠杆B点及配压阀活塞,直至关闭配压阀油路,完成叶片角度自动跟踪功能。

(3) 受油器的拆卸

①外部管路分解

拆卸受油器的压力进油管及回油管的法兰,将法兰间的绝缘垫、油封垫以及连接螺栓的绝缘套管、绝缘垫圈做好位置记号后拆下并检查其损坏情况。用专用盖板将各管口封住,以防脏物、异物掉入。

②受油器体拆卸

拔出受油器壳体下法兰组合面的定位销钉,拆卸组合螺栓,吊出受油器壳体并放置在检修场地的木方上,在吊出过程中应注意保持受油器水平,上升速度要缓慢,并与操作油管无憋劲现象。

③转动油盆拆卸

做好甩油盆的方位记号,拆卸其与电机小轴的组合螺栓,吊出转动油盆,取出组合面上的耐油密封垫,检查密封垫的损坏情况。

④底座拆卸

拔出定位销钉,卸去法兰组合螺栓,取出绝缘套管,按位置做好记号并编号,最后吊出受油器底座。对于分块的绝缘垫片应进行编号并做好位置记号及正反面标记。检查、清理并干燥后,测量各绝缘电阻,若不合格,应更换。

⑤操作油管吊出

做好操作油管的方位记号,拆卸组合螺栓,将位于受油器体内的操作油管吊出。组合面上的紫铜片应做好记号后拆出。操作油管的轴头面应用专用盖板封住,防止脏物、异物掉入。

(4) 受油器的检修工艺

①上操作油管与轴套配合间隙的测量

测量上、中、下3个轴套的内孔尺寸,检查各轴瓦的磨损情况。测量内、外油管与轴套配合部分的外径尺寸。经比较,所求出的各轴套的配合间隙应符合图纸要求。若因轴套磨损,配合间隙大于允许间隙,通常要求更换轴套。

②上操作油管内外管圆度和同轴度的检查与处理

将上操作油管的内外管组合在一起,在车床上检查内、外油管的同轴度与圆度,结果应符合图纸要求。一般外油管的变形较大,当操作油管的圆度超出允许范围时,应进行喷镀或车圆处理。如无法处理,或者管壁厚度已不合格,应更换新管。新换上的油管要严格清洗,并用1.25倍的工作压力进行严密性耐压试验,保持30 min,应无渗漏。

③轴套的研刮

将受油器体倒置,放在支墩上并找平。把同心度、椭圆度已处理合格的操作油管吊入受油器体内,与上、中、下轴套配合。用人工的方法使操作油管的工作面与轴套进行上、下旋转研磨,然后加以修刮,直到轴承配合间隙与接触面符合图纸要求为止。

2. 单管式受油器

(1) 单管式受油器的结构

单管式受油器的结构形式与套管式受油器的结构形式基本相似,主要由受油器体、配压阀、调节机构等三部分组成。

单管式受油器与套管式受油器结构形式的主要区别在于操作油管,单管式操作油管是一根操作油管,而套管式操作油管由内油管和外油管两根油管组成,所以单管式受油器体在结构上与套管式受油器有所不同。单管式受油器外形结构有两种,第一种为早期型号,第二种为改进型号,结构相比之前更为紧凑,两种型号工作原理基本相同。早期型单管式受油器结构如图2-38所示,改进型单管式受油器结构如图2-39所示。

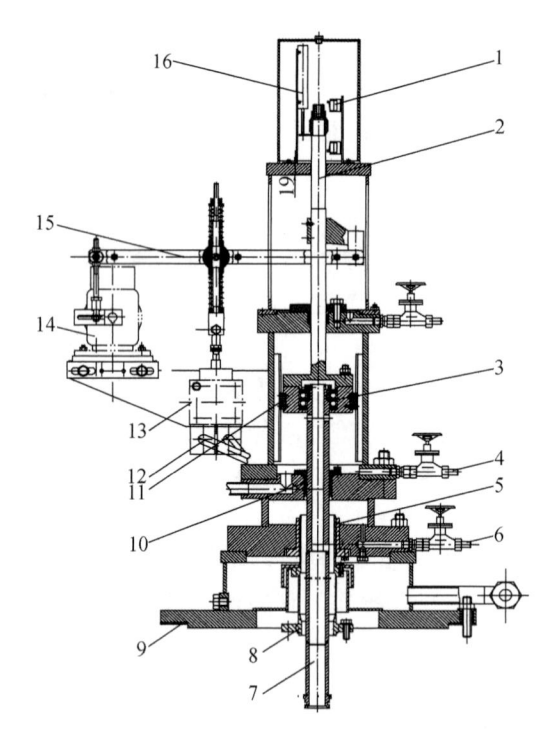

1—限位开关；2—上轴杆；3—轴承；4—内管进油口；5—金属密封；6—外管进油口；7—内管；8—外管；9—底座；10—金属密封；11—限位键；12—连接管；13—配压阀；14—电动操作机构；15—操作杠杆机构；16—电位器。

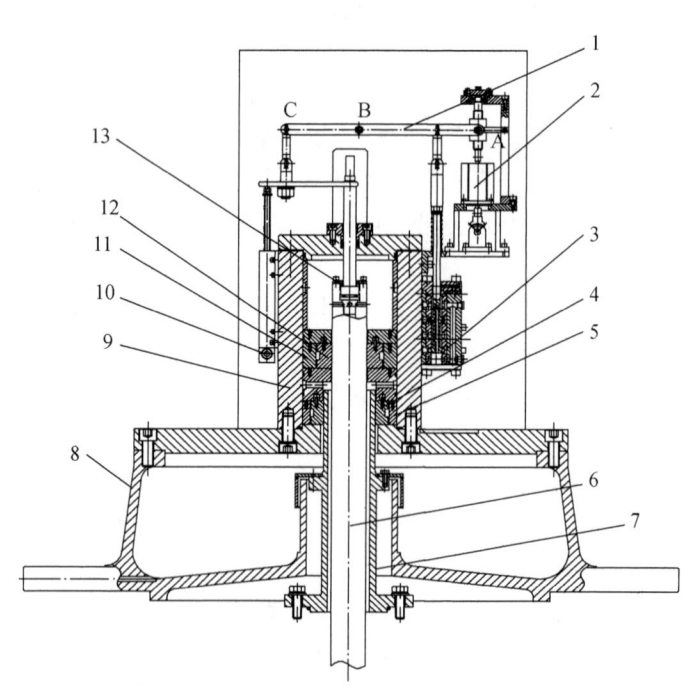

图 2-38　早期型单管式受油器结构图

1—操作杠杆机构；2—电动操作机构；3—配压阀；4—下浮动密封环；5—下浮动套；6—内管；7—外管；8—底座（集油盆）；9—缸体；10—电位器；11—上浮动环；12—上浮动密封环；13—轴承。

图 2-39　改进型单管式受油器结构图

(2) 单管式受油器的工作原理

单管式受油器的工作原理与套管式受油器的工作原理基本相似。不同之处如下。

①单管式操作油管的内腔与叶轮活塞下腔相通,单管式操作油管外壁与电机、水泵轴内壁组成外腔与叶轮活塞上腔相通。

②单管式操作油管的外腔是有压腔,不同于套管式受油器泵轴与操作油管间是无压腔。

③单管式受油器的电机轴头安装了套管,单管式操作油管在进入了电机轴头的套管后,就形成了内外两个油腔,一个是操作油管内腔,一个是操作油管外壁与套管之间的外腔,内外腔分别与上下两个油室相通,配压阀输出的压力油经油管或油路分别与上下两个封闭的油室相通,进入相应的受油器操作油管内腔或外腔,再进入单管式操作油管的内外侧,作用于活塞使活塞上下动作,达到调节叶片角度的目的,叶片调节过程中的回油则通过另一通道回到配压阀。

④在单管式受油器内操作油管分别由浮动环和浮动环体组合实现密封,确保不窜油、不整劲。上轴杆的密封由填料压盖和填料完成,少量的渗漏油进入空腔后经闸阀由管道流入回油母管。

(3) 单管式受油器的检修

单管式受油器与套管式受油器的结构略有差别,但拆卸和检修工艺基本相同,区别主要有以下几点。

①检查上操作油管、上浮动环、套管、下浮动环密封磨损和配合间隙情况,间隙应符合制造厂技术要求,如磨损严重或间隙过大应更换。制造厂一般要求双边配合间隙为0.05～0.10 mm,由运行、检修经验可知双边间隙约在0.06～0.7 mm较为适宜。

②检查浮动环上限位螺栓是否完好,浮动环在浮动环体内活动是否自如,但上下间隙也不能过大以免产生晃动。

③连接上轴杆和上操作油管的推力滚珠轴承,在大修时一般应更换。

单管式受油器安装相对于套管式受油器安装要简便一些,不同点主要如下。

①上操作油管为细长的无缝钢管,与套管没有支撑,可自由晃动,因此安装时没有摆度和中心要求。

②套管高度低,相对来说摆度数值小,且与之配合的为浮动式密封,因此制造商未对套管摆度做要求,安装时可以用框式水平仪做垂直度检测,操作简便。

③复核套管法兰至底座底部、下油箱底部至甩油圈的净高度,应大于机组顶车行程。

④推力轴承与轴承盒组装完成后应留有0.3～0.6 mm的间隙。检查对应叶片角度轴承盒在上油箱内的上下净距离,应大于活塞行程,防止出现推力轴承和操作油管损坏事故。

3. 液控电磁阀叶片调节机构

(1) 液控电磁阀叶片调节机构的结构

随着液压控制技术的推广应用,利用液控电磁阀取代机械配压阀在泵站受油器中得到了应用。水泵液控电磁阀叶片调节机构主要由手/自动切换电磁阀、电液比例换向阀、手动换向阀、压力继电器、单向节流阀、油道板等部件组成。其系统结构原理如图2-40所示。

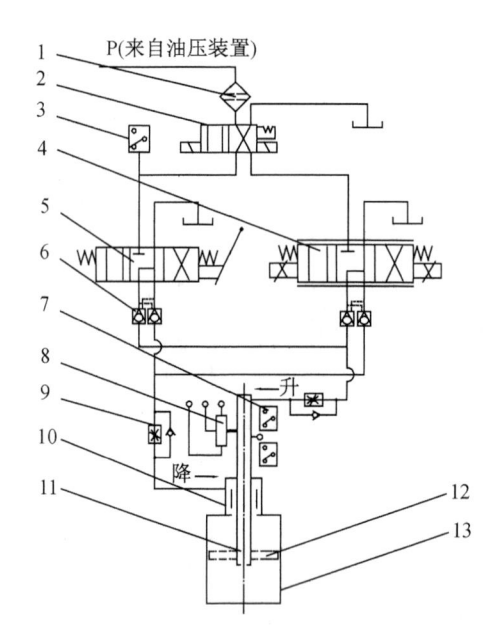

1—滤油器；2—手/自动切换电磁阀；3—压力继电器；4—比例换向阀；5—手动换向阀；6—液控单向阀；7—限位开关；8—电位器；9—单向节流阀；10—受油器密封套；11—操作油管；12—活塞；13—接力器。

图 2-40　液控电磁阀叶片调节机构系统原理图

（2）液控电磁阀叶片调节机构的工作原理

来自油压装置的压力油经滤油器过滤后，进入手/自动切换电磁阀。

①自动调节。水泵叶片角度调节，由 PLC 叶片角度调节控制系统控制受油器电磁阀组进行。当水泵叶片角度自动调节时，手/自动切换电磁阀切换到自动位置，压力油通向电液比例换向阀。在叶片角度调节控制装置上进行操作，输入所调叶片角度值，确认后，电液比例换向阀接受来自控制系统调节叶片角度的信号，其阀芯即会按要求的方向及速度换位，将需要的油量经受油器的内腔或外腔，送入水泵活塞的下腔或上腔，进行叶片角度调节。在受油器装有反馈电位器，当操作油管随叶片角度调节上下移动时，带动电位器滑杆位置变化，使叶片角度实际位置信号反馈给控制系统，当叶片角度调至所输入的叶片角度值时，控制系统调节叶片角度的信号停止输出，调节完成。因电液比例换向阀不但可以换位，而且换位的行程可以按比例地随控制系统输入信号而改变，其通油量也可按比例地变化，因此它不但能控制水泵叶轮活塞的运动方向，也能控制其运动速度。

②手动调节。手/自动切换电磁阀切换到手动位置，压力油进入手动换向阀。压力继电器发出手动位置压力油已接通的信号后，即可进行手动操作。向左或向右缓慢扳动手动换向阀的手柄，使手动换向阀按要求的方向及速度，将压力油通过受油器的内腔或外腔，送入水泵活塞的下腔或上腔进行叶片角度调节。

③叶片角度自动跟踪调节。水泵在运行时，叶片角度控制置自动状态，当水压力使叶轮活塞上、下腔压力不等及活塞密封、受油器本体与内外管密封处存在渗漏时，活塞移动致使叶片转动。同时操作油管移动，带动电位器滑杆位置变化，将叶片角度实际位置信号反馈给控制系统，由控制系统根据设定值对电液比例换向阀发出调节信号，将需要的流量

送入水泵接力器的上腔或下腔,从而形成一个闭环的自动调节过程。

(3) 液控电磁阀叶片调节机构的检修

液控电磁阀叶片调节机构的检修,除受油器电磁阀组外,其余与套管式、单管式叶片调节机构的检修要求基本相同。

液控电磁阀叶片调节机构的检修,主要不同点如下。

① 对电磁阀阀组进行拆卸、清洗和检查,阀体无堵塞和脏污,阀针无变形和磨损,拆卸时应注意轻拿轻放,不能划伤零件表面。

② 对滤芯进行拆卸、清洗和检查,滤芯无堵塞和脏污,如有损伤应更换。

4. 机械叶片调节装置

机械全调节主水泵的叶片调节是利用机组顶部的机械叶片调节装置中差动齿轮调节器,通过主轴中的操作杆推拉运动,带动叶轮轮毂内部操作架做上下移动,再利用其转动部件以调节水泵叶片角度。

(1) 机械叶片调节装置的结构

机械叶片调节装置的结构如图 2-41 所示。

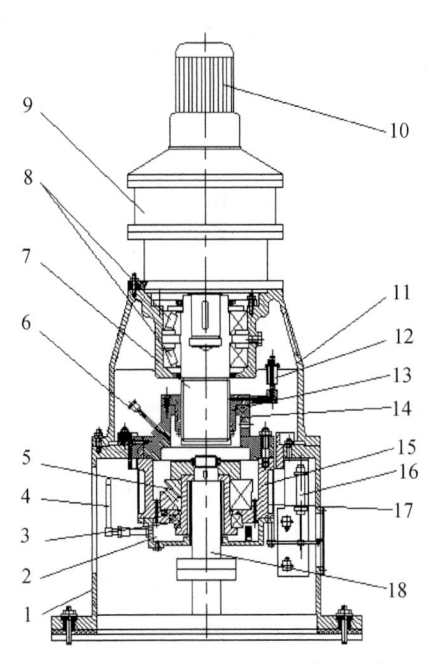

1—调节器底座;2—油缸;3—下推径向轴承;4—油标;5—上拉径向轴承;6—加油管;7—调节螺杆;8—向心轴承;9—减速器;10—电动机;11—上座;12—注油杯;13—调节螺母;14—分离器盖;15—分离器座;16—位移传感器;17—冷却水箱;18—上操作杆。

图 2-41 机械叶片调节装置结构图

(2) 机械叶片调节装置的工作原理

机械叶片调节装置主要由电动机、减速器、分离器、上操作杆等组成。调节电动机可做正反向高速旋转,经减速器带动分离器上的调节螺杆旋转,分离器在调节螺杆的作用下做上、下轴向运动,再通过主轴中的操作杆,带动水泵叶轮轮毂内的操作架做上下移动,作用于叶片转动机构,其叶片转动部件的结构及动作过程与液压全调节水泵基本相同,操作架的上下移动使叶片做正、负方向转动,达到调节水泵叶片角度的目的。

(3) 调节器的拆卸

①拆卸调节器的电动机连接电缆、冷却水进出水管等附件。

②将操作杆联轴器做好位置记号,拔出法兰组合面的定位销钉,拆卸组合螺栓。

③做好调节器底座的方位记号,拔出定位销钉,拆卸其与底座的连接螺栓。整体吊出调节器,并放置在检修场地的木方上,在吊出过程应注意保持调节器水平,上升速度要缓慢。

④做好底座的方位记号,拔出定位销钉,取出绝缘套管、绝缘垫片等,拆卸其与主电动机顶盖的连接螺栓,吊出底座。

⑤取出绝缘垫片,进行编号并做好位置记号及正反面标记,检查其损坏情况,检查、清理并干燥后待用。

(4) 调节器的检修

①分离器是调节机构的关键部件,受力条件恶劣,须检查分离器座、保持架及推力调心轴承的技术状况。分离器座、保持架如果有异常,应进行处理,必要时应送回制造厂进行修复。推力调心轴承如有异常应予以更换,根据轴承使用寿命如运行时间较长也应更换。

②调节器采用稀油油浸式润滑,设置循环水冷却系统,检查应无渗漏油情况,冷却系统技术状态正常。

③调节器上推拉杆与电机中推拉杆采用法兰连接方法,应检查无松动、憋劲等现象。如有松动现象应在电机拉杆上端增加防松压板,以防止拉杆与转子产生相对转动,解决调节器安装调心和拉杆连接的防松问题。

六、立式同步电动机部件的检修

大型立式电动机为分散式结构,需在泵站现场进行拆卸和安装。根据推力轴承位置不同,立式电动机分为悬吊型和伞型两种。悬吊型电动机的结构特点是推力轴承位于上机架内,把整个转动部分悬挂起来。大型悬吊型电动机装有上、下导轴承,上导轴承位于上机架内,下导轴承位于下机架中。伞型电动机的结构特点是推力轴承位于下机架中。

立式同步电动机一般由定子、转子、上机架、下机架、推力轴承、上下导轴承、碳刷及集电环、顶盖等部件组成,同步电动机的定子和转子是产生电磁作用的主要部件,其他是支持或辅助部件。立式同步电动机结构如图 2-42 所示。

(一) 定子的结构与检修

立式同步电动机的定子由机座、铁芯、线圈、端箍及拉紧螺杆等部件组成,其典型结构如图 2-43 所示。

1. 定子机座

(1) 定子机座的结构和作用

定子机座即定子的外壳,是固定铁芯的,又是支持整个机组转动部分重量的主要部件,承受额定运行时额定扭矩产生的切向力和铁芯热膨胀引起的径向力,承受运输及在制

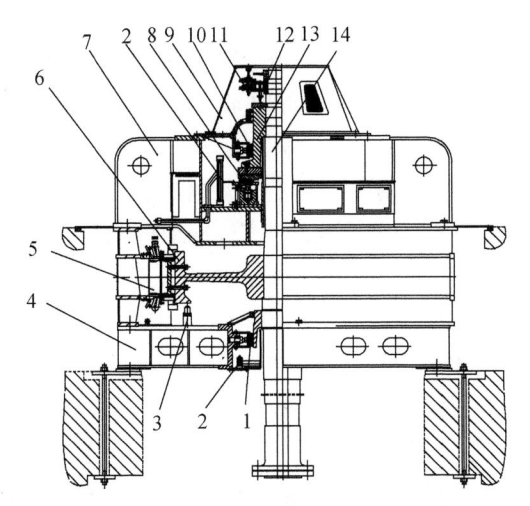

1—下导轴瓦；2—冷却器；3—顶车装置；4—下机架；5—定子；6—转子；7—上机架；8—推力瓦；9—护罩；10—上导轴瓦；11—刷架；12—集电环；13—推力头；14—电机轴。

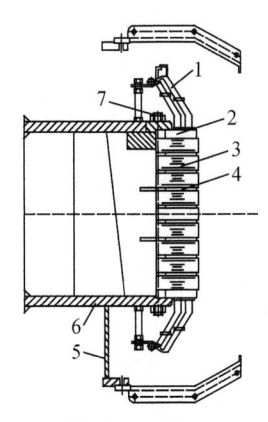

图 2-42　立式同步电动机结构图

1—线圈；2—齿压板；3—铁芯；4—工字钢垫条；5—机座；6—托板；7—拉紧螺杆。

图 2-43　定子结构图

造与安装过程中起吊时引起的应力，承受使用千斤顶移动整圆定子时引起的弯曲应力，承受机架和机组转动部分等的重量包括水推力引起的轴向力。

机座的上平面支撑着上机架传来的全部重量和作用力。下平面是整个电机的基础。四周筒壁是定子铁芯等部件的支撑部分，筒壁上开有若干圆孔或设置风道，供电机散热用。电动机运转时定子和转子所产生的热量，靠转子上下的风扇，将定子上下进风道外的冷空气吸进来，再通过定子外壳上的风洞将热空气排至站房内（空气自冷却式）。或通过定子四周环形风道，用风机把热空气排出室外（强迫通风式）。

(2) 定子机座的检修

检查机座各部分有无裂缝、开焊、变形，螺栓有无松动，各接合面是否接合完好，如有缺陷应修复或更换。

设备检修过程中，为了调整固定部件同轴度的相对位置，会使用千斤顶移动定子机座，移动过程中应在 x 方向或 y 方向的相对两侧架设百分表进行监视，移动结束后，两侧百分表的读数应基本相同，如果两侧百分表读数偏差较大，则应分析定子机座变形的可能性和变形的原因，并采取相应的技术措施。

2. 定子铁芯

(1) 定子铁芯的结构和作用

定子铁芯是磁路的主要组成部分并用以固定绕组，在运行时，铁芯要受到机械力、热应力及电磁力的综合作用。定子铁芯由 0.35～0.5 mm 厚的两面涂有绝缘漆的扇形矽钢片经叠压而成。铁芯高度常分为若干段，每段高 40～45 mm，段与段之间放 10 mm 厚的工字形衬条，作为通风散热的风沟，铁芯上下端放齿压板，用拉紧螺杆把矽钢片收紧。铁芯外圆有燕尾槽，通过托板和拉紧螺杆，将整个铁芯固定在机座上，铁芯内圈有嵌线槽，供嵌放绕组线圈用。

(2) 定子铁芯的检修

定子铁芯检修首先应检查定位筋是否松动,定位筋与托板、托板与机座环结合处有无开焊现象等,由于定位筋的尺寸和位置是保证定子铁芯圆度的首要条件,发现定位筋松动或位移时,应立即恢复原位补焊固定。

其次检查铁芯段间的工字形通风衬条和铁芯是否松动,定子拉紧螺杆应力值是否达到满足铁芯紧度的规定要求。检查铁芯穿心螺杆与铁芯的绝缘电阻,绝缘电阻应不小于 10 MΩ。如果发现铁芯松动或进行更换压板等项目时,必须重新对定子拉紧螺杆进行应力检查。

电动机定子的圆度是通过测量固定部件垂直同轴度后计算求得的,一般定子圆度均不可能绝对是圆的,但只要在规范允许的合格范围内就不会对安全运行造成影响,也不一定要处理定子圆度,但当定子不圆度超过规定值时,则需研究后再进行处理。定子不圆的处理方法是将定子线圈、定子冲片全部拆出,利用钢琴线法或测圆架,测出定位筋的圆度,在此基础上重新叠片装压,使其铁芯圆度等符合规定的技术要求。受泵站现场条件和技术力量的限制,定子不圆的处理应返厂进行。

3. 定子线圈

(1) 定子线圈的结构和作用

定子线圈在电磁设计的基础上,确定绝缘结构尺寸,按设计利用线圈模具用带有绝缘的扁铜线绕制而成,再经拉型、复型、匝间胶化、匝间短路检查、热模压、耐压试验等多道工序后,将线圈嵌入定子铁芯。为便于测量电机运行时的线圈温度,在某些线圈的底层及层间,埋有电阻温度计。进行过嵌线、真空浸漆、耐压试验后才算完成定子绕组的加工。

制造厂在进行线圈绝缘结构设计时设置了绝缘等级,绝缘等级实际是绕组绝缘的耐热等级,绕组绝缘的耐热等级及其允许温度如表 2-3 所示。

表 2-3 绕组绝缘的耐热等级及其允许温度

耐热等级	A	E	B	F	H
允许温度(℃)	100(105)	110(120)	120(130)	140(155)	165(180)

注:1. 括号内的数值为运行时绕组绝缘中的最热点的温度。
    2. 由于绕组绝缘的寿命随温度的升高而呈指数下降,电机设计时通常按最高允许温度留有 5~10 ℃的余量。

同步电动机绕组绝缘包括股间、匝间、排间、层间和对地绝缘,端部各种支撑或固定用的绝缘构件以及连接线和引出线的绝缘。不同的绝缘材料或工艺方法组成不同的绝缘结构。绝缘结构主要起隔离电的作用,在长期运行中,由于受电、热、机械力的作用和不同环境的影响,绕组绝缘逐渐老化,将致使电机不能安全运行,因此,绕组绝缘是决定电机寿命的重要因素之一。

(2) 定子线圈的检修

①定子绕组端部的检修。检查绕组端部的垫块有无松动,如有松动应垫紧垫块。检查端部固定装置是否牢靠、绕组端部及线棒接头处绝缘是否完好、极间连接线绝缘是否良好。如有缺陷,应重新包扎并涂绝缘漆或拧紧压板螺母,重新焊接线棒接头。线圈损坏现场不能处理的应返厂处理。

②定子绕组槽部的检修。检查线棒的出槽口有无损坏,槽口垫块有无松动,槽楔和线槽是否松动,如有凸起、磨损、松动,应重新加垫条打紧。用小锤轻敲槽楔,松动的应更换槽楔。检查绕组中的测温元件有无损坏。

③对同步电动机定子绝缘检查测试是机组检修的重要内容之一,在机组解体后应对定子绕组进行全面检查,并用专用清洗剂对其进行清洗直至表面洁净为止。清洗后的机组,须进行绝缘干燥处理,干燥方法见后节"电机干燥及绝缘防护"。

(3) 定子线圈绝缘缺陷处理

如果出现线圈绝缘击穿、灼伤和机械磨损等问题,需要现场修复或更换线圈,受泵站技术职能和人员技术条件的限制,应由制造厂派人员到现场负责检修或返厂处理。

查找部分和个别线圈绝缘缺陷通常采用以下几种方法。

①1/2切除查找方法。当电机泄漏电流、绝缘电阻和吸收比下降时,经过一些处理后,还查不出原因时,可采用1/2切除法查找线圈绝缘缺陷部位,一般在电机进线端问题较多。如整机各1/2线圈均表现性能下降,则应视为整机老化或表面电阻普遍下降的问题。如其中一个1/2线圈表现性能下降,应以此1/2问题线圈再取1/2查找,直到找到缺陷线圈为止。

②电压分布法。试验方法同直流耐压试验,为用叉具进行电压分布测量查找绝缘缺陷的方法,不必分割绕组,对发现槽口外部的缺陷很有效,但槽口内部缺陷不容易找到。

在有缺陷的相上,将线棒进行编号,如图2-44中的1、2,并选用便于测量的金属叉具插入线棒间隙作为测点,并做好线棒相同长度标记,以便比较。按接线图进行直流泄漏试验,对线圈两侧分别测取其表面对地电压U_x,当某点U_x增大时,则为故障所在地。

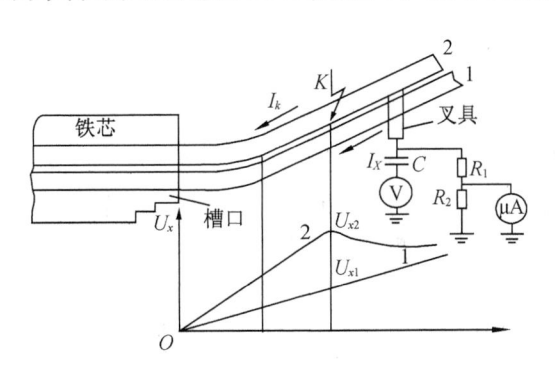

图2-44 用叉具寻找线棒缺陷示意图

金属叉具用不锈钢片等有弹性的材料制作,其长度与宽度应以恰好卡夹于线棒上为准。叉具要固定于有足够耐压水平的绝缘棒上,可采用经过试验合格的环氧玻璃布绝缘圆管,将静电电压表的降压电容C和泄漏分流电阻R_1与R_2等装在管内,并用金属屏蔽线引出线接于测量表上,这样比较安全方便。

③局部加热法。直流泄漏电流随温度指数上升,温度升高,泄漏电流将成倍上升。如果绝缘有缺陷,在裂缝边缘电荷比较集中的部位若再加热促使电离,这样泄漏电流就会突然变化,利用这个方法可以寻找缺陷所在部位。对端部某些绝缘垫板由于受潮引起泄漏不平衡过大,也能检查出绝缘缺陷。

在缺陷相上试验时所加电压一般选用 $1.5\sim2.0U_n$ 直流电压，并用局部加热，加热设备如图 2-45 所示。

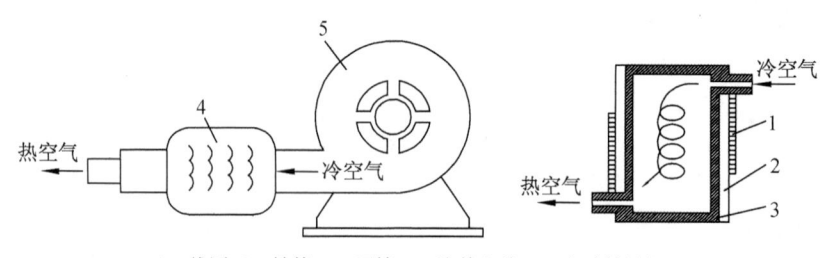

1—线圈；2—铁管；3—石棉；4—瓷管电炉；5—电动鼓风机。

图 2-45　热吹风加热设备示意图

加热设备一种是采用电动鼓风机，出口配制电炉丝加热空气，空气温度在 65～75 ℃之间，出口压力调整以 0.1～0.15 MPa 为宜，管道用气焊橡胶管。另一种采用涡流加热气，即用内径 200～250 mm，高 350 mm 的生铁管（管壁稍厚些），外包石棉布或是石棉绳，然后用足够容量的绝缘导线缠绕，管壁截面的磁通密度为 1.5 Wb/m² 时，压缩空气进入管内加热，由出口排出需要的热空气之后由管道引出。

试验时，直流电压稳定 1 min 后，用微安表监视电流变化情况，用橡胶管、喷射管沿电动机两侧端部相线棒根喷射，如有缺陷，则微安表突然变化或剧烈波动。这种方法只能发现电动机端部线圈故障。

如果预防性试验顺利通过，即可对表面进行覆盖漆处理，浸漆后表面采用香蕉水稀释后的 8037 铁红瓷漆喷涂 2 次，覆盖晾干，绝缘处理后，覆盖的瓷漆表面光滑，便于今后的清洁处理。

4. 端箍与槽楔

（1）端箍与槽楔的结构和作用

为使定子绕组能承受电动力及振动的作用，确保电机长期安全运行，绕组需要很好地固定，端部固定结构包括端箍及支架等，槽部紧固件为槽楔。将线圈嵌入定子铁芯，再用层压板或酚醛压合塑料制成的槽楔压紧，将线圈紧固在槽内，可防止因电磁振动力的作用而引起主绝缘磨损，消除电晕腐蚀。线圈的端部用绝缘绳绑扎在端箍上，端箍通过支架支撑于上、下齿压板上，防止受电磁振动而磨损绝缘。

（2）端箍与槽楔的检修

对端箍与槽楔的检查是机组解体后应对定子绕组进行的全面表观检查之一，检查线棒的槽口垫块应完好，绑扎无异常，槽楔的压紧程度符合要求，无空洞声，无位移等现象。

5. 空气冷却器

空气冷却器一般都是通过支架固定在定子机座上，也有用螺栓直接将空气冷却器固定在定子机座壁上。

空气冷却器铜管的外表面上绕有螺旋铜丝圈，沾满了灰尘和油污，检修时需将它放在碱水中清洗。碱水溶液可按表 2-4 所示配方。

表 2-4　碱水溶液配方

成分	重量百分比(%)	成分	重量百分比(%)
无水碳酸钠(面碱)	1.5	水玻璃	0.5
氢氧化钠(火碱)	2.0	水	95.0
正磷酸钙	1.0		

先将空气冷却器放入 80 ℃左右的碱水中浸泡并晃动 10～15 min,吊出后再放在热水槽中晃动 30 min,然后吊出。用清水反复冲洗,直至在铜管外不出现白碱痕迹时为合格。这种方法的优点是清洗较干净,缺点是碱水会使冷却器上的橡胶盘根损坏。

(二) 转子的结构与检修

转子是转换能量和传递转矩的转动部件,它与泵轴用刚性联轴器连接,带动水泵叶轮旋转做功。泵站同步电动机的转子采用凸极结构,由主轴、转子支架、磁轭、磁极、起动绕组、励磁绕组和滑环等部件组成。起动绕组又称阻尼绕组,励磁绕组为工作绕组,励磁电流由静止励磁装置或同轴直流励磁机供给。转子结构如图 2-46 所示。

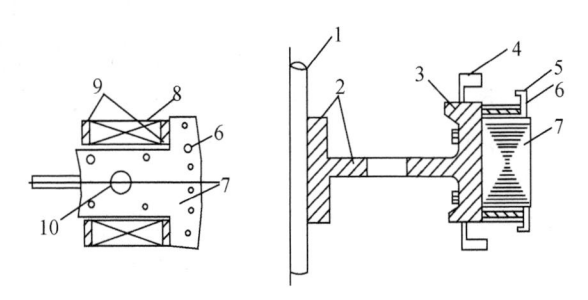

1—主轴;2—转子支架;3—磁轭;4—风叶;5—阻尼环;6—阻尼条;7—铁芯;8—磁极线圈;9—磁极衬垫;10—双头螺栓。

图 2-46　转子局部结构图

1. 主轴

(1) 主轴的结构和作用

半调节水泵的配套电动机轴一般为实心轴,全调节水泵配套电动机轴一般为空心轴。

电动机主轴上的主要负荷有额定转矩,机组转动部件重量和水推力产生的轴向力,定、转子气隙不均匀引起的单边磁拉力以及转子机械不平衡力等。

(2) 主轴的检修

由于电动机轴具有一定的强度和刚度,所以在设备检修中一般很少出现主轴的检修内容。当然由于转子的搁置方法不妥当,运输过程中导致主轴弯曲变形,在安装过程中摆度值增加,则需要采取相应的技术措施进行校正。

2. 转子支架

(1) 转子支架的结构和作用

它是连接磁轭和主轴并传递扭矩的部件,正常运行时转子支架承受扭矩、磁极和磁轭的重力矩、自身的离心力以及其他配合力。

泵站立式同步电动机转子支架一般采用与磁轭圈合为一体的转子支架或圆盘式转子支架。与磁轭圈合为一体的转子支架由轮毂、辐板和磁轭圈三部分组成,整体铸造,由铸钢磁轭圈、轮毂与钢板组焊而成。圆盘式转子支架由轮毂、上圆盘、下圆盘、撑板和立筋等组焊而成。

(2) 转子支架的检修

机组检修时待转子吊出后应检查转子各焊缝有否开焊(如轮毂焊缝、挡风板焊缝、螺母点焊缝、磁轭键及磁极键焊口等),连接螺栓有无松动,装有风扇的转子还需检查风扇有无裂纹、螺母的锁键是否松动(或点焊处是否开焊)等。对于轮毂与支臂的连接螺栓,要用小锤敲击,检查是否松动,如有松动应用大锤打紧,重新立焊。

3. 磁轭

(1) 磁轭的结构和作用

磁轭的主要作用是产生转动惯量和固定磁极,同时也是磁路的一部分。用热套的方法将其套在主轴上,磁轭外圆上设有T形槽或螺孔,供固定磁极用。

(2) 磁轭的检修

机组检修时待解体完成转子吊出后,应检查转子各部情况及打紧磁轭键。机组经频繁启动,使转子与主轴承受交变脉冲力的低频冲击,时间长了会出现螺栓松动、焊缝开裂、转子下沉、磁轭键松动等情况,大修时应仔细检查各项并做好记录、处理。

4. 磁极

(1) 磁极的结构和作用

它是产生磁场的主要部件,由磁极铁芯、励磁线圈、阻尼绕组等零部件组成,磁极一般采用T尾或螺栓固定在磁轭上。磁极铁芯一般采用叠片磁极结构,用 1~1.5mm 厚的矽钢片,经冲压成形后叠压而成,上下加极靴压板,并用双头螺栓拉紧。磁极线圈用扁铜条绕在磁极铁芯上,在匝间、层间粘贴石棉纸或玻璃丝布作为绝缘隔层。磁极上装有阻尼铜条和阻尼环,各磁极之间的阻尼环连成整体,成了阻尼绕组。

(2) 磁极的检修

检修前测量转子励磁绕组的直流电阻及其对铁芯的绝缘电阻,必要时进行交流耐压试验,判断励磁绕组是否存在接地、匝间短路等故障。并用专用清洗剂进行清洗,清洗后进行绝缘干燥处理,干燥方法见后节"电机干燥及绝缘防护"。

检查磁极、风扇紧固螺栓有无松动,锁定装置是否牢靠,如有松动应紧固。

(3) 磁极的更换

绝缘材料的老化是不可避免的。转子线圈接地和转子线圈短路一经查出都需处理,一般采取更换的方法。

处理转子圆度和更换磁极线圈等工作,需吊出磁极。检修完后,吊入磁极就位。吊出磁极前先铲开磁极键头部的点焊,拆开阻尼环接头和线圈接头。后将磁极吊出,磁极吊出处理完后,进行磁极挂装,然后进行转子测圆。受泵站技术条件的限制,更换磁极线圈等工作宜由制造厂派人员到现场处理或返厂处理。

5. 集电装置

(1) 集电装置的结构和作用

集电装置由集电环和碳刷装置组成。集电环固定在电机轴上,经电缆或铜排与励磁绕组连接。碳刷装置则固定在上机架或励磁机架内,用于将励磁电源传递至转子励磁绕组。

(2) 集电装置的检修

由于氧化以及铜、钢两种金属材料接触的电腐蚀作用,长期运行后集电环表面会变得非常粗糙,与碳刷的接触电阻会显著增大,使该处局部过热或发生火花,甚至造成环火。机组检修中应对集电环和碳刷装置进行清理,并检查集电环外圆表面的粗糙度应不大于 0.8 μm,如果表面光洁度太差应对集电环进行车削处理或更换集电环。

检查集电环对轴的绝缘及转子引出线的绝缘材料有无损坏,如引出线绝缘损坏,应重新对绝缘进行包扎处理。检查引出线的槽楔有无松动,如松动应紧固引出线槽楔。

(三) 电机干燥及绝缘防护

电机干燥是在电动机检修过程中定子、转子绕组进行清洗后,用以驱除绕组中的潮气,对绕组表面绝缘进行喷漆防护的一种工艺措施。

1. 电机干燥方法

电机干燥方法主要有直流铜损法、交流铜损法、定子铁损法、短路干燥法和外加热法等多种方法,考虑泵站设备和方便易行因素宜采用直流铜损法。

(1) 电机干燥直流铜损法,是在电机定子、转子线圈中通入直流电进行干燥,直流电源设备可采用励磁装置或直流焊机。定子接线宜采用三相串联方式。

(2) 定子温度用预埋在绕组层间的铜电阻法测量。转子温度用酒精温度计监测,选用 0~150 ℃量程的温度计,贴近励磁绕组温度最高处,测点不少于 2 点。

(3) 电机干燥需保温,厂房门窗应关闭,必要时绕组表面用棉布覆盖保温。

(4) 定子、转子绕组通入电流一般为额定值的 40%~80%,电流密度 2~3 A/mm²,温度控制在 80 ℃左右,最高温度不超过 100 ℃。具体要求如下:

①电机干燥在定子、转子绕组脏污完全清除后进行。通电前应将电动机定子、转子周围清理干净,附近现场不能有小块铁制物或铁磁粉末等。

②定子干燥:先通以额定电流的 30%预烘 2 h,然后以 10 A/h 的增大速率将温度升至 80 ℃,并保持稳定。每 2 h 测温一次、测绝缘电阻一次,至绝缘电阻大于 30 MΩ,吸收比大于或等于 1.3 后,保持电流 6 h 不变,干燥过程结束。

③转子干燥:先通以额定电流的 35%预烘 2 h,然后以 10 A/h 的增大速率将温度升至 80 ℃,并保持稳定。每 2 h 测温一次、测绝缘电阻一次,测量时间应一致,至绝缘电阻大于 5 MΩ,保持电流 6 h 不变,干燥过程结束。

④绝缘测量:定子绕组采用 2 500 V 兆欧表(摇表)、转子绕组采用 500 V 兆欧表(摇表)进行测量。为提高测量准确性,应优先采用电动兆欧表,在干燥后期电流和温度尽可能保持不变。

⑤测量绝缘电阻时,要断开电源和引线。测量前后应对定子、转子线圈对地充分

放电。

⑥干燥期间加强电流和温度监测,详细做好值班干燥记录,记录包括:定子和转子的干燥电流、定子和转子的绕组温度、环境温度及湿度。干燥结束后绘制干燥曲线,即"温度-时间曲线"和"绝缘电阻-时间曲线",如图 2-47 所示。

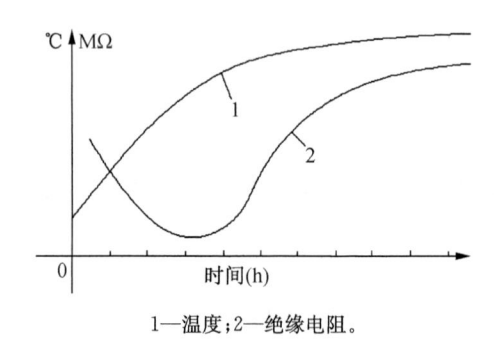

1—温度;2—绝缘电阻。

图 2-47　温度、绝缘电阻与时间关系曲线图

⑦干燥现场应配备消防设施。

2. 电动机喷漆及烘干

电动机大修清理及干燥后应进行绝缘喷漆处理。电动机定子、转子绕组喷漆的目的是防止水分侵入,保持绝缘良好。喷漆处理后,常用烘干法进行漆膜的固化。

(1) 喷漆必须在电动机干燥和绝缘稳定且符合要求后进行。

(2) 待定子、转子温度冷却至 (65 ± 5)℃时,用无水 0.25 MPa 压缩空气清除电动机定子、转子上的浮尘和杂物。

(3) 用醇酸抗弧磁漆对电动机定子、转子绕组进行喷涂。颜色主要有铁红色、银灰色,可根据需要选用。醇酸抗弧磁漆可直接使用,也可用二甲苯稀释后使用,一般喷涂 1 次,不宜太厚。如需涂覆第 2 遍,待 15 min 后或干透后进行。

(4) 喷漆后可自然烘干,如需加快烘干时间或在冬季,可加温进行烘干,将电流上升至干燥前的 80%,温度大于 25 ℃,保持 4~8 h 后停止烘干。

(四) 机架的结构与检修

机架是立式同步电动机安置推力轴承、导轴承、制动器及全调节水泵受油器或调节器的支撑部件,位于转子之上的机架叫上部机架,简称上机架,位于转子之下的机架叫下部机架,简称下机架。

由于机组的形式不同,上、下机架可分为荷重机架和非荷重机架。放置推力轴承的机架称为荷重机架,它承受机组转动部分的全部重量、水泵的轴向水推力、机架自重及作用在机架上的其他负荷,荷重机架内还布置有导轴承,所以荷重机架还承受径向力。非荷重机架一般只放置导轴承,主要承受转子径向机械不平衡力和因定、转子气隙不均匀而产生的单边磁拉力。

悬吊型电机的上机架、伞式电机的下机架都属于荷重机架,悬吊型电机的下机架、伞式电机的上机架都属于非荷重机架。泵站立式机组一般采用悬吊型机架结构。

1. 上机架

（1）上机架的结构和作用

悬吊型电机的荷重机架即为安装在定子上的上机架，上机架结构如图2-48所示。

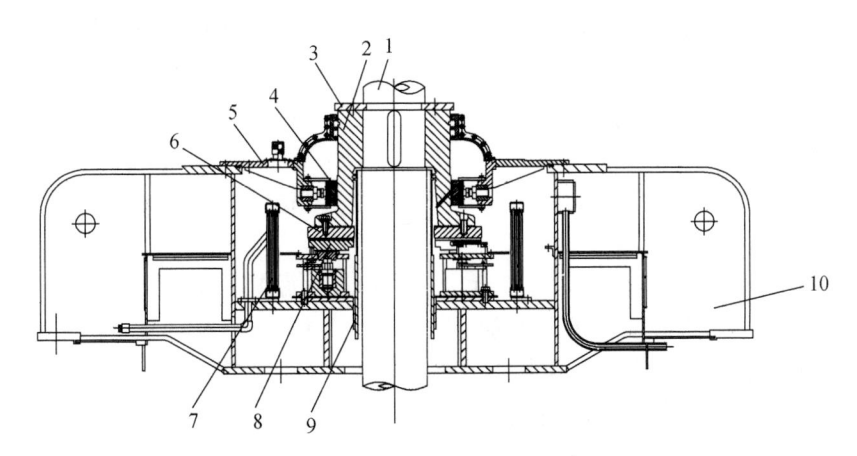

1—电动机轴；2—推力头；3—卡环；4—上导轴瓦；5—油槽；6—镜板；7—冷却器；8—推力轴瓦；9—挡油筒；10—上机架。

图2-48　上机架结构图

上机架主要由中心体和支臂构成，中心体即为上油槽（又称上油缸），支臂一般为辐射型结构，因为这种结构受力均匀。支臂根据受力大小一般设四个，也有设六个和八个的。油槽是一个装有汽轮机油的密封容器。悬吊型电动机上油槽中设置有推力轴承、径向导轴承和油冷却器等。汽轮机油既起润滑作用，又起热交换介质作用。汽轮机油吸收了轴承摩擦所产生的热量后，再借助通水的冷却器把油内的热量带走。上机架上部装有电动机顶罩，内装集电环和碳刷装置等。

（2）上机架的检修

由于上机架是荷重机架，除承受轴向负荷外还承受径向负荷。根据泵站实践证明上机架的故障概率很小，即使有机架变形，也是在特殊工况下才会发生，正常检修时也不容易发现。机组检修过程中主要检查机架焊缝有无异常现象，有无渗油现象，以及油槽清洗情况等。清洗时先用毛巾将油槽内的油污与杂物等清洗干净，最后再用面粉团将各角落没有清洗到的油污与杂物等一一黏出，然后把油槽盖好，防止灰尘入内。

（3）油冷却器的检修

①擦干净油冷却器每根铜管的外表油污，并检查有无其他异常。

②按设计要求的试验压力进行耐压试验，如无明确要求，则试验压力宜为0.35 MPa，保持压力60 min，无渗漏现象即为合格。

③耐压试验中如发现有铜管管壁有渗漏，不建议采用铜焊补漏，一般应更换铜管。更换铜管宜选用紫铜管，不建议使用黄铜管，因为黄铜管含有锌的成分，在水中氯的作用下锌容易从黄铜管中分离出来，形成铜管的空穴，造成冷却器漏水。如果是铜管与冷却器基座的结合面有渗漏，则可拆开冷却器基座，在铜管内壁重新胀管。将渗漏严重的铜管更换为新铜管后，亦应进行胀管。对不锈钢管或带散热片不锈钢管的渗漏可采用焊接方法，或

采用新型的封堵材料进行封堵。

(4) 铜管的更换工艺过程

①拆开冷却器基座,将漏水的冷却器铜管在接近冷却器基座附近的部位用钢锯条将其锯断,调整冷却器支撑隔板,将漏水的冷却器铜管取出来,用硬木将胀在冷却器基座内的铜管剔出来。

②将新的冷却器铜管按所需长度并考虑5%～10%的余量下料,下料后用专用弯管工具将其弧度预弯成与冷却器基本一致。清除管口毛刺,吹去管内垃圾,擦光管子外圈,穿过冷却器基座、冷却器支撑隔板,直到另外一个冷却器基座中,在穿管过程中应不断地控制铜管的圆弧。

③待穿管结束并整形完成后,在接近冷却器基座附近的部位用钢锯条将多余的铜管锯掉,清除管口毛刺,选择适合于管子通径的胀管器,插入铜管内壁后旋转胀管器心轴,使胀管器滚柱在心轴摩擦力的作用下旋转并向外侧扩张,铜管在滚柱的作用下向外扩张,使铜管外壁与冷却器基座紧密接触,胀管器结构如图2-49所示。

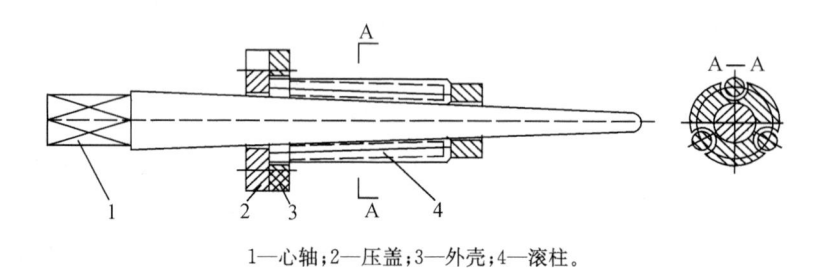

1—心轴;2—压盖;3—外壳;4—滚柱。

图2-49 胀管器结构图

④胀管工作全部完成后,即可进行冷却器基座的装配。装配中一般应更换冷却器基座的橡胶密封垫板,装配完成后应按规范规定进行严密性耐压试验,以检查胀管质量,如果仍有渗水现象,即为不合格,需分析原因后再重新胀管。

2. 下机架

(1) 下机架的结构和作用

悬吊型电机的非荷重机架即为安装在定子下面的下机架,下机架结构如图2-50所示。

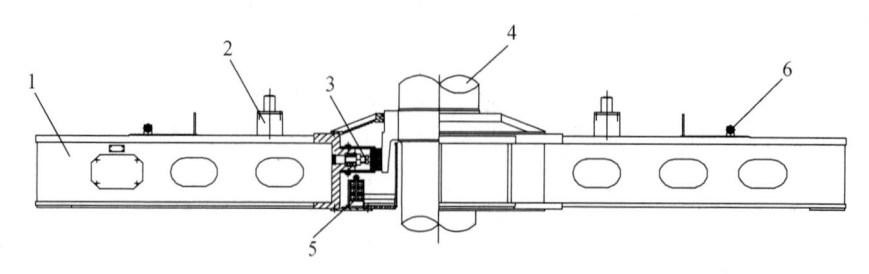

1—下机架;2—顶车装置;3—下导瓦;4—电动机轴;5—冷却器;6—加热器。

图2-50 下机架结构图

下机架中间的油槽中设置了下导轴瓦,装有油冷却器等。下机架的支臂上设置了制动器或顶车装置。制动器主要用于停机时的制动,同时用于顶车,即开机时顶起转子,使润滑油进入推力瓦瓦面,以及在检修时的顶车,便于机组拆卸。顶车装置仅用于机组的顶车,即在开机时顶起转子,使润滑油进入推力瓦瓦面,以及在检修时顶车,便于机组拆卸。

(2)下机架的检修

下机架主要检修同上机架。另需检查制动器及油压管路有无渗漏,密封是否完好,如有渗漏应更换密封件。

(五)推力轴承的结构与检修

1. 刚性支撑式推力轴承

电动机轴承有推力轴承和径向导轴承。推力轴承承受机组转动部分全部重量及水推力,并把这些力传递给荷重机架。常采用的推力轴承一般是刚性支柱式,由推力头、绝缘垫片、镜板、推力瓦、抗重螺栓(也称支柱螺栓)及轴承瓦架等组成。刚性支撑式推力轴承有两种结构形式,一种是用于较小容量立式电机的刚性支柱式推力轴承,结构如图2-51所示;一种是用于较大容量立式电机的带托盘刚性支柱式推力轴承,结构如图2-52所示。

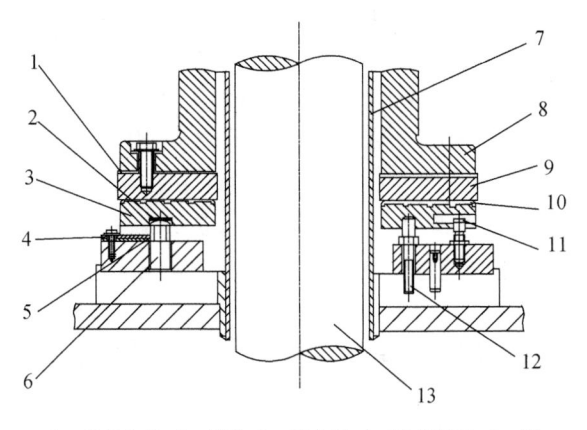

1—绝缘垫片;2—衬垫;3—推力瓦;4—锁片螺栓;5—锁片;6—抗重螺栓;7—挡油筒;8—推力头;9—镜板;10—轴承瓦面;11、12—限位螺栓;13—电机轴。

图2-51 刚性支柱式推力轴承结构图

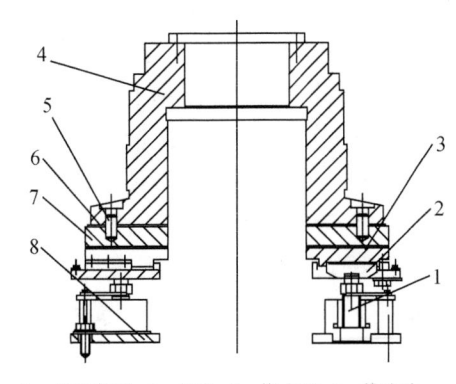

1—抗重螺栓;2—托盘;3—推力瓦;4—推力头;5—螺栓;6—绝缘垫片;7—镜板;8—推力轴承座。

图2-52 带托盘刚性支柱式推力轴承结构图

推力头一般为铸钢件,径向用平键,轴向用卡环,固定在轴上随轴旋转。推力头下面放两副分半式绝缘垫片,或一副分半式绝缘垫片加一片整圆绝缘垫片。绝缘垫片一般用抗压性能好、耐冲击、耐剪切的酚醛层压布板制成。用带有绝缘套的螺栓将推力头与镜板连接,以阻止形成轴电流。

镜板是固定在推力头下面的转动部件,一般为锻钢件,其材质和加工要求很高,与轴瓦的接触面表面粗糙度不大于0.2×10^{-6} m。

(1)推力头和镜板的拆卸和检修

①推力头拆卸前应先用液压顶车装置或螺旋千斤顶顶起(大型泵站一般采用液压顶车装置或制动器)。在将制动器顶起前应计算好制动器的有效行程,以防止制动器动作不

到位而造成返工,或过顶造成设备的损坏,将制动器顶起使转子重量全部落在制动器上后,应将制动器锁住以防止制动器跌落。

②拆卸推力头卡环螺栓,在卡环合口处插入斜铁或用铜棒锤击,将其中半副卡环打出凹槽后搬离,剩下半副卡环,继续用铜棒锤击直接打出后搬离。

③安装拆卸推力头的专用工具,按使用要求拔推力头,用力要均匀,由于推力头与主轴采用过渡配合,最初几次配合会很紧,在拔推力头的同时可以采用一些相应的辅助措施,如增加油压千斤顶、轻击专用工具等。

④推力头拆卸完成后,在镜板、推力头与绝缘垫片用连接螺栓紧密组装的情况下,检查镜板工作面不平度应符合设计要求,如果镜板工作面出现波浪或其他异常现象,则需对镜板或绝缘垫片进一步进行检查。

⑤测量推力头与镜板的绝缘电阻值并做好记录,推力头、镜板、绝缘垫片拆前应做好方向位置编号,安装时按原位安装;拆卸推力头与镜板的连接螺栓,拆卸过程中应注意连接螺栓的紧力;拆卸后将连接螺栓保管好,将绝缘垫圈和绝缘套管清洗干净后,放入干燥箱内干燥。

⑥镜板与推力头分解后,检查镜板工作面应无伤痕和锈蚀,粗糙度应符合设计要求。如果发现镜板经运行后有损坏,或者在检修过程中出现不慎使镜板碰伤等情况,应送回制造厂进行处理,严重时应更换。

⑦如果在拆卸过程中感觉到推力头与主轴配合较松,则应测量推力头孔与主轴的配合尺寸,测量应在同一室温下进行,用相同尺寸的内径千分尺和外径千分尺,由同一人测量。推力头与主轴配合为过渡配合,间隙一般在 0.02~0.05 mm 之间。在实际安装时,如间隙过大,对摆度的测量稳定性有一定的影响,如果孔径比轴颈大 0.03 mm 以上,则为装配过松,应进行处理,宜在推力头孔内镀铜,配合间隙一般为过盈 0~0.03 mm 为最佳。

⑧检查主轴上的键和键槽配合情况,两侧应过盈 0~0.02 mm。可用细油石或油光锉将键和键槽的毛刺修掉,将键放入键槽内,以用小锤轻轻打入为宜,对过松的键应进行更换。

⑨待推力瓦和导向瓦研刮工作完成后,应对镜板和推力头分别进行研磨,使镜板和推力头工作面的精度和光洁度符合要求。

(2)推力头的研磨

①推力头的研磨一般采用人工研磨,研磨时推力头还是呈研刮状态搁置,现也有采用机械研磨推力头,采用机械研磨推力头专用设备,如图 2-53 所示。

②将研磨膏刮成细沫浸泡在装有透平油的容器中。

③剪一块宽约等于导向瓦高,长基本接近导向轴颈周长的双层折叠的白布或呢子布,两端绑扎拉绳。

④白布或呢子布裹着浸泡在油液中的研磨膏沫,两人分别拉着绳子长时间地用其来回研磨轴颈,直到轴颈无任何划痕恢复光亮为止。

(3)镜板的研磨

①可以将镜板搁置在研刮推力瓦的磨瓦台上,采用人工研磨。磨瓦台可以是木架,也可以是钢制件,高度约 600 mm,以适应刮瓦操作的需要。

图 2-53 机械研磨推力头专用设备外形图

②在一块直径基本接近镜板宽的小平板上绑上一块大于小平板直径的呢子布。

③在镜板表面倒些浸泡在油液中的研磨膏沫,将绑定呢子布的小平板盖在镜板面上,用人力推动小平板做圆弧状运动研磨镜板,直到镜板平整光亮为止。

④研磨镜板也可采用专用研磨设备,如图 2-54 所示。使用研磨镜板专用设备研磨镜板或人工研磨镜板的过程中,都需要经常注意保护镜板面,如果因工作不慎使镜板表面模糊或出现浅痕,则应将研磨工作暂停,进行修整。修整时,可用细油石蘸上润滑油顺着划痕方向仔细修磨平整,再用包着羊毛毡或呢子布的研磨小平板进行研磨,直到镜板恢复平整光亮为止。

图 2-54 研磨镜板的专用设备外形图

研磨前,先将镜板用纯苯或无水酒精清洗,用白布擦干;再在镜板面上涂上研磨膏加汽轮机油的混合液进行研磨,每研磨 30 min 需加研磨膏一次,直至镜板面恢复平整光亮。

常用来抛光的是粒度在 400# 以上(或粒度是微粉级)的超精研磨膏,如果研磨膏干硬,可加合格的透平油调配。若镜板不马上安装,镜面需涂中性凡士林油或猪油保护。在镜板被擦净抹干后,将煮成液状的油脂用毛刷均匀涂刷在镜板上。涂刷时不应有气泡,油脂与镜板紧密结合,油层厚度约为1.5~2 mm,完成后在外表上再包蜡纸或桐油纸防潮,盖上毛毡,镜面朝上,水平放置。若安装相隔时间较长,应定期检查,观察油层是否变质。

(4) 合金轴瓦的研刮

轴瓦是静止部件,推力瓦一般做成扇形或圆形分块式,大型泵站立式机组常用扇形分块式,如图 2-55 所示。推力瓦现有两种类型:巴氏合金轴瓦和弹性金属塑料轴瓦,巴氏合金轴瓦简称合金轴瓦,弹性金属塑料轴瓦简称塑料轴瓦。

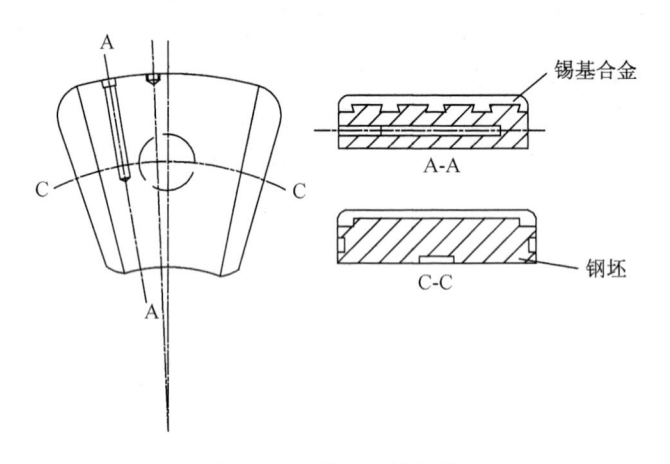

图 2-55　推力瓦结构图

轴瓦钢坯上浇铸有一层约 5 mm 厚的锡基轴承合金。轴瓦背部开有放抗重螺栓的圆孔,为防止磨损,在孔与螺栓头之间放有一块紫铜垫板。或在轴瓦的底部设置托盘,使轴瓦受力均匀,以减少机械变形。轴瓦(或托盘)放在轴承座的抗重螺栓球面上,以在运行中自由倾斜,形成楔形油膜。

上、下导轴瓦是用锻钢制成的圆弧形径向轴瓦,如图 2-56 所示。

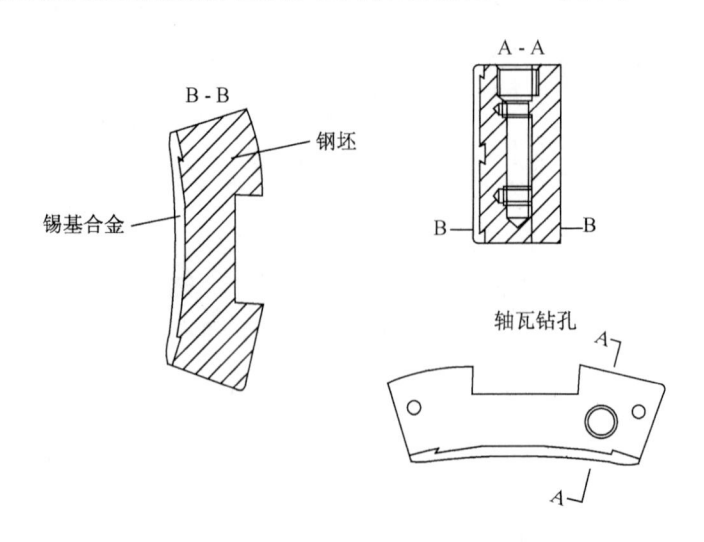

图 2-56　导轴瓦结构图

钢坯上铸有约 5 mm 厚的锡基轴承合金,用抗重螺栓及托板将轴瓦横向固定在瓦架上,控制着主轴的径向位移,瓦的背面以及上、下面均有绝缘垫,以防止形成轴电流。

上、下导轴瓦及推力瓦中,装有铜热电阻温度计,以测量、显示、控制运行时的瓦温。

轴瓦研刮前应检查轴瓦无脱壳、裂纹、硬点及密集气孔等缺陷,若缺陷严重应做处理。

轴瓦的研刮分为研磨和刮削两个内容,轴瓦研刮主要工艺过程如下。

①将推力头横向搁置在地面上放置的枕木上,并初步调整推力头的水平值为 0.2～0.3 mm/m。为避免导轴瓦的轴向窜动,并尽量符合轴瓦运行时的相对位置,用软质绳箍绑扎在轴颈上作为研磨轴瓦时的移动导向,为防止软质绳箍研磨时产生磨损垃圾,应在与导轴瓦研磨段的软质绳箍上缠绕白纱带保护,如图 2-57 所示。

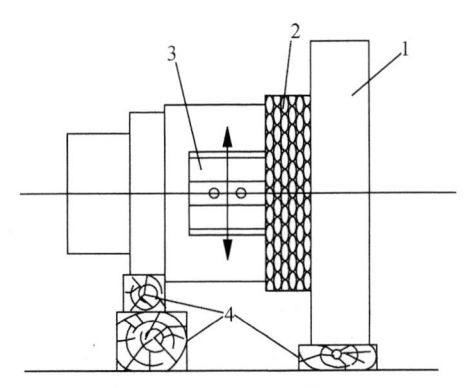

1—推力头;2—软质绳箍;3—导轴瓦;4—枕木。

图 2-57 导轴瓦研磨示意图

②将镜板放置在磨瓦平台上,为防止推力瓦在研磨时发生径向窜动,应在镜板的内孔安装用 3～5 mm 厚的薄钢板或铝板卷制的导向圈,导向圈的总高度不宜高于推力瓦与镜板之和。

③用酒精清洗镜板、推力头轴颈表面,去除油污和灰尘微粒,并用洁净的干毛巾擦抹掉酒精,磨瓦的环境湿度不宜太大,过程中一般不在轴颈表面或镜板表面放任何显示剂。

④将推力瓦或导轴瓦轻轻地覆盖在镜板表面或推力头轴颈上,放置的方向应与实际运行方向一致,靠人工将轴瓦在镜板表面或推力头轴颈上做往复运动 4～10 次,取下轴瓦,翻身放在刮瓦架上进行刮削。

⑤轴瓦的刮削首先是粗刮,用锋利的三角刮刀将瓦面上的高点普遍刮掉,经过几次研刮,瓦面会呈现出均匀平整且光滑的点接触状态。接着进入精刮状态,精刮用弹簧刮刀刮削,按照接触情况依次刮削,刀痕要清晰。无论是粗刮还是精刮,前后两次刮削的花纹应大致互成 90°角。

⑥下导轴瓦的研刮,需在轴颈下搭设木架平台,平台上沿轴颈外径可布置一圈与轴相垂直的铝板,以便托瓦和限位(板面应比轴颈底面高 20～30 mm)。研刮的方法与横放时相同,但因施力条件困难,没有横放时研磨方便,不容易满足瓦面接触的均匀性。由于下导轴颈与推力头的直径相同,所以也有不少下导轴瓦在推力头研磨的实例。

⑦轴瓦研刮工序结束后,应在镜板和轴颈表面涂油,并用白布或塑料布保护好。瓦面

上涂一层均匀纯净的凡士林(或钙基脂),用白纸贴盖或装箱保护。

刮瓦工艺要求如下:

①刮刀选择:轴瓦进行粗刮时,一般采用三角刮刀,这种刮刀刮削量大。为了便于双手握紧可在刀身部分缠绕数层白布带或塑料带。轴瓦精刮时,宜选用弹簧刮刀,其形式如图2-58所示。

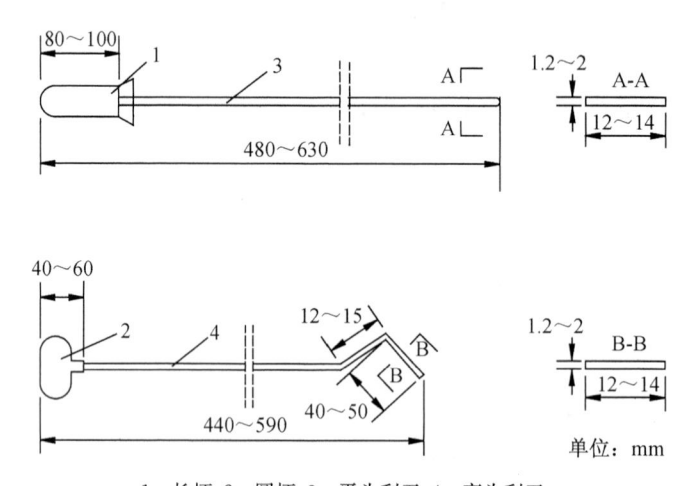

1—长柄;2—圆柄;3—平头刮刀;4—弯头刮刀。

图2-58 弹簧刮刀形式结构图

图中的3是一种平头弹簧刮刀,刀身为弹簧钢,因此有一定弹性。因刮削和磨刀损耗,刀头常比刀身薄。手柄多用硬木车制,有长柄和圆柄两种。长柄便于手握。圆柄可贴于前腹,以增加切削量,适用于大而深的刀花。图中的4是一种弯头弹簧刮刀,制作材料与平头弹簧刮刀相同。这种刮刀较平头弹簧刮刀更有弹性,适用于窄而长的刀花。

②刀花类别:用弹簧刮刀刮瓦,能在瓦面上挑出不同形式的花纹。花纹形式可分为四类:三角形、旗形、燕尾形、月牙形,如图2-59所示。

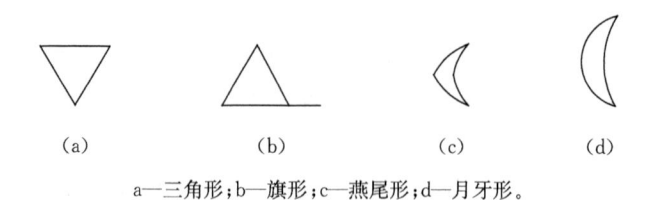

a—三角形;b—旗形;c—燕尾形;d—月牙形。

图2-59 刀花花纹形式示意图

实践证明:三角形刀花较为实用,而且易学,看上去每个花纹并不显眼,实际形大纹深,运行时瓦面易于存油。刮这种刀花时,为了使花纹中部深于边缘,磨刀时可使刀刃中部稍带凸形圆弧。旗形可归为三角形一类,由于下刀直硬,力偏,使一侧产生"旗杆"。这种刀花会造成整个瓦面状态杂乱,故尽量不要选用这种刀花形式。燕尾形和月牙形花纹较三角形窄而长,中部的深浅由操作者控制。如能掌握得好,可在瓦面上得到美观而实用的花纹。产生这种花纹,需要较好的弹性刮刀,一般使用弯头弹簧刮刀较多,当然操作者选用弯头弹簧刮刀还是选用平头弹簧刮刀,在于各人的习惯,如图2-60所示。

图 2-60 用弹簧刮刀挑瓦实拍图

③刀花质量：选择合适的刀花形式能达到既美观又实用的刮瓦成效。

轴瓦研刮过程中应注意下列事项。

a. 在刮瓦前，如发现瓦面有硬点或脱壳现象，应及时处理。对于局部硬点必须剔除，余留坑孔边缘应修刮成坡弧。

b. 避免刀痕重复。刀花尽量不带"旗杆"、毛刺，避免重刀和交错线。

c. 合理的刀花面积。刀花大小应保持基本一致，最理想的是两次刀花之间应显露一个接触点，接触点的直径或弦长以 1～2 mm 为宜。一般来说，轴瓦面积较大的，刀花也要大些，轴瓦面积较小的，刀花也要小些。

d. 合理的刀花深度。为保持运行时瓦面的油膜，刀花应为缓弧，其边缘无毛刺或棱角。

e. 刀花方向。燕尾形和月牙形刀花，前后两次刀迹可按大致成 90°控制，排列应有规则，不应东挑西剔。

f. 点数的稀密。按规范要求推力瓦面每平方厘米至少有 1 个接触点，瓦面局部不接触面积每处应不大于推力瓦面积的 2%，其总和应不超过推力瓦面积的 5%。导向瓦面每平方厘米至少有 1 个接触点，瓦面局部不接触面积每处应不大于瓦面积的 2%，其总和应不超过导向瓦面积的 15%。

④中部刮低

轴瓦的摩擦面是巴氏合金，它的热膨胀系数约比钢（瓦坯）大一倍，这样在室温（20 ℃左右）刮出的很平的瓦面，在运行时温度升高会产生膨胀。热变形的另一因素是瓦的温度梯度，当瓦面发热后，向瓦身其他部位散热，这样瓦面的温度势必高于瓦背温度，结果使中部的热膨胀现象更加明显。此外，推力轴瓦的受力，也不是均匀对称的，因此运行时瓦身会产生机械变形。

实际运行中发现，在轴瓦承压后，瓦面的中间部分常有凸起的趋势。为了减少推力轴瓦运行时产生的热变形和机械变形的影响，对瓦面中部进行刮低很必要，以满足运行时瓦面全部均匀接触的要求。但推力轴瓦刮低应在抗重螺栓中心的周围区域内进行。

⑤进油边的刮削

进油边的刮削,要求做成"倒斜坡",以利于进油并形成油膜,切忌刮成棱角。若为棱角进油边,不但失去了进油的作用,而且相应减小了轴瓦的承载有效面积。进油边又不宜刮得过宽,以免减小轴瓦的承载有效面积。

⑥补充刮瓦

由于温度和负荷的变化,轴瓦表面会发生变化,使在室温和空载(带有镜板)研刮的瓦面,不完全适合于运行情况。而盘车时有一定的载荷和温度,和运行时的条件有些接近,因此机组盘车后进行一次补充刮瓦,会改善运行时瓦面的接触状况。

(5) 弹性金属塑料推力瓦

按规范和制造厂要求,弹性金属塑料推力瓦不应修刮表面及侧面,底面承重孔不应重新加工。如发现底面及承重孔不符合要求,应返厂处理。弹性金属塑料推力瓦的瓦面应用干净的汽油、布或毛刷清洗,不应使用坚硬的铲刀、锉刀等硬器。

电动机油润滑弹性金属塑料推力瓦及导轴瓦外观验收应符合 SL317—2015 中的以下要求。

①弹性金属塑料瓦的塑料复合层厚度宜为 8~10 mm,其中塑料层厚度(不计入镶入金属丝内部)宜为 1.5~3.0 mm(最终尺寸)。

②弹性金属塑料瓦表面应无金属丝裸露、分层及裂纹,同一套(同一台电动机)瓦的塑料层表面颜色和光泽应均匀一致。瓦的弹性金属丝与金属瓦基之间、弹性金属丝与塑料层之间结合应牢固,周边不应有分层、开裂及脱壳现象。

③瓦面不应有深度大于 0.05 mm 的间断加工刀痕。

④瓦面不应有深度大于 0.10 mm,长度超过瓦表面长度 1/4 的划痕或深度大于 0.20 mm,长度大于 25 mm 的划痕,每块瓦面不允许有超过 3 条划痕。

⑤瓦面不应有金属夹渣、气孔或斑点,每 100 mm×100 mm 区域内不应有多于 2 个直径大于 2 mm、硬度大于布氏硬度 HBS30 的非金属异物夹渣。

⑥每块瓦的瓦面不应有多于 3 处碰伤或凹坑,每处碰伤或凹坑其深度均应不大于 1 mm,宽度不大于 1 mm,长度不大于 3 mm 或直径不大于 3 mm。

(6) 抗重螺栓的检修

支持轴瓦的是抗重螺栓,它能分别调节每块轴瓦位置,使所有轴瓦受力均匀。推力轴瓦抗重螺栓设置在推力轴承座上。悬吊型电动机在上油槽中设有上导轴承瓦架,装有上导轴瓦抗重螺栓。下导轴承瓦架一般不再单独设置,下导轴瓦抗重螺栓直接设置在下油槽上。根据泵站实践,抗重螺栓检修的主要内容如下。

①在安装推力轴承和上、下导轴承前检查抗重螺栓与瓦架之间的配合应符合设计要求。瓦架与机架之间应接触严密,连接牢固。抗重螺栓与瓦架之间的配合应符合设计要求。瓦架与机架之间应接触严密,连接牢固。

②在运行中往往会发现导向轴瓦间隙变大,其原因是轴瓦背面垫块座与抗重垫块之间,以及抗重螺母与螺母支座之间接触不严或有脏物。当运行受力后,抗重垫块和抗重螺母产生位移,使轴瓦间隙变大。因此,要求连接必须牢固、接触必须严密。

③抗重螺栓瓦架与抗重螺栓螺母衬套之间焊接应牢固,不应有裂缝,发现裂缝应补焊。选用抗拉强度大、适用于受力较大或受动载荷的钢结构焊接的焊条,如j506焊条,采用直流焊机施焊。

④检查抗重螺栓与瓦架上的螺孔配合情况,要求用手将螺栓拧入孔后,四周摇动无松动感觉,也可用百分表进行检查,其晃动值不宜超过0.1 mm,否则应进行处理。

2. 弹性支承式推力轴承

随着设计理念的深化,机械加工设备精度的提高,加工技术措施的完善,调整推力轴瓦受力的技术已经有了改进,弹性支撑平面圆形推力瓦、平衡桥支撑圆形推力瓦和弹性推力头结构形式已开始应用。当然对这些新型结构形式的应用还需通过实践做进一步的观测、分析和研究。

(1) 弹性支撑式推力轴承基本结构和原理

弹性支撑式推力轴承的结构特点是平面圆形推力瓦安放在带碟形弹簧及支撑件的支撑圆环,即推力轴承座上,利用弹簧的变形特性,吸收不均匀负荷和形成润滑油膜。弹性支撑式推力轴承结构如图 2-61 所示。

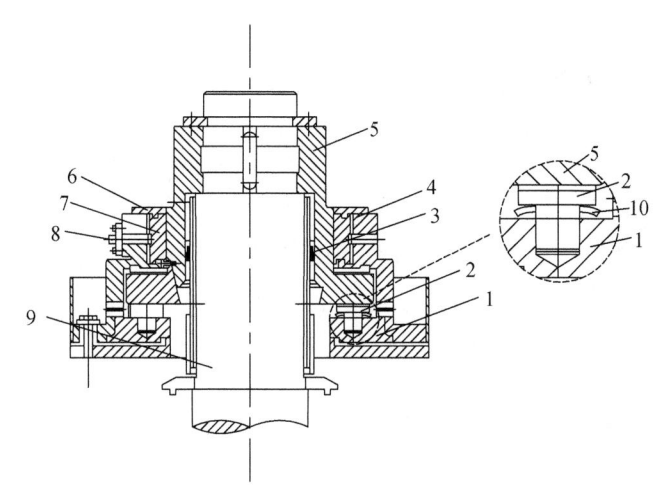

1—支撑圆环;2—弹性支撑推力瓦;3—密封件;4—上导瓦架;5—推力头;6—盖板;7—上导向瓦;8—抗重螺栓;9—电动机轴;10—蝶形弹簧。

图 2-61 弹性支撑式推力轴承结构图

推力轴承采用弹性支撑形式的技术特点是利用弹簧的变形特性,吸收不均匀负荷和形成润滑油膜,并免除了推力瓦的受力调整,现场按设计程序装配,即能满足其相应技术要求。

(2) 平衡桥支撑式推力轴承基本结构和原理

平衡桥支撑也就是平衡块支撑。平衡桥支撑式推力轴承的圆形推力瓦由互相搭接的铰支梁支撑,应用杠杆原理传递不均匀力,利用铰支梁作为平衡桥,使各块推力瓦负荷达到均匀。平衡桥支撑式推力轴承结构如图 2-62 所示。

推力轴承采用平衡桥支撑形式的技术特点是免除了推力瓦的受力调整,通过机械加工确保设备部件的精度要求,在现场按设计程序装配,即能满足其相应技术要求,在同一

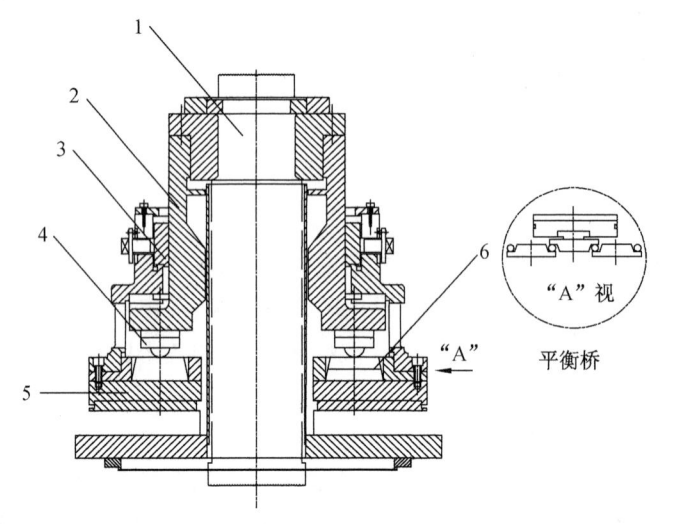

1—电动机轴;2—推力头;3—导向瓦;4—推力瓦;5—推力底盘;6—平衡桥。

图 2-62　平衡桥支撑式推力轴承结构图

平面推力瓦均匀受力。

采用平衡桥支撑式的推力轴承与弹性支撑式的推力轴承一样,目前在泵站中虽有应用,但尚未能得到普及,应用的实践总结资料也很少。虽然推力轴承采用平衡桥支撑形式,但在安装过程中仍然需要对轴线垂直度(镜板水平度)、磁场中心等进行调整处理,并满足相关技术要求。

弹性支撑式的推力轴承同刚性支撑推力轴承不一样,可采用推力轴承支撑调整水平度,其技术标准较刚性支撑式推力轴承的不大于 0.02 mm/m 稍有适度降低,为不大于 0.03 mm/m,其轴线垂直度(镜板水平度)的调整,可由电动机承重机架进行。

七、立式机组的安装

(一) 一般要求

1. 机组安装在解体、清理、保养和检修后进行,是整个机组正常运行的重要保证。组装后的机组必须使固定部件的中心与转动部件的中心重合在一条理想的轴线上,使各部件的高程和相互间的间隙符合规定要求。固定部分的同轴度,转动部分的轴线摆度、垂直度(水平)、中心及间隙等是安装质量的关键。

2. 机组组装一般按照先水泵后电机、先固定部分后转动部分、先零件后部件的原则进行。

3. 各分部件的相对结合处组装前,应查对记号或编号,使复装后能保持原配合状态,总装时按记录安装。

4. 总装时先套螺栓后安装定位销钉,最后紧固螺栓。螺栓装配时宜使用套筒扳手、梅花扳手、开口扳手和专用扳手。各部件的螺栓组装时,在螺纹处应涂上铅油,一般螺纹伸出为 2~3 牙为宜。

5. 组装时各金属滑动面应涂油脂,设备组合面应光洁无毛刺。

6. 部件法兰面的平垫片,如石棉、纸板和橡胶板等,应尽量采用整圆模式,实在无法采用整圆模式的,才采用搭接或拼接方法,平垫片应采用燕尾槽搭接。

7. 各类橡胶密封圈,包括O形密封圈和特种橡胶密封圈应符合设计要求,一般橡胶密封圈应采用整圆模式,如需在现场剪断后使用,可采用胶接或用细尼龙丝、细铜丝绑扎,但要防止出现密封圈变形等现象以免影响装配质量。

8. 设备组合面的合缝检查,应符合下列要求。

(1) 合缝间隙一般用 0.05 mm 塞尺检查,须不得通过。

(2) 允许有局部间隙时,用不大于 0.10 mm 塞尺检查,深度不应超过组合面宽度的 1/3,总长不应超过周长的 20%。

(3) 组合缝处安装面错牙不应超过 0.10 mm。

9. 各连接部件的销钉、螺栓和螺帽,均应按设计要求锁定或点焊牢固。有预应力要求的连接螺栓应测量紧度并符合设计要求。部件安装定位后,应按设计要求装好定位销。

10. 对重大部件的起重、运输,必须制定操作方案和安全技术措施。对起重机各项性能要预先检查、测试并逐一核实。

11. 安装电动机时,不准将钢丝绳直接绑扎在轴颈上吊转子,不许有杂物掉入定子内,定子、转子应清理干净。

12. 严禁以管道、设备和脚手架或脚手平台等作为起吊重物的承力点,凡利用建筑结构起吊或运输重件的应进行验算。

13. 机组的油冷却器、操作油管、叶轮、油槽、油盆、制动器、护管和水导轴承密封等安装完后应按规范规定和设计要求进行耐压试验。

(二) 安装质量标准

1. 水泵安装质量标准

(1) 机组垂直同轴度测量应以水泵下轴承窝止口为基准,中心线的基准误差不大于 0.05 mm,水泵单止口承插口轴承平面水平偏差不应超过 0.03 mm/m。机组固定部件垂直同轴度应符合设计要求。无规定时,水泵轴承承插口垂直同轴度允许偏差不应大于 0.08 mm。

(2) 分别测量轴流泵和导叶式混流泵叶片在最大安放角位置进水边、出水边和中部三处叶片间隙,与相应位置的平均间隙之差的绝对值不宜超过平均间隙的 20%。

(3) 转速在 250 r/min 以下的机组,水泵下轴颈的相对摆度不大于 0.05 mm/m,填料密封处的相对摆度不大于 0.06 mm/m,绝对摆度不大于 0.30 mm。转速在 250 r/min 以上且小于 375 r/min 的机组,水泵下轴颈的相对摆度不大于 0.04 mm/m,填料密封处的相对摆度不大于 0.05 mm/m,绝对摆度不大于 0.25 mm。

(4) 调整水泵下轴颈中心位置,其偏差应在 0.04 mm 以内。

(5) 水润滑轴瓦表面应无裂纹、起泡及脱壳等缺陷,轴承间隙应符合制造厂设计要求。

(6) 叶片调节器安装应符合下列规定：

①调节器底座水平偏差<0.04 mm/m；

②调节器底座与电机轴同轴度偏差<0.04 mm；

③上操作油管不垂直度<0.06 mm；

④上操作油管与电机轴同轴度偏差<0.04 mm；

⑤上操作油管与轴瓦间隙符合厂家设计要求，液压调节单管式受油器上操作油管或密封套与浮动环配合间隙一般为 0.05～0.10 mm；

⑥受油器对地绝缘，在泵轴不接地的情况下，不宜小于 0.5 MΩ；

⑦叶片实际安放角与机械指示值、仪表显示值应一致，叶片角度上下限位开关动作应可靠。

(7) 各叶片安放角误差不应大于 0.25°。

(8) 水泵油润滑与水润滑轴承密封装置安装应符合下列要求：

①水润滑轴承密封安装的间隙应均匀，允许偏差应不超过实际平均间隙值的 20%；

②空气围带装配前，应按制造厂的规定通入压缩空气在水中检查有无漏气现象；

③轴向端面密封装置动环、静环密封平面应符合要求，动环密封面应与泵轴垂直，静环密封件应能上下自由移动，与动环密封面接触良好，排水管路应畅通。

2. 电动机安装质量标准

(1) 定子按水泵轴承承插口止口中心找正时，应至少测量 4 个对称方位的半径值，各半径与平均半径之差，不应超过设计空气间隙值的 ±4%。

(2) 在叶轮中心与叶轮外壳中心高差符合要求后，应按磁场中心核对定子安装高程，定子铁芯平均中心线宜高于转子磁极平均中心线，其高出值应为定子铁芯有效长度的 0.15%～0.5%。

(3) 转动部件定中心后，应分别检查定子与转子上、下端空气间隙，各间隙与该端平均间隙之差的绝对值不应超过该端平均间隙值的 10%。

(4) 推力头安装要求如下：套入前检查其配合尺寸必须符合设计要求。卡环受力后其局部轴向间隙不得大于 0.03 mm，间隙过大时，不得加垫，应另作处理。

(5) 转速在 250 r/min 以下的机组，电动机下导轴承处的相对摆度不大于 0.03 mm/m。转速大于 250 r/min，小于 375 r/min 的机组，电动机下导轴承处的相对摆度不大于 0.02 mm/m。

(6) 镜板水平即轴线垂直度的偏差应在 0.02 mm/m 以内，弹性支撑推力轴承结构镜板水平度偏差应在 0.03 mm/m 以内，各推力瓦受力应均匀。

(7) 电动机上导瓦单边间隙、下导瓦双边间隙应符合制造厂设计要求。电动机上导瓦与轴颈单边间隙宜在 0.08～0.10 mm 之间，下导瓦与轴颈双边间隙宜在 0.20～0.24 mm 之间，调整时应考虑轴线剩余摆度及方位。每块导瓦的绝缘电阻应在 50 MΩ 以上。

(8) 镜板、推力头与绝缘垫片用螺栓组装后，镜板工作面不平度应小于 0.03 mm，绝缘电阻应在 40 MΩ 以上。推力轴承在充油前，其绝缘电阻应在 5 MΩ 以上，充油后应在 0.5 MΩ 以上。

(9) 电动机测温装置绝缘电阻一般不小于 0.5 MΩ。

(10) 操作油管及活塞腔严密性耐压试验中，试验压力为 1.25 倍额定工作压力，保持 30 min，无渗漏现象。

(11) 冷却器应按设计要求的试验压力进行耐压试验，一般为 0.35 MP，保持 60 min，无渗漏现象。

(12) 上、下油缸应进行煤油渗漏试验，至少保持 4 h，无渗漏现象。

(三) 总装过程

1. 固定部件垂直同轴度的测量和调整。
2. 转动部件吊装。
3. 初调镜板水平度（即推力瓦调水平）。
4. 轴线摆度测量调整。
5. 精调镜板水平度。
6. 磁场中心检定。
7. 轴线定中心。
8. 空气间隙检查。
9. 轴瓦间隙测量调整。
10. 叶轮间隙测量调整。
11. 调节器安装。
12. 附属部件安装。
13. 流道充水试验。

(四) 固定部件垂直同轴度测量与调整

水泵轴承承插口习惯也称为"轴承窝"，垂直同轴度的测量位置均选择在水泵轴承承插口部位，水泵轴承承插口的上平面代表导叶体的水平度，其插口的垂直面代表导叶体的垂直度。

为了保证安装好的电动机定子、转子空气间隙和水泵叶轮外壳与叶片间隙均匀，以免机组在运行时出现磁拉力不均匀和水力不均匀，从而引起机组振动和运行摆度增加，也为了使电动机各导轴承和水泵轴承在同一条轴线上，从而避免各导轴承因受力不均匀而引起烧瓦，整个机组必须以水泵中心为基准，这是保证安装好的机组能长期安全稳定运行的基本条件。立式机组固定部件垂直同轴度测量应以水泵轴承承插口止口为基准。

1. 测量方法

进行垂直同轴度的测量调整，首先应在所测部件的上平面搭设放置求心器的平台。求心器位置视高程而定，挂一次中心线应可测量几个部件，这就提高了同轴度的测量精度。为防止安装人员行走妨碍求心器调整中心，人员行走平台与放置求心器平台应互不干扰，无碰撞。求心器与被测部件应绝缘，耳机和被测部件接地应良好。挂上钢丝及重锤，钢丝宜选用抗拉强度大于 265 kg/mm² 的琴钢丝或碳素弹簧钢丝，习惯又称钢琴线、钢弦、钢丝线等。钢丝直径宜为 0.3～0.4 mm，应无打结和弯曲现象，重锤的重量一般为

5～10 kg,应能使钢丝平直。为防止钢丝摆动,应在重锤四周焊接阻尼片,将重锤浸在盛有黏性油的油桶内。重锤与油桶内壁应留有足够的间隙,以免钢丝调整时相碰。初步测量水泵轴承承插口止口(或其他基准部件)x、y方向对称四点至钢丝距离,调整求心器架,使对称两点半径误差在 5 mm 以内,然后接上测量线路,用耳机、千分尺精确地确定水泵轴承承插口止口(或其他基准部件)中心。垂直同轴度测量方法如图 2-63 所示。

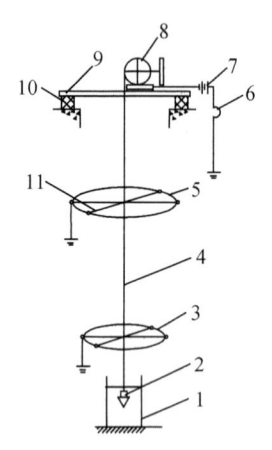

1—油桶;2—重锤;3—基准断面;4—钢丝;5—测量断面;6—耳机;7—电池;8—求心器;9—支架;10—木方;11—内径千分尺。

图 2-63 垂直同轴度测量方法示意图

测量时,将中心架和求心器搁置在电动机层的地面上,尽量处于避免人为干扰的部位,两端用绝缘物垫好。将求心器套筒上的钢琴线通过求心器下面的小孔,下放到水泵的上、下轴承承插口即轴承窝内。然后在最下端悬挂重锤,重锤浸入盛油的桶中,以防钢琴线摆动,影响测量的精度。

将内径百分表,上、下轴承窝,耳机,干电池和求心器用导线连成电气回路,转动求心器的卷筒并调整螺栓,使钢琴线长短合适并居于中心位置。将轴承窝按东、西、南、北方向分成 4 等份,并以 x、$-x$、y、$-y$ 标记。然后戴上耳机,一手拿百分表,另一手调节百分表的测杆长度,使百分表的顶端与水泵轴承承插口的内径相触,表头先在较大范围内与钢琴线接触,如果电路不通,这时从耳机内就听不到任何响声。再调百分表的测杆长度,使表头在较小的范围内和钢琴线接触,此时如果电路接通,就能从耳机内听到"咯咯"响声,此时千分尺测头的读数即为所测点至钢丝的最短距离,将各点所测得的数值记入表格内,以分析、调整用。电气回路法测量机组同轴度,其误差可控制在 0.02 mm 以内。

2. 测量与调整

当 x、y 方向对称四点至钢丝最短距离误差在 0.05 mm 以内时,认为此时钢琴线的位置即为水泵轴承承插口止口(或其他基准部件)的安装中心线,规范对此也予以认可。要求各个测量断面的中心误差在一定的范围内,就需进行垂直同轴度的测量。

(1) 导叶体垂直同轴度的测量与调整

导叶体一般作为垂直同轴度测量的基准部件,导叶体的轴承座,根据轴承的结构不同,有的为一道承插止口,有的为两道承插止口。测量导叶体的垂直同轴度,可以有两种方法：一是将导叶体轴承座调整水平并符合质量要求，二是测量轴承两个承插止口中心线的垂直度。有两个承插口测量断面的水泵导叶体，应采用垂直同轴度测量方法调整导叶体的垂直度，所以，对水平度不作要求。单个水泵轴承承插口仅有一个测量断面的，则可以用控制水泵轴承承插口平面的水平偏差方法，使导叶体轴承座达到规定的垂直度的要求。

如果水泵的导叶体与中间接管连接为支墩式结构形式，可以通过垂直同轴度测量结果，计算出水泵支墩与基础板之间加垫的数值。

如果水泵的导叶体和导轴承都采用平面联结的环形部件，根据 x、y 轴线方位的同轴度测量记录分别计算偏差值并不能反映部件最大同心偏差值及方位，而应该采用 x、y 轴线倾斜值的数学合成，如图 2-64 所示。

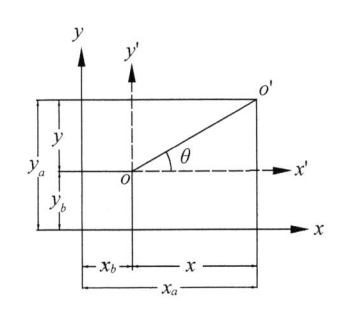

图 2-64　部件倾斜及方位计算图

实际上，环形部件的同轴度偏差是一个直角坐标，o 点相当于基准中心点，ox' 为部件在 x 轴线方向的同轴度偏差，也相当于该部件最大同轴度偏差在 x 轴线上的投影。oy' 为部件在 y 轴线方向的同轴度偏差，也相当于该部件最大同轴度偏差在 y 轴线上的投影。根据其函数关系，可求得其最大同轴度偏差值及其倾斜的平面夹角。可按下列公式计算：

$$z = \sqrt{x^2 + y^2} = \sqrt{(x_a - x_b)^2 + (y_a - y_b)^2} \tag{2-1}$$

$$\tan\theta = y/x \tag{2-2}$$

式中：z——部件因倾斜而产生的最大同轴度偏差值；

θ——部件倾斜的平面夹角。

中心偏差值为同轴度偏差测量值的一半，故最大中心倾斜值应是 $z/2$。

对采用平面联结有止水防渗漏要求的部件，应根据式(2-1)计算出来的最大倾斜值及式(2-2)计算出来的平面夹角位置，修刮平面联结垫，或用青壳纸垫做成台阶式垫层，垫子叠加处理如图 2-65 所示。

如果导叶体的轴承座为一道承插止口，则可以采用固定部件水平测量，控制导叶体轴承座的水平偏差。固定部件水平测量一般应采用控制水平梁径向水平偏差的方法，如果采用周向等分测量方法，则其包含了不平度的测量在内，允许偏差还应控制得严格些。由于我国目前大直径水泵的导叶体轴承部件一般还是采用整体结构，相对刚度较强，局部变形较小，所以，采用径向测量方法比较直观，有利于计算调整。

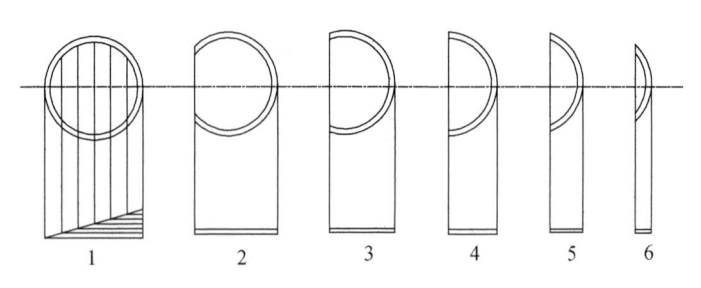

1—叠加而成的梯形垫；2～6—单层垫。

图 2-65　垫子叠加处理示意图

利用水平仪加水平梁的方法测量导叶体轴承联结面的水平度，水平仪可选用精度为 0.02 mm/m 的框式水平仪或精度为 0.01 mm/m 的合象水平仪，水平测量方法如图 2-66 所示，其他固定部件水平测量方法与导叶体轴承水平测量类同。

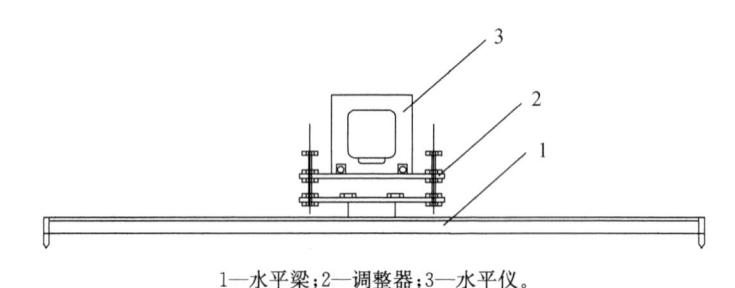

1—水平梁；2—调整器；3—水平仪。

图 2-66　导叶体轴承水平测量示意图

为消除水平仪和水平梁本身的误差，应采用水平仪和水平梁一起调转 180°的测量方法。如仅是水平仪转 180°，只能消除水平仪的误差，而不能消除水平梁的误差。联结面的水平度可按下式计算：

$$\Delta H = \frac{A+B}{2} \times CL \tag{2-3}$$

式中：ΔH——联结面水平度(mm)；
　　　A——框式水平仪水泡第一次移动的格数；
　　　B——调转 180°后框式水平仪水泡第二次移动的格数；
　　　C——框式水平仪的精度(mm/m)；
　　　L——水平梁两点之间距离(m)。

导叶体垂直同轴度或水平的调整根据水泵结构形式和工艺方法的不同，可以采用修刮平面联结垫或导叶体加垫的方法，也可以采用轴承体加垫的方法，水泵垂直同轴度的测量与调整应符合安装质量的要求。

（2）定子部件垂直同轴度的测量与调整

定子部件垂直同轴度测量，是为了将定子上、下两个断面的中心与水泵轴承承插口中心调整至在同一垂线上。垂直同轴度测量方法在前面已有叙述。

用电气回路法测量定子铁芯上、下部 4 个方位上的半径时，先定好测点位置，然后用砂纸擦去测点位置铁芯表面的油漆，以便铁芯能导电。所用的内径千分尺需外加接长杆，使千分头能测出定子半径,一般接长杆用直径 12 mm、壁厚 2 mm 的黄铜管制成,接长杆长度根据被测量电机铁芯内孔半径,减去内径千分尺最小测量值,再减去内径千分尺微分筒可调整长度的一半确定,接长杆的一端拧上千分尺活动接头,另一端拧上固定接头。

对定子进行同轴度测量时,对已选定的测点进行测量,一般只测东、西、南、北 4 个方位,垂直同轴度测量过程中的测量值可记录在表 2-5 中。

表 2-5　定子垂直同轴度测量记录表

方位	南	北	南北差	东	西	东西差
上部	R_1	R_2	Y_a	R_3	R_4	X_a
下部	R_5	R_6	Y_b	R_7	R_8	X_b
上下差			Y			X

对垂直同轴度的测量数据进行分析,计算定子在东西方位及南北方位上、下测点的同轴度偏差值。

$$Y_a = R_1 - R_2 \tag{2-4}$$

$$X_a = R_3 - R_4 \tag{2-5}$$

$$Y_b = R_5 - R_6 \tag{2-6}$$

$$X_b = R_7 - R_8 \tag{2-7}$$

$$Y = Y_a - Y_b \tag{2-8}$$

$$X = X_a - X_b \tag{2-9}$$

式中:Y_a、Y_b——定子上、下部在南北方向上(Y 方向)的同轴度偏差测量值;

X_a、X_b——定子上、下部在东西方向上(X 方向)的同轴度偏差测量值;

Y——定子上、下部在南北方向上(Y 方向)的两倍倾斜值;

X——定子上、下部在东西方向上(X 方向)的两倍倾斜值。

定子垂直同轴度的测量结果如图 2-67 所示。

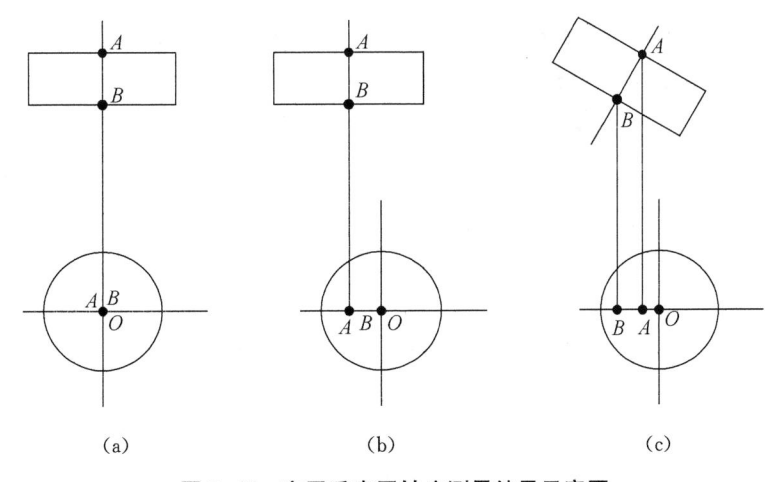

图 2-67　定子垂直同轴度测量结果示意图

根据同轴度偏差值及其相互关系,分析部件垂直同轴度的情况,采取相应的调整方法和措施。

①垂直同心:如图 2-67(a)所示。定子上、下部断面的中心与基准面的中心位于同一条铅垂线上,且其各部位的中心与基准面中心的最大偏差值在允许的范围内,即

$Y_a=R_1-R_2\approx 0, Y_b=R_5-R_6\approx 0$,且 $Y=Y_a-Y_b\approx 0$。

$X_a=R_3-R_4\approx 0, X_b=R_7-R_8\approx 0$,且 $X=X_a-X_b\approx 0$。

②错位:如图 2-67(b)所示。定子是垂直的,但与基准面的中心不在一条理想的轴线上,即

$Y_a=R_1-R_2\neq 0, Y_b=R_5-R_6\neq 0$,但 $Y=Y_a-Y_b\approx 0$。说明定子在 Y 轴线与基准有错位。

$X_a=R_3-R_4\neq 0, X_b=R_7-R_8\neq 0$,但 $X=X_a-X_b\approx 0$。说明定子在 X 轴线与基准有错位。

错位的调整就是根据中心偏差值和方位,使用千斤顶或专用错位调整器,将定子平移至机组中心。调整值应为同轴度偏差测量值的一半,为了兼顾定子的上、下部位的制造误差和安装、测量误差,调整值可按下列公式计算:

$$E_Y=(Y_a+Y_b)/4 \qquad (2-10)$$

$$E_X=(X_a+X_b)/4 \qquad (2-11)$$

调整错位时一般利用千斤顶顶机座,使机座平移。平移时,应在 X、Y 轴线方向用百分表监测。并在其迎面和两翼也需放置适当的千斤顶顶住。具体操作时应注意千斤顶的支撑墙壁是否能够承受较大的压力,否则应考虑必要的加强措施。

③倾斜:如图 2-67(c)所示。定子中心线不是铅垂线,且与基准面的中心不在同一条铅垂线上,即

$Y_a=R_1-R_2\neq 0, Y_b=R_5-R_6\neq 0$,且 $Y=Y_a-Y_b\neq 0$。说明定子在 Y 方向与基准有倾斜错位。

$X_a=R_3-R_4\neq 0, X_b=R_7-R_8\neq 0$,且 $X=X_a-X_b\neq 0$。说明定子在 X 方向与基准有倾斜错位。

倾斜是安装中常见的现象,调整比较复杂。一般倾斜也包括错位,根据安装的实际经验,应先调整倾斜,后调整错位。

根据同轴度偏差值,计算出定子的倾斜值。定子的水平倾斜如图 2-68 所示。

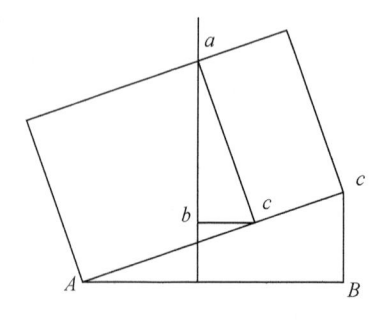

图 2-68 定子水平倾斜示意图

从定子倾斜示意图中可知:直角三角形 ABC 与直角三角形 abc 几何相似,则 $BC:bc=AC:ac$,所以

$$BC=AC\times bc/ac \tag{2-12}$$

式中:ac——定子上下两个测量断面之间的距离 L(mm);

AC——定子底面的外直径 D(mm);

bc——同轴度测量倾斜值,同轴度测量值的 $1/2$(mm);

BC——定子倾斜值 ΔH(mm)。

因为电动机基础一般为 X、Y 轴线方向的十字支墩式基础,所以在 X、Y 轴线方向基础的调整值可按下列公式计算:

$$\Delta H_X=DX/2L \tag{2-13}$$

$$\Delta H_Y=DY/2L \tag{2-14}$$

式中:ΔH_X——部件在 X 方向上的倾斜值;

ΔH_Y——部件在 Y 方向上的倾斜值;

X、Y——部件上、下部在 X、Y 方向上两倍的同轴度倾斜值。

机组检修基础板的高程已无法调整,一般根据测量和计算结果,通过在基础板与定子之间加垫的方法来处理定子的倾斜。若采用十字支墩式基础加垫,为避免一点抬高后造成中部悬空,中部也应加垫 $1/2$ 的调整量。但如果 X、Y 方向均要调整,就会出现四点都加垫的现象。为了避免高程偏离合格范围,采用加垫量叠加后再减去一个最小值的方法,使安装高程得到合理的控制。为了调整方便,可用千斤顶或专制的螺杆千斤顶抬起部件,再调整垫铁。

根据定子的垂直同轴度测量记录,可按下列公式计算定子硅钢片内径的椭圆度 $D_椭$:

$$D_{上椭}=(R_1+R_2)-(R_3+R_4) \tag{2-15}$$

$$D_{下椭}=(R_5+R_6)-(R_7+R_8) \tag{2-16}$$

式中:R_1-R_8——定子硅钢片内径上部或下部各测点测得的数值;

$D_{上椭}$、$D_{下椭}$——定子上部或下部的椭圆度。

根据定子的垂直同轴度测量记录表 2-5,可按下列公式计算定子硅钢片内径的锥度 $D_锥$:

$$D_{南北锥}=(R_1+R_2)-(R_5+R_6) \tag{2-17}$$

$$D_{东西锥}=(R_3+R_4)-(R_7+R_8) \tag{2-18}$$

式中:R_1-R_8——定子硅钢片上部或下部内径各测点测得的数值;

$D_{南北锥}$、$D_{东西锥}$——定子南北方位或东西方位的锥度。

对于内径小于 4 m 的定子,一般做成整体结构,其刚度较好。如出现较大椭圆度或锥度,一般应向有关制造厂反映,商定解决的方法。

对于直径较大的分瓣结构定子,垂直同轴度测量的测点数应该增加,特别在合缝处周

围均应选择测点,在每瓣的上、下部一般不少于三个测点。定子组装后吊起,应将上机架装上,增加定子的刚度,也作为吊具或支撑。在调整定子同轴度时应结合调整椭圆度,椭圆度应不超过平均空气间隙的5%。

倾斜调整合格后,再进行错位调整,定子按水泵垂直中心找正,各半径与平均半径之差,不应超过设计空气间隙值的±5%。全部调整合格后,拧紧连接螺栓和地脚螺栓。

(五) 转动部件吊装就位

转动部件的吊装就位要根据水泵结构形式而定,主要安装内容有叶轮、泵轴、操作油管(推拉杆)、电动机转子等。

1. 吊装前的准备

吊装转动部件前,首先应对起重设备和吊具进行检查。起重设备的主要检查内容如下。

(1) 各受力部分螺栓应无松动。

(2) 各减速箱齿轮正常,箱内润滑油充足干净、机械润滑系统正常。

(3) 各制动闸间隙和制动力矩调整合适,各制动闸工作可靠。

(4) 轨道(包括基础)、阻进器、行走机构等正常,无异状。

(5) 起重机的钢丝绳完好无缺,钢丝绳的固定卡可靠。

(6) 电气操作系统和各部分绝缘良好,限位开关和磁力控制盘的动作正常。

(7) 对起吊工具的焊缝及制造质量仔细检查,保证吊具完好。

2. 叶轮部件吊装就位

(1) 行车专用吊具将叶轮吊起约 200 mm 左右,检查行车、钢线绳和吊具的技术状态应良好。

(2) 调整叶轮的水平度不宜大于 0.05 mm/m。

(3) 将叶轮吊至设定位置,搁置在专用架子上,调整叶轮的高程应较设计高程低 20~50 mm,水平度不宜大于 0.05 mm/m,叶轮的中心位置偏差不宜大于 3 mm。

3. 泵轴和下操作油管(下操作杆)的安装

(1) 下操作油管(下操作杆)的吊装一般可与泵轴同步进行,应采用同一行车吊钩,但是吊具必须与泵轴分开,且确保下操作油管(下操作杆)能单独上下,如图2-69所示。

(2) 吊起泵轴和下操作油管(下操作杆),在泵轴联轴器下止口放置泵轴与叶轮之间的密封圈,调整泵轴的垂直度,水平偏差不宜大于 0.05 mm/m,将泵轴下落基本到位但还有 300 mm 左右时停止下落,并做好禁止继续下落的相应安全措施。

(3) 操作下操作油管(下操作杆)的吊具,徐徐下落下操作油管(下操作杆),注意下操作油管(下操作杆)平面与活塞杆平面基本平行,对准油口方向,放置好密封垫,待下操作油管(下操作杆)与活塞杆基本接触时,插入定位销钉,再适度下落下操作油管(下操作杆),对称拧紧连接螺栓,撤出下操作油管吊具。

(4) 待下操作油管(下操作杆)连接螺栓拧紧后,将泵轴下落 100 mm 左右,使下操作油管(下操作杆)轴颈进入泵轴孔内后停止泵轴下落,并做好禁止继续下落的相应安全措施。

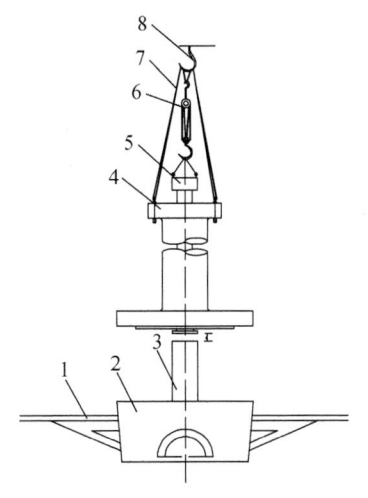

1—检修平台;2—叶轮;3—活塞杆;4—主轴;5—下操作油管;6—手拉葫芦;7—钢丝绳;8—行车吊钩。

图 2-69　主轴及操作油管安装示意图

(5) 对套管式操作油管,需用螺栓堵塞好活塞杆的出油口,在操作油管上端安装专用工具,在操作油管的外腔用 1.25 倍的工作压力进行耐压试验。对单管式操作油管则在操作油管上端安装专用工具,在操作油管的内腔用 1.25 倍的工作压力进行耐压试验,0.5 h 内应无渗漏和压力下降现象。

(6) 耐压试验完成后,撤出耐压试验专用工具,清理活塞上腔,检查泵轴密封圈放置状态应完好,将泵轴下落到位后,连接泵轴与叶轮的连接螺栓,按相应技术要求做好防松动措施,一般用一根直径 $\phi=8\sim10$ mm 的钢筋环将所有螺母点焊上,以防松动,螺栓紧固后即可撤出泵轴吊具,继续进行后续安装工作。

(7) 对单管式操作油管,在泵轴与转轮连接后,撤出泵轴吊具,安装耐压试验专用工具,对操作油管外腔进行泵轴与转轮连接后的耐压试验,耐压试验完成后,撤出耐压试验专用工具,再按相应技术要求做好防松动措施,继续进行后续安装工作。

(8) 下操作油管的吊装也可与泵轴分步进行,先下操作油管后泵轴吊装。吊装泵轴时,在操作油管顶部加装导向用专用工具,防止发生碰撞或使操作油管受力;安装过程中按前安装步骤和要求,对下操作油管和泵轴在安装后进行耐压试验。

4. 转子和中操作油管(中操作杆)的安装

(1) 检查转子和相关的起吊设备,做好转子吊入前的准备工作,对转子下部进行全面检查,清洗主轴联轴器接触面,检查联轴器螺孔、止口及边缘应无毛刺或凸起等异常,并在止口套上密封圈。

(2) 在制动器(或千斤顶)旁分别放置厚度相等(约为 100 mm~300 mm)的木方待用,复查泵轴的水平偏差应不大于 0.05 mm/m。

(3) 按泵轴和下操作油管(下操作杆)的吊装方法,将中操作油管(中操作杆)的吊装与电机转子同步进行,采用同一行车吊钩,但是吊具与转子分开,且确保中操作油管(中操作杆)能单独上下。

(4) 在安装间试吊转子,当转子吊起离地面约 100~150 mm 时,先升降一两次,检查起重机构运行情况应良好,调整转子的垂直度,水平偏差应不大于 0.05 mm/m,若发现转子不水平,可用配重或挂链式葫芦的方法进行调整。

(5) 试吊正常,确认一切合格后,将转子提升到允许高度吊往机坑,转子进入定子必须找正中心,徐徐落下,为避免转子与定子相碰,应将事前准备的 8~12 块厚纸板均匀分布在定转子间隙内,并上、下抽动无卡死现象,若在转子下落过程中发现厚纸板被卡住,说明该方向间隙过小,则应向相对方向移动转子,转子在定子内下落的全过程中应始终保持自由状态。

(6) 转子联轴器接近制动器(或千斤顶)时,应注意将电机联轴器穿过下油槽冷却器。待电机联轴器穿过下油槽冷却器后,将制动器(或千斤顶)旁放置的木方置于制动器(或千斤顶)上,将转子落在制动器上。

(7) 操作中操作油管(中操作杆)的吊具,徐徐下落中操作油管(中操作杆),注意中操作油管(中操作杆)平面与下操作油管(下操作杆)平面基本平行,对准油口方向,放置好密封垫,待中操作油管(中操作杆)与下操作油管(下操作杆)基本接触时,插入定位销钉,再适度下落中操作油管(中操作杆),对称拧紧连接螺栓,撤出中操作油管吊具。

(8) 对套管式操作油管,待操作油管连接螺栓拧紧后,在中操作油管上端安装专用工具,在操作油管的外腔用 1.25 倍的工作压力进行耐压试验,0.5 h 内应无渗漏和压力下降现象。

(9) 耐压试验合格后,撤出耐压试验专用工具,清理泵轴平面,将转子稍稍吊起,撤出制动器(或千斤顶)上放置的木方,将转子下落到制动器(或千斤顶)上,下落过程中应注意防止电机轴与水泵轴联轴器止口相碰,转子落在制动器上后,转子吊入即告结束,接着可进行主轴连接。

(10) 单管式操作油管的耐压试验,应在摆度调整结束后进行,安装耐压试验专用工具,对操作油管外腔进行耐压试验,耐压试验完成后,再继续进行后续安装工作。

(11) 同前,中操作油管的吊装也可与转子分步进行,先中操作油管后转子吊装。吊装转子时,在中操作油管顶部加装导向用专用工具;安装过程中按上述安装步骤和要求,对中操作油管和转子轴进行耐压试验。

5. 主轴连接

(1) 主轴联轴方法

泵站机组的主轴连接一般采用工作螺栓联轴和手拉葫芦联轴两种方法。

工作螺栓联轴即用制造厂提供的配套联轴工作螺栓进行联轴,联轴工作螺栓为满足提升泵轴的需要,长度一般比精制联轴螺栓长些,直径比精制联轴螺栓小一些。在拆装过程中,将联轴工作螺栓自下而上穿入两半联轴器内,对称均匀地紧螺母,使水泵轴能平稳上升。待接近止口时用白布擦净联轴器法兰面上的灰尘油迹,检查密封圈应符合技术要求,然后提升泵轴并连接固紧。

用手拉葫芦联轴即在泵轴上装一分半式抱箍,用 2~4 只手拉葫芦,上面挂在预埋吊环上,下面与抱箍相连。操作手拉葫芦,使泵轴平稳地上升到连接位置。

(2) 主轴紧固

精制螺栓安装时,应对应孔位上的钢字编号,装入精制螺栓以用小锤轻轻打入为宜,打入时用透平油作为润滑剂。

螺栓紧固前,在螺母的丝扣及底部涂以水银软膏、二硫化钼等润滑脂,以减少摩擦力并防止螺纹生锈,使下次检修时拆卸方便。然后先在互相对称的方向初步拧紧4只螺栓,再在另外两个对称方向拧紧4只螺栓,再依次顺序拧紧其余螺栓。一般分两三次进行拧紧,对较大的机组需测其伸长值,伸长值应符合出厂图纸的规定。如伸长值无规定时,可按下式计算,即

$$\Delta l = \frac{L\sigma}{E} \tag{2-19}$$

式中：Δl——螺栓伸长值(mm);
　　　L——螺栓长度,应从螺母一半算起(mm);
　　　σ——螺栓所受的拉应力,一般为 120~140 MPa;
　　　E——螺栓材料的弹性模量,为 2.1×10^5 MPa。

紧固泵站主轴螺母,常采用以下几种方法。

① 人工扳紧

用重型扳手或专用扳手套上接长杆,系上拉绳,按螺栓的大小及接长杆的长短配备一定数量的人力,共同转动接长杆,使螺栓上紧。

② 人工锤击

将专用扳手套入螺母,一端系上拉绳或用手拉葫芦拉紧扳手并用大锤敲打,打紧一点,拉绳或手拉葫芦便拉紧一点,直至工作螺栓达到伸长值为止。

③ 扭矩扳手拧紧

用手动倍增扭矩扳手或液压扭矩扳手按螺栓规定扭矩拧紧。

(3) 精制螺栓的伸长测量

供伸长测量的精制螺栓,中间钻有一小孔,孔底有螺纹,打紧时把一根专用测杆插入精制螺栓中的小孔内并在下端螺纹内拧紧,测杆端面接近精制螺栓端面,在精制螺栓端面上端,装有带平面表架的百分表,使表头插入小孔内,与测杆端面相接,如此测出的打紧前与打紧后百分表的读数差,即为精制螺栓伸长值。同样,也可用深度千分尺进行测量,方法是将深度千分尺直接插入孔内,与测杆断面接触,测出拧紧前与拧紧后的差值,即为精制螺栓伸长值。

当打到伸长值合格后,应盘车检查主轴摆度,摆度符合安装要求、连接螺栓达到紧度后,将螺母下的止动垫片折角锁定。

6. 推力轴承和导向瓦的安装

(1) 压装推力头

将清理好的上机架吊装就位,并与定子联结。上机架安装就位后,按图纸尺寸及编号安装各抗重螺栓、托盘和推力瓦,瓦面抹一层薄而匀的洁净熟猪油或 3# 通用锂基润滑脂作为润滑脂。吊装镜板,并以三块呈三角形分布的推力瓦调整镜板高程及水平,使其符合规定要求。其他的推力瓦调整低 3~5 mm。用水平仪在十字方向测量镜板水平时,要求其水平偏差不大于 0.03 mm/m。

机组检修过程中,也可在吊装推力头前,将推力瓦按序号就位,待推力头与镜板、绝缘

垫片按记号装配好后一起就位安装。

吊起推力头,用水平仪进行找平,水平应控制在 0.20 mm/m 以内,吊离地面 1 m 左右时,可稍停顿一下,用白布擦净推力头孔和底面,在配合面上涂抹洁净的汽轮机油。然后吊往电机轴上方,对准后徐徐下落,并按键槽方位套上就位。

用压装推力头的专用工具进行压装。当压装到相应位置时,装上卡环。

(2) 安装卡环

卡环就位以能用小锤轻轻打入为宜。卡环受力后,应测量其局部轴向间隙,要求不大于 0.03 mm。间隙过大时,应采用相应措施校正,如反向拉拔、给转子加重量等,但不得加垫。

(3) 推力头与镜板连接

卡环安装后,即可连接推力头与镜板。为了防止轴电流侵蚀轴瓦,需用绝缘物将轴承与基础隔离,以切断电流回路。一般推力轴承的推力头与镜板之间装有两块分半式绝缘垫片,或采用一块整圆和一对分半式的绝缘垫片,绝缘垫片厚 2 mm,直径比镜板大 2 mm,镜板与推力头的连接螺栓使用绝缘套管和绝缘垫圈进行绝缘。镜板和推力头的绝缘如图 2-70 所示。

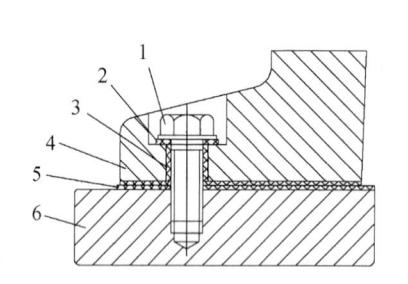

1—连接螺栓;2—绝缘垫圈;3—绝缘套管;4—推力头;5—绝缘垫片;6—镜板。

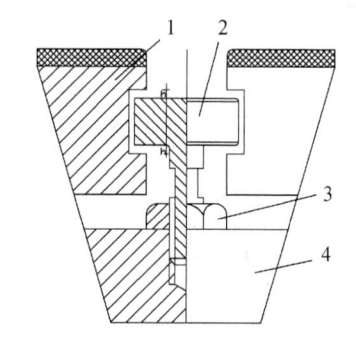

图 2-70 镜板和推力头的绝缘结构图

1—推力瓦;2—限位螺栓;3—螺母;4—推力瓦座。

图 2-71 推力瓦与限位螺栓位置图

连接时,先按要求放置绝缘垫片,并使连接螺栓对号就位,如连接螺栓无明显的配合位置,可旋转镜板使之在瓦面上滑动,力求找出合适位置,最后拧紧连接螺栓。

所有绝缘件应事先清理、烘干,安装好后,用 500 V 兆欧表检测镜板与推力头之间的绝缘电阻值应大于 40 MΩ。

检查调整推力瓦的限位螺栓,使之处于推力瓦限位槽中间,如图 2-71 所示。

(4) 将转子重量转移到推力头

推力头与镜板连接后即可将转子重量转移到推力头上。启动顶转子液压系统,利用锁定螺母式制动器顶起转子,将锁定螺母旋下,转子再重新落下时,重量即转移到推力轴承上。如果锁定螺母式制动器行程偏小,重量转移可分次进行。可选用以下不同的方法。

①先将转子顶起,在制动器上加填板,再落下转子,这时转子落在比设计高程约高填板厚度的位置。将三块呈三角形的推力瓦提高 5～10 mm,为了使三块轴瓦提高同样高度,可用支柱螺栓螺距升高的回转数来控制高度。然后,再将转子顶起,落下制动器,使转

子重量暂时落在被提升的三块推力轴瓦上,接着抽去制动器上的填板,再次顶起转子,使转子又落在制动器上。将提高的三块轴瓦,退回至比原来未动时略低些的位置,再顶一次转子,撤掉油压,落下制动器,这时转子已落在原来未动时的推力瓦位置。用扳子将稍低的三块瓦提高至原位,这时转子按预定高程将转子重量转换到推力轴承上。

②先将转子顶起,在制动器旁搁置临时千斤顶,然后撤掉制动器油压,使制动器下落,转子重量就落到了临时千斤顶上,再撤掉制动器上的垫块,再将制动器升到最高位置,但不将锁定螺母旋到最高位置,然后同步下降临时千斤顶的高度,使转子重量落到制动器上后,撤掉临时千斤顶,再将转子顶起,将锁定螺母旋到最低位置,撤掉制动器油压,这时转子重量就转换到了推力轴承上。

(5) 推力头的其他压装工艺

在机组检修过程中,一般不采用推力头加热工艺,推力头的压装也可先将其与镜板按要求连接后进行。因为检修后的安装不同于新机组的安装,在检修过程中除了检查推力瓦抗重螺栓是否松动外,一般在清洗上油槽过程中不会做涉及变更抗重螺栓位置、高度的调整,所以在磁场中心合格情况下,安装前可不再调整抗重螺栓高程及水平。按照拆卸时所做的记号安放推力瓦,并在瓦面抹一层薄而均匀的洁净熟猪油或 3# 通用锂基润滑脂,如上所述利用制造厂配套的专用工具压装推力头、安装卡环,将转子重量转换到推力轴承上。

(6) 上导轴瓦安装

推力头安装好后,便可将上油槽的上导瓦架吊入与上导瓦架座连接,一般吊装前应将上导瓦的绝缘垫板和托板安装就位,并对连接螺栓按设计要求采取防松动措施,吊装时要注意对中,以防止与推力头相碰,必要时中间可放一层硬纸板将其隔开。

在上、下导轴瓦的顶、底及背面,均设有绝缘用的绝缘板。导轴瓦与瓦背之间绝缘件在清理、干燥和安装好后,用 500 V 兆欧表检测其绝缘电阻值应大于 50 MΩ。

(六)机组轴线的测量及调整

1. 盘车的目的
(1) 利用盘车法测量机组轴线倾斜与曲折情况,通过测量值进行轴线摆度的调整。
(2) 利用盘车法测量调整机组轴线的垂直度,并检查推力瓦的受力情况。
(3) 调整机组轴线到导轴承的中心位置。

2. 盘车方法
(1) 人力盘车。在转子轴或推力头上,安装盘车工具,利用人工推动杠杆,使转子旋转,盘车工具及安装如图 2-72 所示。
(2) 机械盘车。在推力头上安装机械盘车工具,绕上钢丝绳,经滑轮转换,利用站内桥式起重机或卷扬机牵引,使转子旋转,机械盘车工具如图 2-73 所示。
(3) 电动盘车。在电动机的转子、定子内通直流电,使之产生电磁场而相互排斥、吸引,推动转子旋转。
(4) 液压减载盘车。液压减载的推力瓦内,设有通高压油管的孔道,机组盘车前,启动高压油泵,向推力瓦输送高压油。据相关文献介绍,高压油使镜板与推力瓦之间产生 0.04~0.1 mm 厚的油膜,摩擦系数降低 99%,这样只要少量的人员就可进行机组盘车。

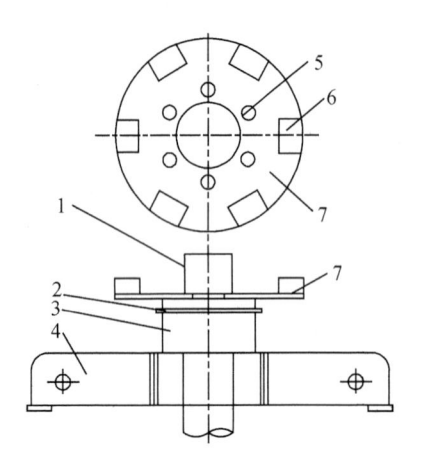

1—电动机轴;2—卡环;3—推力头;4—上机架;5—螺栓;6—钢套管;7—盘车专用工具。

图 2-72 人工盘车工具及安装示意图

1—圆柱式盘车工具;2—导向柱销;3—导向滑轮;4—钢丝绳;5—行车主钩;6—连接螺栓。

图 2-73 机械盘车工具示意图

液压减载系统的投入运行还可以减少摩擦阻力,有利于减少电机牵入同步时间,降低推力瓦的温度,降低推力瓦热变性。液压减载装置系统如图 2-74 所示。

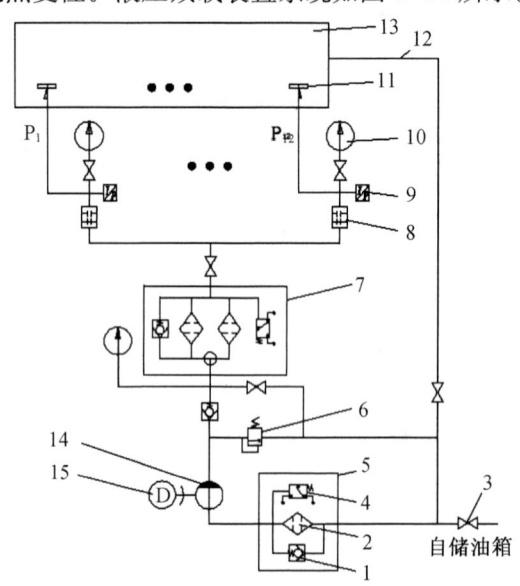

1—单向阀;2—过滤器;3—截止阀;4—压力继电器;5—低压过滤器;6—溢流阀;7—高压过滤器;8—均压阀;9—压力变送器;10—压力;11—推力瓦;12—回油管;13—上油缸;14—油泵;15—电机。

图 2-74 液压减载装置系统图

液压减载系统工作原理如下。

液压减载盘车时,因荷重机架油槽内没有油,所以启动压力油泵后,油泵经吸油过滤器吸取油箱内的油,在液压减载溢流阀的作用下系统空载运行。当需要液压减载时,溢流阀动作,系统很快建立压力,压力油经液控单向阀、高压过滤器、截止阀、均压阀进入推力瓦。$P_1 \sim P_{12}$ 分别是推力瓦的编号,每块推力瓦的油压从压力表上读取,压力油从瓦面上油孔喷出,其压力约 12 MPa,使镜板稍有浮起,实现液压减载盘车的目的。从瓦面油孔上喷出的油,流回上油槽后再流回油箱。

目前我国仅有少数几个泵站设有液压减载装置设备,因泵站机组容量大,推力轴承负荷大,机组启动时负荷更大,为确保机组安全,一般在机组启动前可先开动液压减载装置,先形成油膜后再起动电机,待机组正常运行后再关闭高压油泵。

(5) 几种盘车方法的比较

实践证明利用液压减载装置盘车具有其相应的优势,但液压减载装置需要有相应配套的系统,增加一套相应的设备,需由制造厂根据不同的机组结构形式进行优化设计而确定,所以液压减载装置虽然在我国泵站中有成功应用的实例,但数量不多。水泵机组叶轮直径 3.1 m 以下,电动机功率 3 000 kW 以下基本都采用人工盘车。泵站也尝试过机械盘车和电动盘车,但均因盘车定点不易准确,影响盘车精度而被否定了。但人工盘车确实消耗了较多的人力,目前有不少泵站的电动机推力瓦选用了弹性金属塑料推力瓦,弹性金属塑料推力瓦由专业制造厂专业生产,出厂后即可直接安装,不用进行研刮,摩擦力小,盘车轻快,受到了泵站的好评。

3. 盘车前的准备工作

(1) 在电动机轴顶部位置,装设盘车工具。

(2) 为了测量轴线垂直度的需要,在电动机轴顶部位置装设轴线垂直度测量专用工具,轴线垂直度测量专用工具主要由水平梁、水平调节架和水平仪组成。悬臂式水平梁长约 30~60 cm,梁的悬臂端装水平调节架,用于调节水平仪基准水平,水平调节架上放置精度为 0.02 mm/m 的框式水平仪或精度为 0.01 mm/m 的合象水平仪。轴线垂直度测量专用工具如图 2-75 所示。

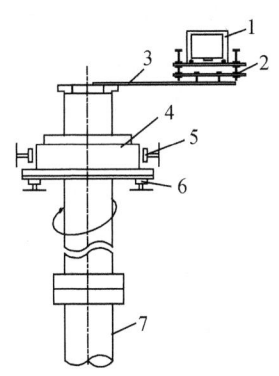

1—框式水平仪;2—水平调节架;3—水平梁;4—推力头;5—导向瓦;6—推力瓦;7—转轴。

图 2-75 轴线垂直度测量专用工具及安装示意图

(3) 将上导轴颈、下导轴颈及水导轴颈处按顺时针方向分成 8 等份并顺序编号,各部位的对应等分点应在同一条垂线上,联轴器处是否设置根据需要而定(下同),因为联轴器处的摆度数值是作为参考而不是作为评定的依据。

(4) 在上、下导轴承及水导轴承等处,按 X、Y 方向各设两只百分表,将百分表用作各部位摆度测量及相互校核,要求表架固定牢靠,百分表指针垂直于所测的轴颈部位,调整大针读数为零,小针应有 2 mm 的压缩量,使大针能正负方向旋转,被测部件表面应无毛刺、凹凸不平等现象并保持干净。为测量机组轴线摆度,可将相互垂直的两只百分表的读数分别记录在表 2-6 中。

表 2-6　机组轴线摆度测量记录　　　　　　　　　　　　　　单位:mm

	测点	1	2	3	4	5	6	7	8
百分表读数	电动机上导轴承 a								
	电动机下导轴承 b								
	水泵导轴承 c								
相对点		1—5		2—6		3—7		4—8	
全摆度	电动机上导轴承 φ_a								
	电动机下导轴承 φ_b								
	水泵导轴承 φ_c								
净摆度	电动机下导轴承 φ_{ba}								
	水泵导轴承 φ_{ca}								

(5) 在上导瓦架 X、Y 轴线上放入四块导向瓦,导向瓦放入前在表面涂上熟猪油或 $3^\#$ 通用锂基润滑脂,利用导向瓦抗重螺栓顶上导轴瓦,推动转子,使转子初调到中心位置,调整导向瓦与轴的间隙不大于 0.05 mm。

(6) 用顶车装置把转子顶起 3~5 mm,用竹片尺刮润滑脂涂在推力瓦面层,转子落下后应确认与顶车装置已脱开,测量定子磁场中心和转子磁场中心高差,初步调整到基本允许范围内,初调轴线水平,水平偏差应调整在 0.02 mm/m 以内,初调推力瓦受力,使全部推力瓦受力基本均匀。

(7) 检查各固定部件与转动部件的间隙内应无杂物,电动机空气间隙可用白布条拉一圈,水泵叶轮可用塞尺划一圈,清除转动部件与固定部件间的刮碰障碍,轻推泵轴,设置的百分表应能自由晃动。

4. 机组轴线摆度测量与调整

(1) 机组轴线摆度测量

①机组轴线摆度测量工作在以上准备工作完成后,即可开始进行。由一人指挥盘车,每次盘车一般要求按顺时针方向将转子旋转 360°,盘车人员要服从命令统一使劲,转动过程要平稳,旋转一周后,停点位置应基本回到原点,检查各部位的百分表读数,小针读数应与盘车前相同,大针应该回到"0",允许误差为±0.02 mm,若超过则应检查原因并予以排除。

②待盘车技术条件一切具备后,在指挥人员的指挥下,每转 45°在测点处停下,上机架盘车人员在停下后应松手不再触碰盘车扛子,待转动轴线稳定后,每个部位的工作人员对两只百分表进行读数,并记录在设置好的记录表格内,待完成读数记录后再向上一级部位发出完成的口令。每个单项工作完成的口令传递应自下而上,如此旋转一周后,百分表上的读数应基本回零,允许误差为±0.02 mm,若超过应重新盘车测量。

③盘车一般每盘 3~10 圈后,会发现盘车较开始时费力很多,则说明瓦面的润滑脂已

基本消耗殆尽,需要重新顶车加油,加油完成后,重新开始盘车。一般应先盘一圈,百分表重新对"0",再按测点盘车测量。

④摆度测量

立式机组总轴线由电机轴和水泵轴组成,通过推力头镜板将轴线支撑在推力瓦上,假定镜板的摩擦面与总轴线是绝对垂直的,且组成轴线的各部件又没有曲折及偏心现象,那么总轴线回转时,将围绕着理论旋转中心稳定地运行。如果镜板摩擦面与总轴线不垂直,这时回转轴线必将偏离理论旋转中心,而轴线上任一点所测得的锥度圆,便是该点的摆度圆,D 为摆度圆直径。

同样,如果镜板摩擦面与电机轴是垂直的,而电机轴与水泵轴连接时,由于联轴器的组合面与轴线不垂直,便产生了轴线的曲折,轴线回转时,轴线从曲折处开始,同样出现偏离中心的锥形摆度圆,产生摆度。

由此可见,镜板与轴线不垂直,或轴线本身曲折,是产生摆度的主要原因,如图 2-76 所示。

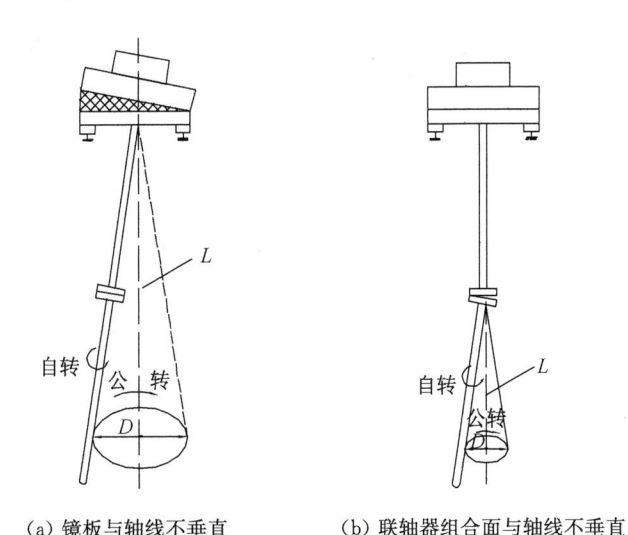

(a) 镜板与轴线不垂直　　(b) 联轴器组合面与轴线不垂直

L—理论旋转中心线;D—摆度圆直径。

图 2-76　产生摆度圆的原因示意图

机组检修盘车测量调整摆度时,一般采用联轴后盘车,利用刮削分半式绝缘垫片,调整电机下导轴径的摆度,同时兼顾水泵水导轴径摆度。如水泵水导轴径摆度较大,则需用刮削水泵联轴器平面或在联轴器平面加垫的方法来处理。

轴线摆度的测量和调整:用盘车的方法慢慢旋转,并用百分表测出有关部位的摆度值,用于分析轴线产生摆度的原因、大小和方位,通过刮削和加垫的方法,使镜板与轴线、联轴器组合面与轴线的不垂直度得到纠正,使摆度减小到安装质量标准允许的范围内。

由于上导轴承(上导)涂润滑脂后抱紧,存在一定的轴承间隙,主轴回转时,轴线将在轴承间隙范围内发生位移。因此,在上导轴承处的百分表读数便反映了轴线的径向位移值 e,而下导轴承(下导)处的百分表读数则是主轴的倾斜值 i 和轴线位移值 e 之和。

通常把同一测量部位对称两点数值之差称全摆度,其值为

$$S_{上} = S_{上180} - S_{上0} = e \tag{2-20}$$

式中：$S_{上}$——上导处的全摆度(mm)；
　　　$S_{上180}$——旋转180°时上导处摆度读数(mm)；
　　　$S_{上0}$——未旋转时上导处的摆度读数(mm)；
　　　e——主轴径向位移值(mm)。

$$S_{下} = S_{下180} - S_{下0} = e \tag{2-21}$$

式中：$S_{下}$——下导处的全摆度(mm)；
　　　$S_{下180}$——旋转180°时下导处摆度读数(mm)；
　　　$S_{下0}$——未旋转时下导处的摆度读数(mm)。

同一测点上、下两部位全摆度数值之差称净摆度($S_{上、下}$)，其值为

$$S_{上、下} = S_{下} - S_{上} \tag{2-22}$$

轴线的倾斜值为净摆度之半，即

$$i = \frac{S_{上、下}}{2} \tag{2-23}$$

为此，根据上导和下导处测出的圆周上8点的数值，便可推算出下导处的最大倾斜值及其方位。

如果没有别的干扰因素，下导处的8点净摆度数值应呈正弦曲线分布，并可在正弦曲线中找到最大摆度值及其方位，如图2-77所示。

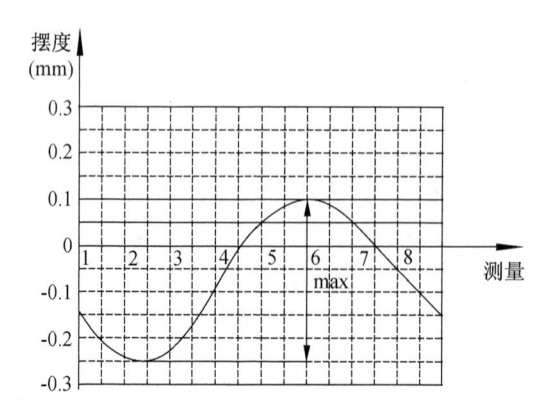

图 2-77　净摆度数值曲线图

但实际上往往有许多其他干扰因素，使正弦曲线不规则，当正弦曲线发生较大变突时，说明所测数值不可靠，应重新进行盘车。这也是检验测量数值是否准确的一个方法。

（2）摆度分析及计算

电动机轴线产生摆度的主要原因是镜板与轴线不垂直，故测出的百分表读数是逐渐减少或逐渐增加的，摆度为圆形。但有时测出的百分表读数时大时小呈不规则的花点，这就说明摆度不成圆形。这是由于各种因素造成的，如推力头与主轴配合较松、卡环厚薄不

均、推力头底面与主轴不垂直、推力头与镜板间的绝缘垫片厚薄不均、镜板加工精度不够或主轴本身有弯曲等。根据安装中碰到的实际情况,这种花点主要是由以下几种因素造成的。

①镜板表面变形,推力瓦受力不均

新镜板可能是制造上的缺陷,安装前没有处理好,造成镜板表面变形。旧镜板可能是长时间使用后,机械强度下降所致,也可能是绝缘垫片不平所致,尤其是经过多次刮削的绝缘垫片,最容易出现这种现象,不平整的绝缘垫片放在镜板与推力头之间,用螺栓收紧后,会使镜板也发生变形。实践经验表明,检修机组时对经多次刮削,尤其是由不同方位进行刮削的绝缘垫片一般应更换。

②推力头松动

推力头与主轴应为过渡配合,制造厂设计值一般在 0.02~0.05 mm 之间。但有时由于制造精度不够,工地装拆次数较多,将会使推力头与主轴配合不紧,主轴转动时就会在推力头中摆动,这也是摆度紊乱的原因之一。这时必须对推力头进行处理。实践经验表明一般过盈 0~0.03 mm 为最佳,过盈值越大对摆度的影响越小。待处理好后再进行安装、盘车。

③推力瓦抗重螺栓或其支撑部位松动

抗重螺栓支撑在固定瓦架上,若固定瓦架焊接不牢,受力后发生下沉,便会使推力头受力不均。

④轴颈本身不圆

测量摆度时,百分表头紧靠在轴颈表面,如所测的面本身不圆,便会造成摆度圆不圆,因摆度圆中包括轴面的不圆度在内,影响了摆度的真实测值。

⑤推力瓦的限位螺栓位置不准确

推力瓦的限位螺栓不在中间位置,偏高或偏低,致使推力瓦很难自由调平。所以限位螺栓与推力瓦槽上、下之间的间隙,应该在定子磁场中心和转子磁场中心高差初步调整到基本合格范围内后进行调整,调整到限位螺栓与推力瓦槽上、下之间的间隙基本相等。

⑥转动部件与固定部件有卡阻

如果绝缘内径与油封、转子与定子、叶轮与导叶体、叶片与叶轮等转动部件与固定部件之间有卡阻相碰,必然会导致轴线不是在自由状态下转动。

在摆度测量时,上述的一些情况有可能同时发生,因此在分析测量数据时,应综合考虑各方面的不确定因素。

(3) 绝缘垫片的刮削

根据盘车测量的相关数据进行分析计算,确定摆度的处理方案,一般因镜板面与主轴不垂直所造成的摆度,可用刮镜板与推力头之间的分半式绝缘垫片来解决。水泵联轴器平面与水泵轴不垂直时,用刮或垫水泵联轴器面来解决,其刮垫值可用相似三角形求得。

当测出下导处的最大倾斜值 $i = \dfrac{S}{2}$ 后,已知上导至下导测点间的距离为 L,便可作出以理想中心线 AB 为直角边的直角三角形 $\triangle ABC$,如图 2-78 所示。

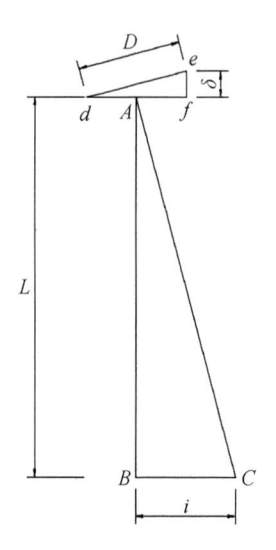

图 2-78 电机轴线摆度示意图

在 AC 顶端作出与镜板直径 D 相垂直的 de 线及与理想中心线相垂直的 df 线,连接 ef 平行于 AB,得 $\triangle def$,由于两三角形两边互相垂直,一边平行,故 $\triangle def \backsim \triangle ACB$,则

$$\frac{ef}{df} = \frac{BC}{AB} \tag{2-24}$$

即

$$\frac{\delta}{D} = \frac{i}{L} \tag{2-25}$$

故可求得绝缘垫片的最大刮削值为

$$\delta = \frac{iD}{L} = \frac{SD}{2L} \tag{2-26}$$

式中:δ——绝缘垫片的最大刮削值(mm);
　　　S——电机下导处的最大净摆度(mm);
　　　D——镜板直径(mm);
　　　L——主轴上两测点间的距离(mm)。

根据下导摆度测量结果计算绝缘垫片的处理值,对绝缘垫片进行研磨或研刮,绝缘垫片的研磨工艺如下。

①先用制动器将转子顶起加锁定,使转子重量转换到制动器上。撤掉盘车钢管,松开推力头与镜板的组合螺栓,落下镜板,在推力头及中间绝缘垫片外侧作装配基准线,并在轴线测量等分线方向做相应的 8 等分编号。

②抽出绝缘垫片,按绝缘垫片应刮削的最大点的方向作一中心线,按此中心线等分刮削区,一般可分成 6~10 个区域,再按比例确定每一刮削区应刮削的厚度,最后一区可不刮。绝缘垫片分区刮削如图 2-79 所示。

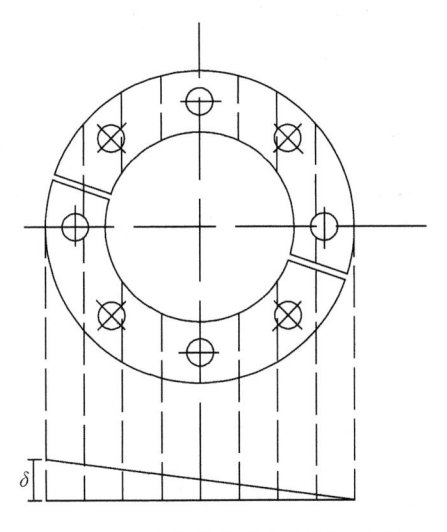

图 2-79 绝缘垫片分区刮削示意图

③用外径千分尺测量绝缘垫片各研刮区的厚度,并用铅笔在研刮区的背面做好记号和记录,把绝缘垫片放置在大平板上,开始可用"2"号铁砂布包好一块特制的长方形研磨平板,再用均等的力对绝缘垫片仔细地进行往复研磨,并不断地用外径千分尺测量绝缘垫片各测点的厚度,掌握研磨量的多少和研磨情况,研磨需适当留有余地,谨防研磨过量,待各区域按计算值基本研磨完成后,可用"0"号铁砂布包的长方形研磨平板对研磨的过渡区域稍做处理。

④研磨完成后,将绝缘垫片清洗干净后按原位装入,切不可放错,更不能重叠。确认绝缘垫片安放正确后,先对称旋上推力头与镜板的两只组合螺栓,待镜板基本就位后,再安装其他组合螺栓的绝缘套管、绝缘垫圈、垫圈,拧上组合螺栓,再将先旋上的两只组合螺栓拆下来安装绝缘套管、绝缘垫圈、垫圈,待全部组合螺栓安装就位后,再对称、均匀地拧紧。然后用制动器将转子顶起,撤出锁定,落下制动器,使转子重量转换到推力瓦上,然后再进行盘车测量摆度,直至处理合格为止。

绝缘垫片的处理也可采用研刮工艺,先把需要研刮平面划成许多等分小方格(如 5 cm× 5 cm),用外径千分尺(表)测出各方格厚度,并用铅笔将数值记在方格内,然后按刮削要求分区逐格进行刮削,并以外径千分尺检查其刮去的厚度是否正确,直至所有方格全部刮完。再用小平板加微量显示剂,压在绝缘垫片上来回研磨显示高点,并将高点刮去,使其平整。最后用砂布打光,除去边缘毛刺,将绝缘垫片清洗干净后按原位装入,再进行盘车测量摆度,直至处理合格为止。采用刮削工艺处理绝缘垫片相对于研磨工艺要复杂些,耗用的时间也相对要多些,且最后仍要用砂布打光,所以目前较少采用。

绝缘垫片的刮削工作要耐心细致地进行,尽量做到研刮次数越少越好。实践证明,修刮次数越多,质量越差,调整时间越长,如工作做得细致些,有时一次便能达到质量要求。根据我国近年机械加工水平及安装中遇到的实际情况,电机轴线不垂直的主要因素是推力头与镜板间的绝缘垫片厚薄不匀,其次是推力头底面与主轴不垂直,其他因素偶然会遇到。因此目前使用比较成熟的方法是刮削绝缘垫片,没有绝缘垫片结构形式的推力头按制造厂推荐的方法进行处理。绝缘垫片经多次磨削后,会凹凸不平,组装后引起镜板面不平,轴线会出现非正弦规律的不规则摆度(俗称花点),则应更换绝缘垫片。

(4) 机组轴线曲折的分析

机组总轴线的测量和调整方法与上文基本相同,只是在水泵导轴承处,再增设一对相互垂直的百分表,借以测量水泵下导处的摆度,计算分析由于联轴器法兰组合面与轴线不垂直引起的轴线曲折,以便通过综合处理,使轴线垂直。

水泵轴与电机轴通过联轴器连接后,理论上水泵下导轴颈处的摆度,应按测点距离呈线性放大,但是由于法兰组合面加工上存在误差,使轴线产生曲折,影响了水泵轴线的摆度,几种轴线曲折的状态如图 2-80 所示。

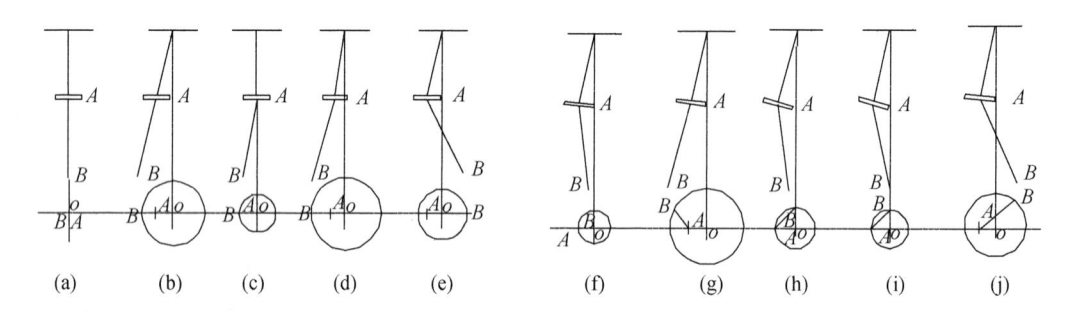

图 2-80　联轴线曲折状态示意图

① 镜板面与法兰组合面都与轴线垂直,联轴线无摆度及曲折现象,如图 2-80(a) 所示。

② 镜板面与轴线不垂直,法兰组合面与轴线垂直,联轴线无曲折,摆度按距离呈线性放大,如图 2-80(b) 所示。

③ 镜板面与轴线垂直,法兰组合面与轴线不垂直,联轴线发生曲折,法兰处摆度为零,水泵下导处有摆度,如图 2-80(c) 所示。

④ 镜板面及法兰组合面与轴线都不垂直,两处不垂直的方位相同,如图 2-80(d) 所示。两处不垂直的方位相反,如图 2-80(e) 所示。

⑤ 镜板面及法兰组合面与轴线都不垂直,并成某一方位角,联轴线有曲折,法兰及水泵下导处的摆度变化不等,如图 2-80(f)、(g)、(h)、(i) 及 (j) 所示。

不论联轴线曲折的情况如何,只要电机下导及水泵下导处的摆度均符合安装测量标准即认为合格。如果轴线曲折得很小,而摆度很大,可用刮削推力头与镜板间的分半式绝缘垫片来统一调整摆度。只有主轴线曲折很大、无法通过刮垫的方法统一调整使各处的摆度符合要求时,才采用刮联轴器水泵法兰面的方法进行调整。

(5) 联轴器的刮削

用盘车的方法测出电机上导、电机下导和水泵上导及水泵下导处的摆度,分别记录在测量表格 2-6 中,轴线曲折的刮削值计算如图 2-81 所示。

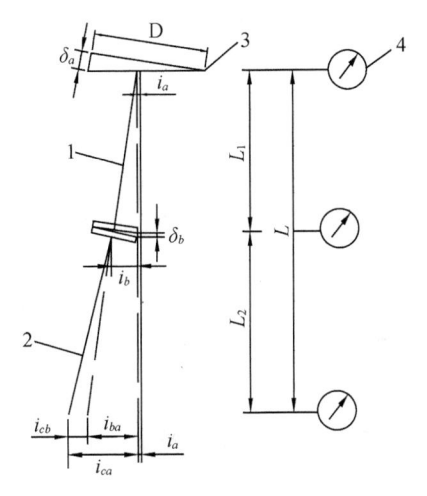

1—电机轴;2—水泵轴;3—镜板;4—百分表。

图 2-81 联轴线曲折的刮削值计算示意图

水泵下导处的倾斜值为

$$i_{ca} = \frac{S_c - S_a}{2} = \frac{S_{ca}}{2} \tag{2-27}$$

式中：i_{ca}——水泵下导处的倾斜值(mm)；

S_{ca}——电机上导处的全摆度(mm)；

S_c——水泵下导处的全摆度(mm)；

S_a——水泵下导处的净摆度(mm)。

用刮削绝缘垫片的方法来调整水泵下导处的倾斜值,计算公式如下。

按相似三角形比例有：

$$\frac{\delta_a}{D} = \frac{i_{ca}}{L_1 + L_2}$$

$$\delta_a = \frac{i_{ca}D}{L_1 + L_2} = \frac{i_{ca}D}{L} = \frac{S_{ca}D}{2L} \tag{2-28}$$

式中：δ_a——绝缘垫片的刮削值(mm)；

i_{ca}——水泵下导处的倾斜值(mm)；

D——镜板面直径(mm)；

L_1——电机上导至法兰测点间的距离(mm)；

L_2——法兰至水泵下导测点间的距离(mm)；

L——电机上导至水泵下导测点间的距离(mm)。

若联轴器法兰组合面与泵轴不垂直,使泵轴线产生曲折,这时为了纠正这种曲折,需将水泵联轴器法兰面削去一斜面,或垫入一斜面,使轴线调整成一直线,其最大刮削值计算如下。

按相似三角形比例,有：

$$\frac{\delta_b}{d} = \frac{i_{cb}}{L_2}$$

$$\delta_b = \frac{i_{cb}d}{L_2} = \frac{d}{L_2}(i_{ca} - i_{ba}) = \frac{d}{L_2}\left(i_{ca} - \frac{i_b L}{L_1}\right)$$

(2-29)

式中：δ_b——法兰组合面应刮削或相对面应垫入的值(mm)；

i_{cb}——由于法兰组合面不垂直而引起的泵轴曲折的倾斜值(mm)；

i_b——电机轴载法兰处的倾斜值(mm)；

i_{ba}——按法兰处的倾斜值 i_b 放大至水泵下导的倾斜值(mm)；

d——联轴器法兰面直径(mm)。

处理水泵联轴器组合面的摆度，可采用刮削或加垫方法进行。若计算值为正值，说明该点应加垫，或应刮削它的相对点处水泵联轴器组合面。若计算值为负值，则该点应刮削水泵联轴器组合面，或在它的相对点加垫。

刮削水泵联轴器组合面的区域划分与绝缘垫片的区域划分相同，通过组合面的最大刮削点与相对点划一穿过中心的连线，在线上划出刮削等分区。刮削水泵联轴器组合面的工艺与处理绝缘垫片工艺稍有不同，刮削水泵联轴器组合面采用锉刀锉削，按划分的区域确定需要锉削的数值，然后在划分的区域内各选取几个点，用外径千分尺测量水泵联轴器组合面各个测量点的厚度并做好记录，再用锉刀锉削。外径千分尺测量水泵联轴器组合面测点厚度方法如图 2-82 所示。

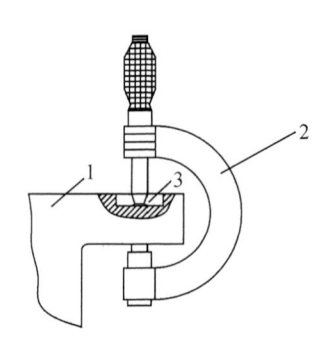

1—水泵联轴器联结面；2—外径千分尺；3—测量标准点。

图 2-82 测量水泵联轴器组合面测点厚度示意图

使用锉刀锉削前应注意水泵联轴器组合面一定要清洗干净，如果出现锉刀打滑现象，则说明锉刀接触到了油类，需将锉刀清洗干净涂上白粉后再进行锉削。锉刀宜选用新的一号粗纹平锉，锉削方法宜采用锉平面的斜锉法，锉削过程中应经常顺着锉纹用铜丝刷清除齿内的切屑，不能用嘴吹铁屑，防止铁屑飞进眼睛里。锉削过程中应不断地用外径千分尺测量水泵联轴器各测点的厚度，掌握锉削的多少和锉削情况。锉削需适当留有余地，谨防锉削过量，待各区域按计算值基本锉削完成后，可再用特制的标准平板（可也用旧镜板）并用红丹粉作显示剂与水泵联轴器组合面对磨，使水泵联轴器组合面的高点显示出来，对显示出来的高点用新的 2 号纹中平锉进行精锉，直至全部磨平为止。

液压全调节机组联轴器的摆度处理，只能采用锉削工艺，不能用垫的方法来调整摆度，否则易漏油。锉削水泵联轴器组合面，要脱轴进行摆度处理后再联轴，所需时间较长，故工作应仔细,力求能一次完成。一般来讲,锉削水泵联轴器组合面在新机组安装时会经常遇到,由于泵站机组电机轴与水泵轴采用刚性联结,联轴器组合面与泵轴的不垂直使泵轴线产生的曲折现象在安装过程中已经进行了处理,所以在机组检修中一般不应该重复出现联轴器组合面与泵轴不垂直现象,除非安装过程中忽略了某些其他因素,这需要结合上一次的安装记录进行分析。如果是采用加垫方式处理,有可能因为加垫材料的变形、位移等原因造成摆度变化。

在计算绝缘垫片刮削值时,要核算对水泵下导轴承摆度的影响,应尽量使绝缘垫片刮削后不但能确保电机下导轴瓦处摆度合格,也能使水泵下导处摆度合格。

5. 机组轴线垂直度的测量与调整

立式机组在安装过程中为了保证安装质量,固定部件和转动部件均以垂直为基准进行相应的工作,固定部件的垂直同轴度和转动部件的轴线垂直度,均应符合相关的技术要求。

为了使转动部件的轴线垂直度符合相应技术要求,需要通过调整推力瓦的高低使镜板处于水平位置。当镜板处于水平位置,则电机轴线就达到铅垂状态。由于镜板的水平度是通过盘车方式用水平仪测量出来的,故机组轴线垂直度的测量与调整又称为机组轴线盘水平。

一般机组轴线垂直度的测量需要通过盘车获取水平偏差,可以采用四方位测量法,也可以采用推力瓦位置测量法。

(1) 四方位测量法

①先将电机轴上的水平梁旋转到东、南、西、北四个方位的任一方位,利用水平架调整水平仪水平,将水平仪水泡调节居中,即将水平仪调整为"0"。

②按顺时针方向盘车一周,并使水平仪对准起始方位,检查水平仪是否回"0",如果没有回零,则应查明原因,是因轴线停的位置有偏差,还是有碰擦?或是还有其他原因?如果因轴线停的位置有偏差,允许误差为 0.01~0.02 mm/m。

③查明原因并做相应处理后,每次盘车 90°,分别读出四个方位的水平仪读数,并记录,当水平仪回到起始方位时,读数应回到"0"位。

④根据测量记录计算相对点偏差值,相对点偏差的一半即为所需的调整值,然后将水平仪旋转到需要调整的推力瓦方位,根据计算调整值升高或降低相应的推力瓦抗重螺栓,同时监视水平仪的变化情况。需要注意的是由于受其他边界条件的限制,在升高或降低相应的推力瓦抗重螺栓过程中,水平仪的变化可能不是呈线性变化,这需要在实践中不断地总结。

⑤待一个方位(假设是 x 方位)调整完成后,再将轴线旋转到另一个方位(y 方位),用同样的方法根据计算调整值升高或降低相应的推力瓦抗重螺栓,待调整完成后,再重复上述的测量方法,测量四个方位的水平度,根据测量结果继续调整镜板水平,直至四个方位上的水平均符合要求,水平偏差在 0.02 mm/m 以内。

⑥盘车调整校核 8 个方位上的水平情况,并做好各个方位的水平记录,如图 2-83 所示。

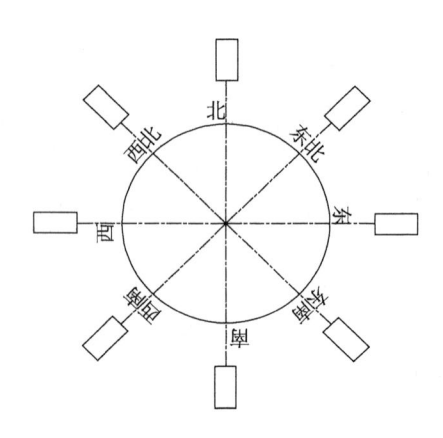

图 2-83 机组水平测量记录图

（2）推力瓦位置测量法

机组轴线垂直度的测量采用推力瓦位置测量法与采用四方位测量法相比，其测量工艺基本相同，只是在盘车的过程中将电机轴上的水平仪旋转的测量位置设置在推力瓦抗重螺栓中心。因为推力瓦布置在东、南、西、北四个方位的两侧，推力瓦抗重螺栓偏移各个方位 22.5°，如果采用四方位测量，任一方位的水平调整需要调整这个方位两侧的两块推力瓦，如果采用推力瓦位置法测量，则水平仪旋转的测量位置显示的就是每块推力瓦的水平状态，也就是说，推力瓦位置测量法与四方位测量法的区别就是盘水平的每次停车位置与四个方位呈 22.5°偏移。推力瓦位置测量法的特点就是根据推力头的编号确定盘车位置，水平的测量调整比较直观，且易于掌握调整量。

（3）常见测量误差的处理

在机组轴线垂直度的测量过程中，可能会出现测量值不规则变化的现象，一般可以从以下几方面进行检查分析。

①检查推力瓦的限位螺栓是否在限位槽中间，如偏高或偏低，推力瓦受到阻碍则失去了调节的可行性。

②检查分析推力瓦的抗重螺栓在螺孔中是否松动，在盘车过程中每盘一点，可用专用螺栓摇动推力瓦，检查有无松动。

③检查推力瓦架与上油槽组装时是否搁置不平或不紧，由此引起其他部位松动。

④检查转动部位与固定部位是否有相碰擦的可能，如绝缘垫片内径与挡油筒、转子与定子、叶轮与导叶体等。

6. 推力瓦受力的调整

轴线垂直度的调整主要是调整推力瓦的水平，把所有的推力瓦调整在一个平面上，推力瓦所处的高程应满足与转子磁场中心、定子磁场中心相对位置的要求，因为测量定子磁场中心和转子磁场中心高差，初步调整到基本允许的范围内，是摆度测量前的主要准备工作之一，根据磁场中心测量的结果，在调整轴线水平的过程中可以有意识地提高或降低推力瓦的抗重螺栓，以满足磁场中心高差的技术要求。

轴线垂直度调整符合技术要求后，镜板的水平度已经符合要求，也就是抗重螺栓已经把推力瓦上平面调整到了同一高程上,理论上每只抗重螺栓已经受力,但实际上由于受各种因素的影响,抗重螺栓并不一定会均匀受力,为此必须对每只抗重螺栓的受力情况进行检查。刚性支柱式推力轴承的受力调整一般采用人工锤击扳手调整抗重螺栓的方法,也就是用铁锤及专用扳手,由一人操作,将旋转抗重螺栓用的专用扳手插进抗重螺栓,然后用基本相同的力,用铁锤锤击专用扳手,感觉锤击声音并检查锁定板或专用扳手的旋转移动量,所以在泵站安装检修过程中将推力瓦受力调整称之为"打受力"。

调整推力瓦的方法如下。

(1) 在每个固定支持座和锁定板上做好记号,以便检查抗重螺栓旋转后上升的数值,锁定板做记号时,应向同一侧靠紧。

(2) 在水泵下导轴承上 X、Y 方向安装两只互成 $90°$ 的百分表,百分表读数按测量摆度的要求调整,监测调整推力瓦受力过程中主轴的中心位移。

(3) 将盘车测量轴线水平的水平仪调整为"0",按机组大小选用 3~12 kg 的铁锤及专用扳手,由一人操作,用基本相同的锤击力,将抗重螺栓均匀地打紧一遍。

(4) 检查锁定板记号的移动距离,各抗重螺栓由于负载不同,锁定板的移动距离也不同,负载大的移动距离短,抗重螺栓上升少,负载小的移动距离长,抗重螺栓上升多,将每次的锤击数和移动距离记录下来作分析用。

(5) 酌量在移动距离大的抗重螺栓上再补上一两锤,对移动距离小的抗重螺栓可不打,可在附近的抗重螺栓上补打一两锤,以减轻移动小的负载。

(6) 每打一遍都要分析记录,找出抗重螺栓不同的移动原因,以便确定下一遍打锤的位置和锤数。

(7) 在"打受力"过程中要注意保持水平仪水平,若发现水平仪水平不符要求或水泵轴承处百分表有变动,应及时在水平值低的方位或水泵轴承处百分表负值方位,对抗重螺栓适当增加几锤,附近的抗重螺栓也应以较轻或较少锤数锤击,使水平仪保持水平。

(8) 按上述方式重复调整抗重螺栓,经几次调整后,全部抗重螺栓用同样的力锤打一遍后,锁定板记号处的移动值相差不超过 2 mm,同时水平仪处于水平位置,水泵下导轴承百分表读数基本回到"0",偏差在 0.02 mm/m 之内,即认为推力瓦调受力合格。

在调整过程中,电动机和水泵的转动部分支撑在推力轴承上,不允许有障碍物或人在转动部件上,推力瓦受力调整合格后要及时装上锁定板。

7. 测量磁场中心

推力瓦通过调水平、调受力后,还必须复核定、转子磁场中心高程是否合格,定子铁芯平均中心线宜高于转子磁极平均中心线,其高出值应为定子铁芯有效长度的 0.15%~0.5%。

测量时,在定子上端面的 X 或 Y 方向的 45°夹角方向,利用水准仪或专用横担配合深度千分尺,测出定子上端面与转子磁轭上端面间的高差值并记录在表中,算术平均后求得 K' 值,专用横担配合深度千分尺测量磁场中心如图 2-84 所示。

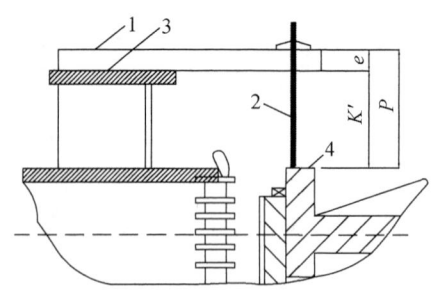

1—专用横担；2—深度千分尺；3—定子上端面；4—转子磁轭面。

图 2-84 磁场中心测量示意图

由图 2-84 可知：

$$K' = P - e \tag{2-30}$$

式中：K'——实测定子上端面至转子磁轭上端面的距离(mm)；

P——实测高度平均值(mm)；

e——专用横担的厚度(mm)。

实测所得的 K' 值，应符合式(2-31)的要求。

$$K \leqslant K' \leqslant K + (0.0015 \sim 0.005 H_1) \tag{2-31}$$

式中：K——定子、转子磁场中心重合时定子上端面至转子磁轭上端面的高度差(mm)；

H_1——定子铁芯高度(mm)。

8. 主轴定中心

当推力轴瓦受力调整均匀后，应调整泵轴下轴颈处轴线转动中心处于水导轴承插口中心位置，为了使主轴旋转中心与机组固定部分中心重合，首先要测出主轴的位置，再用移轴的方法使轴中心与轴孔中心达到同心，这样才能使空气间隙、轴承间隙和叶片间隙四周相等。其测量和调整的方法有如下几种。

(1) 百分表盘车测量法

①将电动机上、下导轴瓦全部安装到位，下导轴瓦应离开下导轴颈，并准备好抱上导轴瓦及下导轴瓦的专用小千斤顶，在上导轴瓦的 X、Y 方向分别安装一个百分表，调整百分表读数，小针指在 1~5 mm(量程为 10 mm)，大针指示为"0"。

②在水泵下轴承窝的轴颈上，装上分半式抱箍，上面固定一百分表，百分表指针的方位应与上导轴瓦方位一致，将百分表表头紧贴在轴承窝内圆面上，调整百分表读数，小针指在 5 mm 左右(量程为 10 mm)，大针指示为"0"，百分表盘车测量法如图 2-85 所示。

③将四个方位的上导瓦用抗重螺栓轻轻推到与轴颈接触，盘车 360°，检查上导百分表是否回零，如果没有回零且大于 0.02 mm，说明上导间隙偏大，轴线有位移，应再适当拧紧抗重螺栓，上导百分表偏差宜控制在 0.01 mm 以内。

④盘车 360°，检查水泵导轴承百分表是否回零，如果没有回零，应查明原因排除异常，待具备各项技术条件后依次盘车 90°，待百分表指针稳定后读出百分表读数，并做好记录。

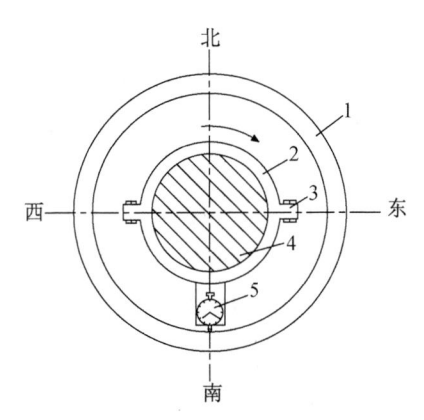

1—轴承窝；2—抱箍；3—连接螺栓；4—水泵轴颈；5—百分表。

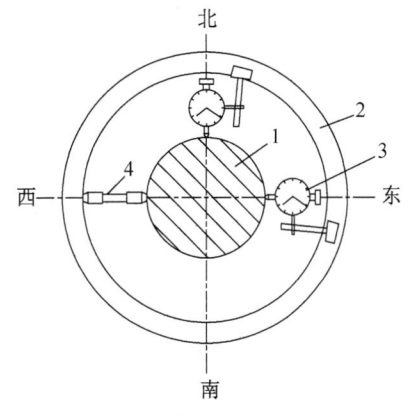

1—水泵轴径；2—轴承窝；3—百分表；4—内径千分尺。

图 2-85　百分表盘车测量法示意图　　图 2-86　内径千分尺测量法示意图

⑤根据水导轴颈盘车测量结果，按式(2-32)计算需要的调整数值。

$$\Delta\delta = \frac{\delta - \delta_{180°}}{2} \tag{2-32}$$

式中：$\Delta\delta$——主轴平移的距离(mm)；

δ——该方位百分表的读数(mm)；

$\delta_{180°}$——相对面百分表的读数(mm)。

⑥根据计算结果，利用上导轴瓦抗重螺栓调整轴线至中心位置，计算值为负值时，主轴应向测点方位移动，为正值时应向相对方向移动，调整过程中，在电动机上导轴瓦的 X、Y 方向应用百分表监测轴线位移量，调整结束后，再重新盘车，反复几次，直到轴线中心偏差在 0.04 mm 以内。

⑦盘车测量法过程中，上导瓦抱轴颈的紧度关系到盘车质量，太松轴线会有位移，可能会影响测量精度，太紧则增加了盘车的难度，甚至会发生鳖劲现象，测量数据就会有虚假的可能，所以在盘车测量的过程中要正确掌握好上导瓦抱轴的紧度。

(2) 内径千分尺测量法

在水泵下轴承窝的 4 个方位上，用内径千分尺测出轴与轴承窝之间的距离，为防止测量时移动主轴，在轴承窝顶上架设两只互成 90°的百分表进行监测，如图 2-86 所示。

根据 4 个方位测出的数值，用式(2-33)计算出主轴所需的位移值。

$$\Delta\delta = \frac{\delta - \delta_{180°} + S}{2} \tag{2-33}$$

式中：$\Delta\delta$——主轴需平移的距离(mm)；

δ——该方位上轴与轴承窝之间的距离(mm)；

$\delta_{180°}$——相对面上轴与轴承窝之间的距离(mm)；

S——该方位上主轴在下轴承窝处的净摆度(mm)。

当 $\Delta\delta$ 计算值为正值时，主轴应向所测点移动；为负值时，应向相对点移动。

主轴中心调整时,用上导轴瓦的抗重螺栓推移主轴,并且在与推力头相对面处架设互成 90°的两只百分表,用以测出推移值,同时观察水泵下轴承窝处同一方位上的两只百分表的读数是否相等,以了解主轴是否平行移动,要确认轴线在自由状态,没有蹩劲现象,调整结束后,应重新盘车校核轴线的真实位置,确认轴线中心偏差在 0.04 mm 以内。

主轴定中心合格后,紧接着就应进行"抱瓦"这一工序,抱瓦的目的就是为了调整导向轴瓦间隙,抱瓦实际上是用导向瓦抱住主轴,将轴线固定在水泵下导轴承的中心位置。

抱瓦前,首先将水导轴颈上盘车定中心用的百分表架拆除,再按 X、Y 方位在水导轴承承插口架设两只百分表,表头指向轴颈,用来监测泵轴的位移量,并将表的小针调至 5 mm 左右(量程为 10 mm),大针调整到零位。同时在电动机上导和下导轴承处分别在上下一致并互成 90°的位置架设百分表,并如前所述,分别将百分表读数调到零位。

抱瓦的方法是每块瓦用两只特制的螺丝小千斤顶抱在瓦中心的两侧,高度和抗重螺栓相同,千斤顶的螺母支在导向轴瓦架上,螺头支在导向轴瓦的背面。抱瓦工序必须按照先抱上导轴瓦,再抱下导轴瓦的顺序,而且要两个人在对称方位同时进行,上导、下导和水导轴承处的两只百分表应有人专门监视,泵轴发生径向位移时,应与抱瓦人及时联系并及时修正千斤顶的上紧力度和方位。从抱瓦开始至调瓦结束,泵轴位移应保持原始数值不变,整个抱瓦过程必须一气呵成,尽量避免抱瓦的间隔时间太久。

抱瓦时不要将千斤顶抱得太紧,只要将导向瓦面紧紧贴住轴颈没有间隙即可,如果千斤顶顶得太紧、不均匀,就会造成瓦架变形,调出来的瓦间隙是虚假的,在运行中会使导瓦温度不正常。

9. 机组各部间隙的测量及调整

(1) 空气间隙的测量

测量空气间隙一般配合使用楔形塞尺与外径千分尺,将楔形竹塞尺两面涂上白铅油或粉笔,插入定子铁芯和转子磁极铁芯之间,拔出后见竹塞尺两面均印有铁芯痕迹,然后用外径千分尺测出痕迹处竹塞尺的厚度,即为该磁极的空气间隙,按磁极编号将各磁极的上、下空气间隙记录在表 2-7 中。

表 2-7 电动机空气间隙测量记录　　　　　　　　单位:mm

磁极编号	1	2	3	4	……	n
上部空气间隙						
下部空气间隙						

根据记录,分别计算上部或下部的空气间隙总和再除以实测的磁极数,便得出上部或下部的平均空气间隙。

在记录表中找出其中最大、最小的测量值。其值必须符合规范所规定的偏离平均值不超过±10%的要求,最大、最小的空气间隙比值可按下列公式计算:

$$(\Delta Z_{max} - \Delta Z)/\Delta Z \leqslant 10\% \tag{2-34}$$

$$(\Delta Z - \Delta Z_{min})/\Delta Z \leqslant 10\% \tag{2-35}$$

式中：ΔZ——平均空气间隙值；

ΔZ_{max}——最大空气间隙值；

ΔZ_{min}——最小空气间隙值。

空气间隙是否符合要求，除了受设备本身的优劣影响外，也是校核安装质量的一关。空气间隙不合格的原因如下。

①设备本身的缺陷导致空气间隙不合格。如定子本身椭圆度、转子磁极的失圆超过规定的数值。

②主要安装工序不符合质量要求。如定子与水泵导轴承承插口的垂直同轴度出现差错，或垂直同轴度调整以后，由于厂房基础不均匀沉陷，使机组的固定部件的垂直同轴度发生变化，或定中心工序出现差错，或轴线的垂直度（镜板水平度）调整不合格，均会造成空气间隙不合格。

如果由于上述的主要安装工序问题而致使空气间隙不合格，则应根据具体情况进行处理，一般可先移动定子使空气间隙合格，检查调整轴线的垂直度，并使轴线的中心与水导轴孔的中心重合；再调平推力瓦，以满足空气间隙的需要。

导致空气间隙不合格的因素是多方面的，因此除了对安装质量严格把关外，还必须在安装过程之前，对定子、转子设备进行严格的检查，同时在实际安装过程中，可以根据各道工序的具体情况，尽量抵消积累误差，使空气间隙误差控制在所允许的范围内。

（2）上、下导轴瓦间隙的调整

电动机上、下导轴瓦间隙调整，是在轴线盘车定中心结束，抱瓦完成以后进行的。

导轴瓦间隙测量，在抱瓦状态下，就是用塞尺测量导向轴瓦瓦背与抗重螺栓球面的间隙。导轴瓦间隙测量如图 2-87 所示。

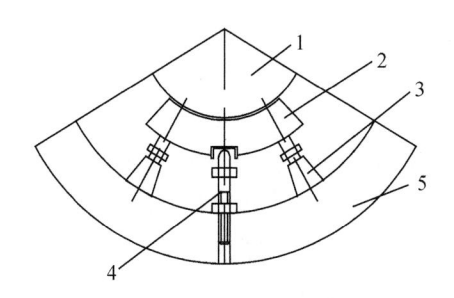

1—轴颈；2—导轴瓦；3—顶瓦专用螺栓千斤顶；4—抗重螺栓；5—瓦架。

图 2-87 导轴瓦间隙测量调整示意图

电动机上导轴瓦的间隙可按平均设计间隙调整。电动机上导轴瓦单边设计间隙宜为 0.08～0.10 mm。

电动机下导轴瓦则需根据设计间隙并考虑摆度的影响来调整，下导轴瓦双边间隙宜为 0.20～0.24 mm。

下导轴瓦间隙按下列公式计算：

$$\delta_{b0} = \delta'_b - \frac{\varphi_{ba}}{2} \qquad (2\text{-}36)$$

$$\delta_{b180} = 2\delta_b' - \delta_{b0} \tag{2-37}$$

式中：δ_{b0}——下导轴瓦调整间隙(mm)；

δ_b'——下导轴瓦设计平均单边间隙(mm)；

φ_{ba}——轴线在下导轴承60方位的净摆度(mm)；

δ_{b180}——δ_{b0}的相对侧间隙(mm)。

导轴瓦间隙的调整就是调节抗重螺栓球面与导轴瓦背面的间隙，调节数值按上述计算求得。

调节过程中一般可根据抗重螺栓锁定螺母设置情况，使间隙调整量比设计值大0.01 mm(锁定螺母在瓦架内侧)或小0.01 mm(锁定螺母在瓦架外侧)，然后用锁定螺母锁紧抗重螺栓，锁紧程度应使抗重螺栓伸长或缩小0.01 mm。这时轴瓦间隙和锁定螺母锁紧程度均能符合相应技术要求。

导轴瓦全部调整完毕后，对导轴瓦间隙进行复核验收。验收可用与规定间隙值相等厚度的塞尺片从抗重螺栓球面与导轴瓦背面的间隙中通过，再用按规定的间隙值加0.01 mm的塞尺片塞入抗重螺栓球面与导轴瓦背面的间隙，如能通过说明间隙调整偏大，如果通不过，则认为该间隙调整符合技术要求。

上、下导轴瓦间隙调整合格后，顶瓦千斤顶和监测主轴径向位移的百分表均暂不拆除，继续下一道的工序叶轮外壳的安装，在叶轮外壳安装过程中应注意不能撞击叶轮，避免轴线径向位移。

机组检修安装叶轮外壳的关键在于组合面上的垫片应摆放好，顺序是先放垂直面的垫片，连接螺栓初紧，然后调整叶轮外壳法兰面在同一平面上，放好垫片(或橡胶元条)，此时可先拧紧叶轮外壳连接螺栓，再对称拧紧法兰与导叶体连接螺栓，垂直垫与水平垫(或橡胶元条)应放平无皱，交接处接触良好，不允许有空隙和重叠，以免漏水。

叶轮外壳安装完成后在每个叶片的叶片间隙中安装楔形铁，在插紧楔形铁的过程中，要确保水泵导轴承设置的监测主轴径向位移的百分表保持原来的数值不变。

上、下导轴瓦的顶瓦千斤顶和监测主轴径向位移的百分表的拆除，要等到水泵导轴承间隙调整完成后。上、下导轴瓦的顶瓦千斤顶和监测主轴径向位移的百分表拆除后，即可安装导轴瓦上压板，上压板与导轴瓦的间隙应保持在0.3～0.5 mm之间。

(3) 水泵导轴承的间隙测量与调整

轴承间隙是按机组轴线盘车摆度值来分配的。摆度最大点的轴承间隙应调整为最小，轴承最小间隙值可按下式计算：

$$\Delta_{\min} = (\delta - j_{\max})/2 \tag{2-38}$$

式中：$\Delta_{\min}$——轴承单边最小间隙(mm)；

δ——轴承双边总间隙(mm)；

$j_{\max}$——水泵导轴承处的最大净摆度(mm)。

对于稀油润滑的水泵导轴承，其轴承间隙最小值应大于最小油膜厚度，一般不宜小于0.03 mm。对于水润滑的水泵导轴承，由于水的黏度小，在轴承运行中不易形成液膜，且由于散热性差，全靠大量的压力水来强制冷却，因此，其轴承单边最小间隙不宜小于0.05 mm。

摆度最小方位的轴承间隙应调整为最大,最大间隙为轴承总间隙减去最小间隙。垂直于最大、最小方向的间隙应相等,其间隙为轴承双边总间隙的一半。将盘车时的最大摆度方位处轴承间隙调小一些,是为了依靠导轴承的作用,使机组轴线运行在真正的中心上。

水泵导轴承间隙的调整一般采用推轴承法或推轴法这两种不同的工艺,采用推轴承法调整轴承间隙,应在电动机轴瓦和水泵轴被抱住的技术条件下进行,而且水泵叶轮密封部件已经安装完成,这样就可以保证机组轴线在调整轴承间隙时不受干扰和影响。推轴承法轴承间隙测定如图 2-88 所示。

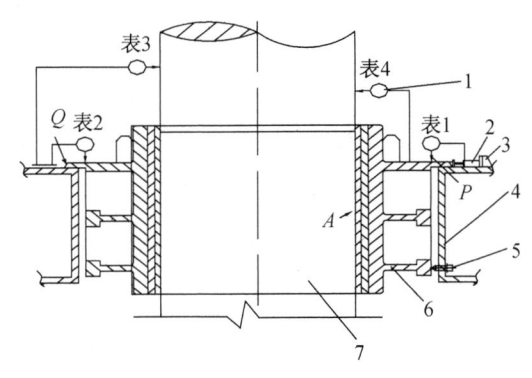

1—百分表;2—千斤顶;3—千斤顶基础;4—导叶体;5—顶丝;6—轴承;7—泵轴。

图 2-88 推轴承法轴承间隙测定示意图

①采用推轴承法调整轴承间隙工艺。轴承间隙测定前应先检查轴承与导叶体组合面在紧固螺栓拧紧后有无间隙,然后松开紧固螺栓,检查螺杆与螺孔有无蹩劲现象。

如图 2-88 所示架设 4 只百分表,将百分表的读数按常规方式调整,用千斤顶顶轴承,当表 3 指针刚动或指针指向 +0.005 mm 时,停止顶千斤顶,这表明轴瓦面 A 已全部与轴颈接触,此时记录百分表表 1、表 2 的读数。当表 1、表 2 的读数一致或仅差 0.005~0.01 mm 时,说明轴瓦面 A 与组合面 P、Q 是互相垂直的。将百分表调"0"后用同样的方法反向顶轴承,当表 3 指针刚动或指针指向 +0.005 mm 时,停止顶千斤顶,当表 1、表 2 的读数一致或仅差 0.005~0.01 mm 时,说明轴瓦面 A 与组合面 P、Q 是互相垂直的,则百分表 4 的读数即为轴承的单边间隙。按以机组轴线盘车摆度值进行分配的轴承间隙调整轴承的相对位置,使其实际间隙与根据设计轴承总间隙、水泵导轴承的最大净摆度而计算求得的测点间隙一致。

待轴承间隙调整完成后,应用塞尺测量被分配的轴承间隙,验收轴承间隙是否符合技术要求,验收合格后拧紧连接螺栓、调节螺栓,紧固后再次复核轴承间隙,符合技术要求后,即可钻铰定位销钉。

②采用推轴法调整轴承间隙。推轴法调整轴承间隙不需要在电动机轴瓦和水泵轴被抱住的技术条件下进行,在调整前应将叶轮和叶轮外壳之间的楔形铁撤出,让泵轴处于自由状态,在泵轴轴颈处设置两只互成 90°的百分表,表头垂直于轴颈,将百分表调整一定的压缩量,量程为 10 mm 百分表大指针调整至 5 mm 左右,小针指针的读数为"0"。在百分表相对侧,用千斤顶顶泵轴,直到百分表读数不再变化,记下读数,松开千斤顶后检查百

分表是否回到"0",正常情况应该回到"0",如果不能回到"0"则应分析原因并进行排查,如果回到"0",则再反向推轴,根据百分表的读数即可得到轴承的间隙。然后按以机组轴线盘车摆度值进行分配的轴承间隙调整轴承的相对位置,使其实际间隙与根据设计轴承总间隙、水泵导轴承的最大净摆度计算求得的测点间隙一致。

采用推轴法调整轴承间隙后,其相应的后续工作同推轴承法。调整轴承间隙一般适用于大型水泵,类似叶轮直径1.6 m以下的机组一般不需要调节轴承间隙,因为这类结构形式的水泵轴承采用的是止口承插式,从设计角度就不具备调节功能。

(4) 叶片间隙的测量

在水泵导轴承的间隙测量与调整结束后,即可撤出安装在叶轮与叶轮外壳之间的楔形铁,并进行叶片间隙的测量。叶片间隙的测量一般应在最大安放角状态下进行。

对叶片间隙进行测量,一般应以水泵的其中一个叶片为基准,在第一个方位对每个叶片的进水边、出水边和中间三处分别测量叶片间隙,做好记录,然后盘车90°,测量其他方位每个叶片的叶片间隙。叶片间隙测量记录可以如表2-8所示。

表2-8 叶片间隙测量记录表

方位	东			南			西			北			平均值
叶片号	上	中	下	上	中	下	上	中	下	上	中	下	
1													
2													
3													
4													
平均值													

测量叶片间隙可采用自制的楔形竹塞尺,斜面宜为1∶25,外涂白粉,自下而上插入叶片间隙中,要求每次的插入力度基本相同,拔出后在痕迹处用外径千分尺测量出竹塞尺的厚度,该厚度就是该点的间隙值。

根据测量记录,计算叶片实际平均间隙,在记录表中找出其中最大、最小的测量值,其值必须符合规范要求,叶片间隙与实际平均间隙之差不宜超过实际平均间隙值的±20%,最大、最小的叶片间隙比值可按下列公式计算:

$$(\Delta Z_{max} - \Delta Z)/\Delta Z \leqslant 20\% \tag{2-39}$$

$$(\Delta Z - \Delta Z_{min})/\Delta Z \leqslant 20\% \tag{2-40}$$

式中:ΔZ——平均叶片间隙值(mm);

ΔZ_{max}——最大叶片间隙值(mm);

ΔZ_{min}——最小叶片间隙值(mm)。

叶片间隙测量记录分析如下。

①通过对叶片间隙的测量分析,可能会发现叶片的上部平均间隙大于下部平均间隙的情况,说明叶轮中心安装高程偏低,如果在规范允许值范围内,则说明安装质量合格,可

理解为叶轮的安装高程符合相应的技术要求,所以不涉及叶轮高程的调整,可以投入运行,但是在大修记录中应该留下相应的建议,待下次机组检修时注意予以处理。

如果发现叶片的上部平均间隙大于下部平均间隙且超过规范允许值的情况,说明叶轮中心安装高程偏低,需要进行处理。首先可考虑在叶轮外壳与导叶体的联结平面之间加平垫,以降低叶轮外壳的球面中心高程。也可检查磁场中心高差是否有调节的余量,如果有调节余量,则可将转子抬高,当然这需要重新进行轴线垂直度的测量与调整、推力瓦受力的调整、主轴定中心,并再次进行机组各部间隙的测量及调整。

②通过对叶片间隙的测量分析,可能会发现叶片的下部平均间隙大于上部平均间隙的情况,说明叶轮中心安装高程偏高。叶轮中心安装高程偏高的分析处理与偏低稍有不同,应该综合考虑叶片间隙与平均间隙之差(不宜超过平均间隙值的20%)、机组运行时电机上机架的下沉值和主轴线伸长值[最大不应超过规范允许的平均间隙值1~3 mm(按规范规定的叶轮直径确定)]。如果不符合上述要求,磁场中心高差又没有相应的调节余量,就需要调节电动机定子高程才能达到目的。

③在拆卸过程中通过对叶片间隙的测量分析,如果发现叶轮中心有偏高或偏低的现象,则应该在固定部件垂直同轴度测量调整阶段中就电动机定子高程进行处理。机组检修安装过程中的叶片间隙测量分析,一般应理解为叶轮的安装高程是符合相应的技术要求的,所以不涉及叶轮高程的调整。

④通过对叶片间隙的测量分析,发现某一固定位置的间隙始终发生偏差,说明外壳安装有误差,可移动外壳进行调整。一般经过运行后的叶片间隙,由于受汽蚀和腐蚀作用的影响,较新机组安装时的叶片间隙均会有所增加,如果每个环节安装质量都能控制好,一般类似现象应该很少发生。

⑤通过对叶片间隙的测量分析,发现叶轮外壳变形,存在椭圆现象,可采用增加叶轮外壳组合面上平垫的厚度进行调整,因为叶轮外壳是中心分半结构,一旦出现变形,大部分是中心分半面直径增大,形成椭圆,在不影响安全运行的前提下,一般可采用加垫处理。

(七) 机组其他部件的安装

1. 电机其他部件的安装

(1) 上、下油槽内的部件安装

仔细清理油槽内部,保证油槽内无任何残渣(可用面粉团粘出细小金属屑及灰尘等),安装推力瓦、上下导轴瓦和上下油槽温度计。立式同步电动机运行时,常用电阻温度计对轴瓦温度及油温进行检测,安装前测温计应经过校验,一般温度计显示温度与标准温度计的显示温度误差不宜超过2 ℃,安装导线应用线卡固定,温度计安装完成后测量测温装置绝缘电阻应不小于0.5 MΩ。

安装油冷却器、挡油板与油区分隔板,与冷却水系统的进出水管连接,连接后按规范要求进行严密性耐压试验,应无渗漏、窨潮现象。

安装油槽盖板、油槽密封盖,安装油槽盖板时,注意耐油密封垫或密封条的规格应符合技术要求,安装密封圈时注意毛毡与主轴间隙应均匀,用塞尺沿圆周能划通过。

(2) 滑环与碳刷的安装

滑环表面应进行磨削处理，运行后的双幅摆度应不大于 0.2 mm，滑环与电机轴颈为过渡配合，安装时将滑环压至轴颈安装部位。

安装碳刷时，刷盒与滑环间控制 2~3 mm 的间隙，刷架必须安装牢固，碳刷在刷盒内应能移动自如，用 0 号砂纸研磨碳刷接触表面，砂纸背面贴在整个滑环摩擦面上，将碳刷磨成符合滑环外圆的弧度，碳刷与滑环接触应达到 80%。研磨应逐个进行，安装好的碳刷压力为 1.5~2.5 N/cm²，碳刷的编织线不能与机壳和其他碳刷相碰。

2. 水泵叶片调节装置的安装

(1) 受油器的安装与调整

①底座安装

将受油器底座按原来的方位安装，绝缘垫片按原来的位置就位，按原号原位装入，螺栓按十字方向对称拧紧。注意绝缘套管与绝缘垫圈不应有损坏。用框形水平仪在底座的平面上测量底座水平，水平偏差不应大于 0.04 mm/m，底座的水平偏差通常可以用加垫的方法进行处理，但应注意所垫紫铜片不可碰触底座螺丝，以确保对地绝缘。

用受油器测量专用工具来调整调节器底座中心。受油器测量专用工具由测量架和导向轴承组成，测量架为一刚度较大的环形板，环形板搁置在受油器底座平面上，环形板底面与受油器底座径向平面之间装有导向轴承，导向轴承选用三只径向定心滚珠轴承，其中两只固定，一只可通过调整螺丝做径向位移，三只滚珠轴承与底座构成水平接触面，受油器测量专用工具可用于测量受油器底座中心，也可用于测量上操作油管内、外管摆度，受油器测量专用工具及测量如图 2-89 所示。

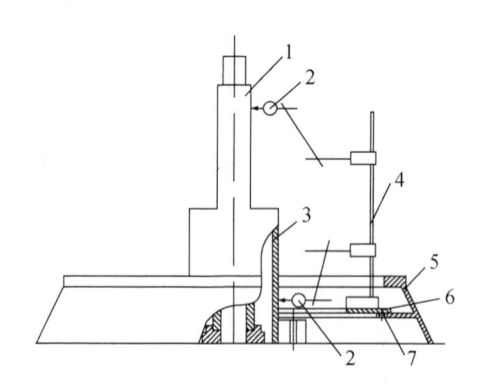

1—内油管；2—百分表；3—外油管；4—百分表座；5—底座；6—测量架；7—测量架导向轴承。

图 2-89 受油器测量专用工具及测量示意图

在环形板上架设两只百分表，表头顶在电机轴上部的车削加工处，且在同一平面上互成 90°（两表互相对照），转动环形板，按东、南、西、北 4 个方向测量，采用这种测量方法测量包括了电机轴头部摆度等数值。但由于电机上导轴承的摆度很小，且电机上导轴承至电机轴上部无任何连接面，所以在调整底座的中心时忽略不计电机摆度的影响。一般受油器底座与电机轴不同轴度允许误差在 0.05 mm 以内，受油器底座调整合格后即可紧固螺栓，待螺栓基本紧固后，复核受油器底座水平、中心数据，若无异常，便可钻铣定位销钉孔，所用的定位销钉同连接螺栓一样需加绝缘套管，以保证调节器对地绝缘。

②上操作油管内、外管安装及摆度测量调整

将上操作油管按原来位置与中操油管联结，上操作油管与中操油管之间应放置紫铜垫片，且紫铜垫片应进行退火处理。上操作油管与中操油管联结后要测定其摆度值。由于中、下操作油管较长，在安装时测定每段操作油管的垂直度有一定的难度。所以，在装中、下操作油管时，均以对称、均匀地拧紧连接螺栓为准。安装受油器操作油管时，其摆度值已包含安装上、下操作油管时的误差。如其摆度值过大，超过受油器轴瓦的总间隙，常会引起烧瓦。因此，必须利用盘车方法或利用专用工具来进行摆度的测定。

利用盘车方法测量上操作油管的摆度时，在内、外油管的适当部位装上百分表，根据测得的数值，求出内、外油管的最大摆度值及其方位，看是否在轴套间隙的允许范围之内。由于利用盘车方法测量上操作油管摆度耗用的人力较多且技术难度较大，所以在泵站很少采用。

目前测量受油器操作油管摆度一般采用受油器测量专用工具，将测量架搁置在受油器底座平面上，调整测量架导向轴承，使测量架转动灵活并无窜动。上、下两只百分表安装在同一垂直面，表头分别垂直于内、外油管，调整好百分表的读数。旋转测量架，分别记录百分表在 X、Y 方向的测量值，再计算出其摆度值。

测定内油管、外油管的摆度值后，如摆度太大，可采用刮削受油器操作油管和上操作油管间的紫铜垫片来进行调整。受油器安装中，受油器操作油管的摆度可以由两种方法来确定。一种是由相对摆度与测量部位至镜板距离的乘积来确定，另一种是按轴承间隙来确定。经实践证明按轴承配合间隙来确定比较合理。操作油管的摆度应不大于 0.04 mm。

采用专用工具进行受油器操作油管摆度测量，其测量结果中还包括了上操作油管的中心偏差。

③转动油盆的安装

在电机轴头的组合面上放置符合要求的耐油密封垫，按照记号装上转动油盆，拧紧组合螺栓，转动油盆与受油器底座挡油环的间隙要均匀，用小于间隙的铁丝，检查梳齿间隙是否合适。

④受油器体的安装

受油器体安装的主要问题是轴瓦间隙的调整。虽然受油器体上的上、中、下轴瓦，与受油器操作油管已进行研刮处理，但上、中、下轴瓦不一定垂直于受油器体与底座的组合面，因此安装受油器体首先应调整轴瓦的垂直度。

将受油器体吊起并调整其水平度在 0.05 mm/m 以内，套入受油器的操作油管内。在套入前应在上操作油管上浇些汽轮机油，套入过程中受油器体的下降速度要慢，忌直接用吊车操作升降，应采用手拉葫芦缓慢下降，下降过程中不应有蹩劲现象。如有蹩劲现象应检查受油器体的水平和间隙调整是否正确合理。

⑤受油器的绝缘

为防止轴电流烧损轴瓦，受油器底座等均应与电动机机架绝缘。如受油器上有栏杆、扶梯等，则亦应绝缘。

在受油器全部安装完毕后，应钻铣定位销钉孔。底座的定位销钉组合螺栓均应加绝缘套，使其与电动机机架绝缘。

安装受油器的压力油管及回油管的法兰,应确保法兰间的绝缘垫、油封垫以及连接螺栓的绝缘套管、绝缘垫圈等安装正确。

用 500 V 的摇表测量底座的绝缘,受油器对地绝缘,在泵轴不接地的情况下绝缘电阻不小于 0.5 MΩ。

(2) 机械调节器的安装

①机械调节器的安装方法和技术要求与液压调节器基本相同,检查、修刮机械调节器操作拉杆与铜套之间的间隙,单边间隙应为拉杆轴颈直径的 0.1%～0.15%。

②在电动机顶罩上部,放好绝缘垫片后,吊入调节器底座。用水平仪在调节器底座上平面的 X、Y 四个方位检查底座的水平值,水平度允许偏差不大于 0.04 mm/m。

③操作杆轴头装上联轴器,用专用盘车工具测量调整操作杆联轴器至调节器底座的中心偏差,中心偏差应不大于 0.04 mm,调整合格后安装绝缘套管、绝缘垫圈、定位销钉等,并拧紧与电动机顶盖的连接螺栓。

④测量上操作杆联轴器的水平偏差应小于 0.04 mm/m,测量上操作杆联轴器平面至电动机轴端的高度,校核叶片角度和操作杆行程。

⑤将调节器体吊装就位,并调整推拉杆联轴器位置,使两个联轴器之间保持约 0.20～0.30 mm 轴向间隙。测量检查两联轴器的平行度及同轴度,其平行度偏差应不大于 0.04 mm,同轴度偏差应符合设计要求。无规定时,应不大于 0.05 mm,待调整符合技术要求后,安装法兰组合面的定位销钉,连接并对称拧紧组合螺栓,并按要求做好相应的防松措施。

⑥安装调节器其他附件,并在相对运动处、分离器内和滚动轴承腔内均按制造厂规定灌注润滑油。

3. 主机组附件连接和调试

(1) 安装电气一、二次线缆接线和各自动化元件,检查机组振动、摆度、温度等均显示正常;连接机组油、气、水管路等,并调试,检查管路无泄漏现象,填料密封渗漏正常。

(2) 对液压叶片调节器受油器进行充油试验,检查各密封部位,确认无泄漏后,进行受油器上部的排气,使受油器操作机构内充满油液。一切正常后,进行操作调试,其调节机构应灵活无卡阻现象,在规定的调节范围内,外油管不应有蹩劲和卡阻现象,允许配压阀、操作油管铜套有少量漏油,在调节过程中不应发生甩油现象。

(3) 对机械叶片调节器进行操作调试,其调节机构应调节灵活、声响正常,无卡阻现象。

(4) 调整叶片实际安放角,机械角度指示和数字显示数值相一致;调整限位开关位置,与最大、最小角度相一致,并调试限位开关动作的可靠性。

4. 流道充水试验

总体安装完毕后,泵体应按设计要求进行严密性试验。

(1) 充水试验前首先应检查、清理流道,再封闭进人孔,关闭进水流道放水闸阀,打开流道充水阀进行充水,使流道中水位逐渐上升,直到与下游水位持平。

(2) 仔细检查各密封面和流道盖板的结合面,观察 24 小时,确认无漏水和渗水现象后方能提起下游闸门。

第三节　卧式与斜式机组的检修

一、卧式与斜式机组的泵站形式

1. 平面S形流道卧式轴流泵站

泵站的轴流泵一般采用立式安装，但根据工程的需要，也有布置成卧式或斜式的，卧式轴流泵机组指泵站安装的轴流泵机组主轴呈卧式水平支撑。图2-90为平面S形流道卧式轴流泵站安装的轴流泵。

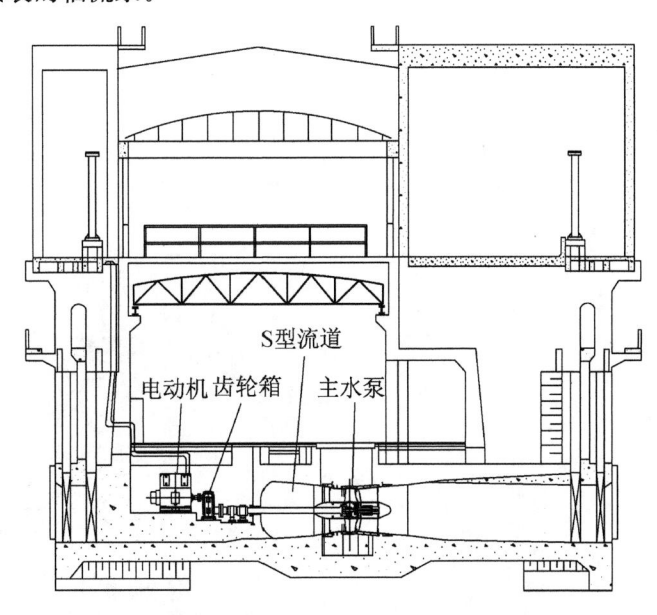

图 2-90　平面S形流道卧式轴流泵站剖面图

卧式机组由主水泵、齿轮箱、电动机和进出水流道等组成。

主水泵根据工程需要有选用液压全调节轴流泵，也有选用半调节轴流泵。卧式轴流泵的设计扬程在0~4 m范围内，水泵、电动机水平布置，泵轴均是从水平轴孔中伸出，泵壳均为水平中开结构，所以称为水平轴伸式。

齿轮箱一般选用上下平行轴齿轮箱，传动比根据选用的电动机和水泵转速确定。

电动机根据工程需要有选用同步电动机也有选用异步电动机。

卧式机组的进出水流道一般选用平面S形，还有选用猫背式、竖井贯流式。平面S形流道主要是便于泵轴从水平轴孔中伸出后布置水泵的推力轴承、齿轮箱、电动机等设备，将进出水流道布置成平面S形，这种布置形式泵房占地面积较大，出水水流有两个弯道损失，水泵效率有待提高，平面S形流道设备布置如图2-91、图2-92所示。

2. 猫背式进出水流道泵站

猫背式进出水流道基本上是将S形进出水流道呈立面布置，进出水流道都是向下弯

正视图

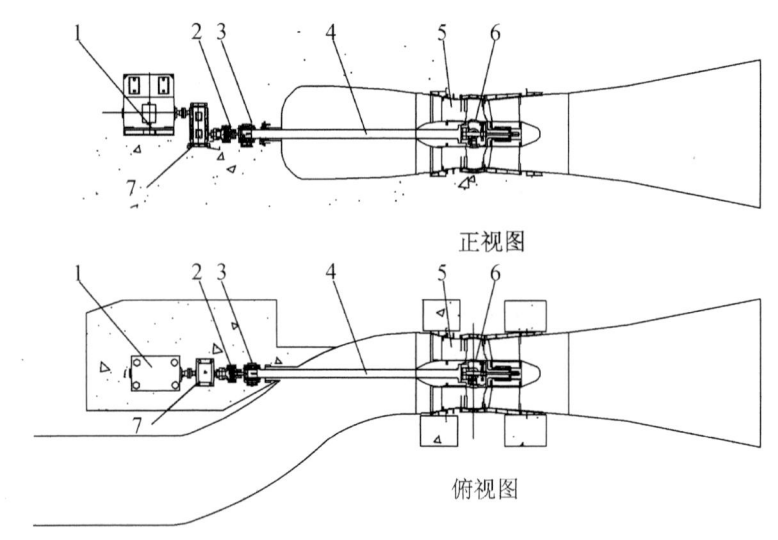

俯视图

1—电动机；2—推力轴承；3—径向轴承；4—泵轴；5—导叶体；6—叶轮；7—齿轮箱。

图 2-91　平面 S 形流道设备布置图

图 2-92　平面 S 形流道设备外形图

曲,该形式转轮的布置位置不尽合理,进出水流道的水头损失较大,水泵装置效率偏低,汽蚀比较严重,因此猫背式进出水流道在大中型泵站中未能得到推广应用,猫背式进出水流道泵站如图 2-93 所示。

3. 竖井式贯流泵站

竖井式贯流泵站的进、出水流道为直进直出,进水流道中间设置竖井贯流体,布置电动机、齿轮箱、叶片调节机构、推力轴承及径向轴承等,在出水流道外安装快速闸门配合水泵启动和断流。竖井式贯流泵由于其相应的技术优势而得到了较多的应用。竖井式贯流泵站如图 2-94 所示。

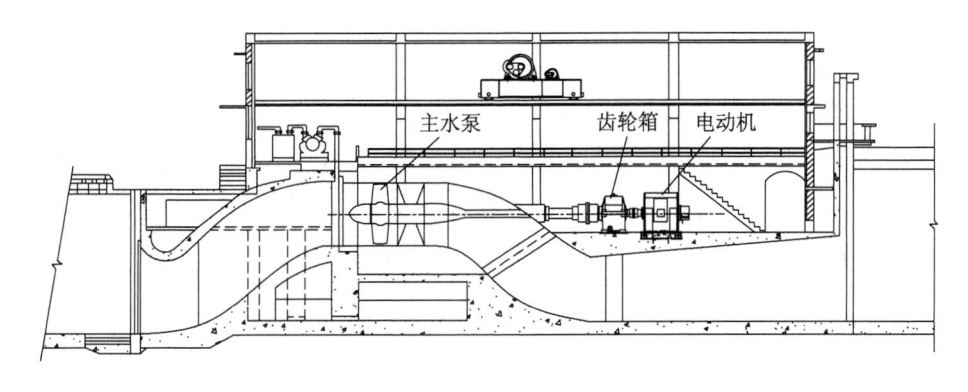

图 2-93 猫背式进出水流道泵站剖面图

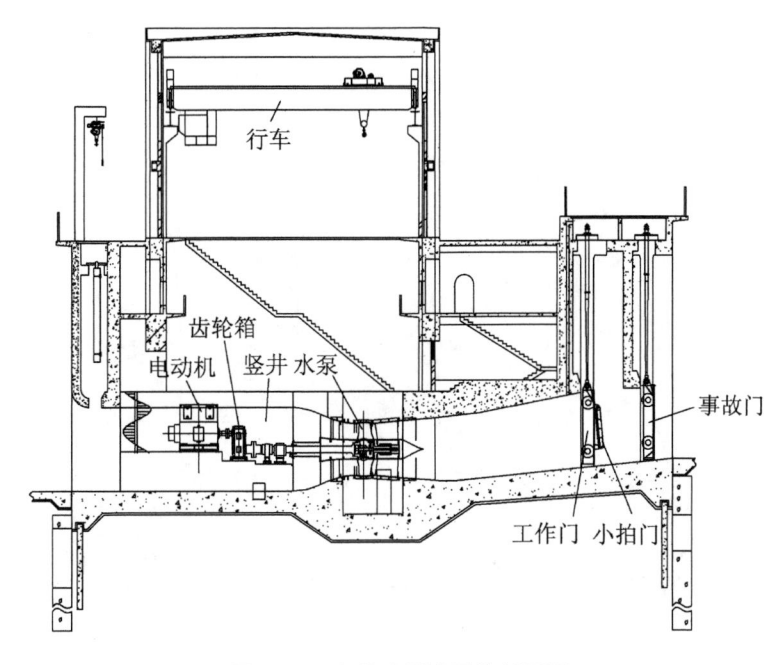

图 2-94 竖井式贯流泵站剖面图

不论是平面 S 形流道的卧式轴流泵,还是猫背式进出水流道的卧式轴流泵和竖井贯流式轴流泵,选用的轴流泵结构形式基本相似,其安装方式也基本相同。

4. 斜轴式轴流泵站

根据不同的设计理念,将轴流泵斜式布置,即机组主轴轴线与水平面呈一定夹角,此类水泵机组称为斜式机组,斜轴式轴流泵站如图 2-95、图 2-96 所示。

目前我国的斜式机组主要有斜 15°、斜 30°和斜 45°等三种形式。斜 15°机组结构形式、外形如图 2-97、图 2-98 所示,斜 30°机组结构形式如图 2-99 所示,斜 45°机组结构形式如图 2-100 所示。

三种形式的斜式机组的结构形式与卧式机组的结构形式基本相似,主要由卧式轴流泵、齿轮箱、电动机等组成,其检修安装的顺序和技术要求也与卧式机组基本一致。

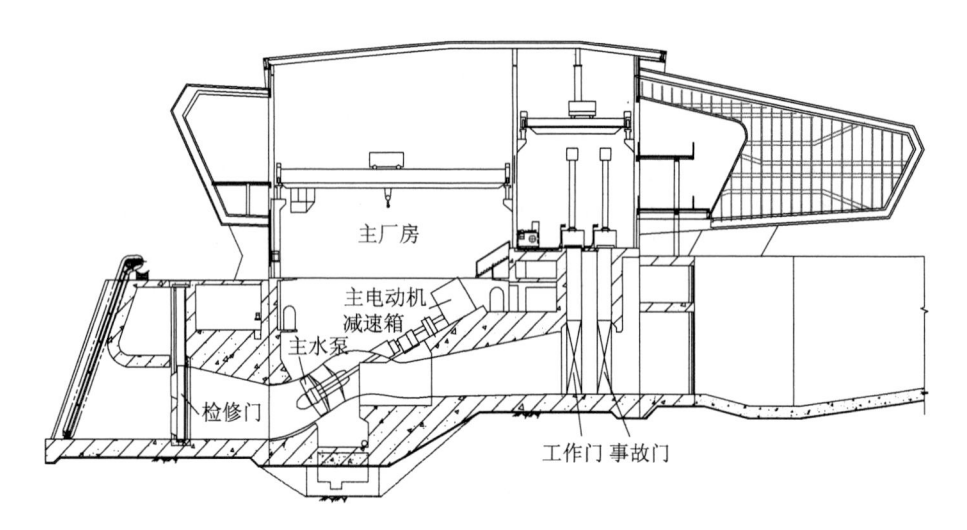

图 2-95 斜轴式轴流泵站剖面图

图 2-96 斜轴式轴流泵机组外形图

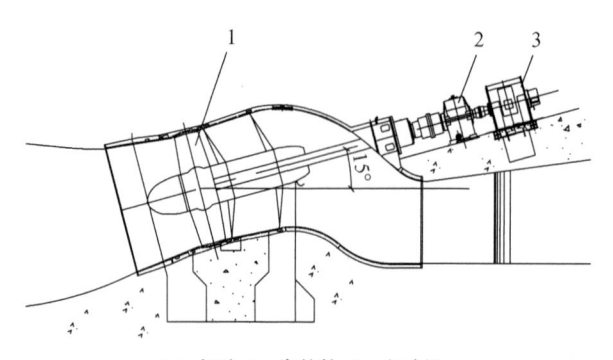

1—水泵；2—齿轮箱；3—电动机。

图 2-97 斜 15°机组结构图

图 2-98 斜 15°机组外形图

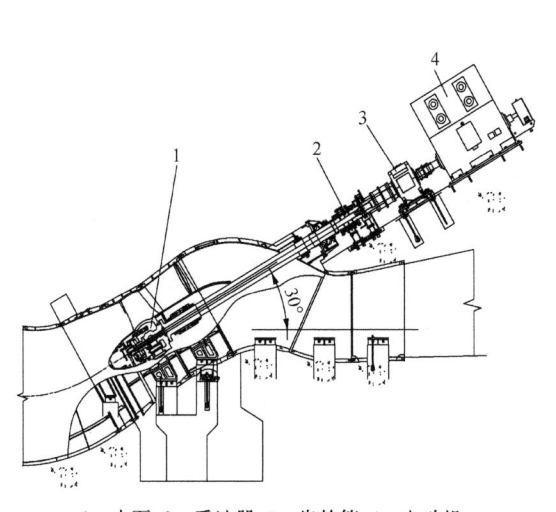

1—水泵；2—受油器；3—齿轮箱；4—电动机。
图 2-99 斜 30°机组结构图

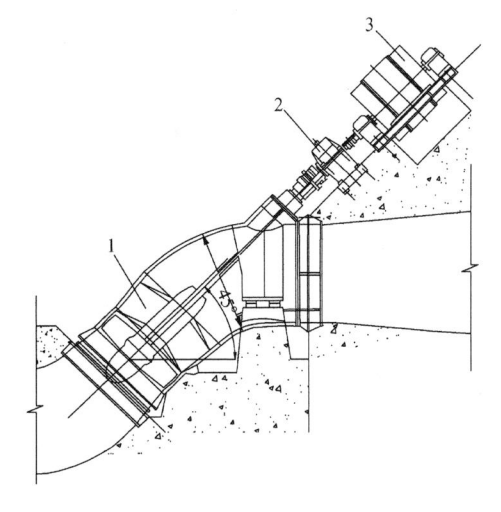

1—水泵；2—齿轮箱；3—电动机。
图 2-100 斜 45°机组结构图

二、卧式轴流泵机组结构

卧式轴流泵机组一般由泵体部件、叶轮部件、泵轴部件、填料密封部件、导轴承部件、推力轴承部件、受油器部件、齿轮箱和电动机等组成，卧式轴流泵机组结构如图 2-101 所示。

1. 泵体部件

轴流泵泵体部件是连接进出水混凝土流道的水泵固定部件，组成水流的过流通道，主要由进水管部分、进水锥管、叶轮室、导叶体、出水部分等组成。其中，进水底座和出水底座埋入进出水流道混凝土，导叶体和进水锥管均用地脚螺栓固定在机墩上。泵体部件相邻零件采用联结平面（习惯称法兰）刚性连接、O 形圈密封。泵体部件结构如图 2-102 所示。

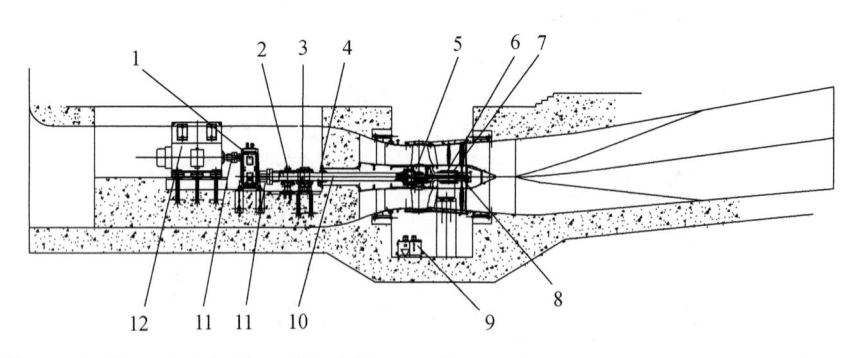

1—齿轮箱；2—受油器；3—组合轴承；4—填料密封；5—叶轮；6—油箱；7—导轴承；8—叶片反馈部件；9—回油箱；10—泵轴部件；11—联轴器；12—电动机。

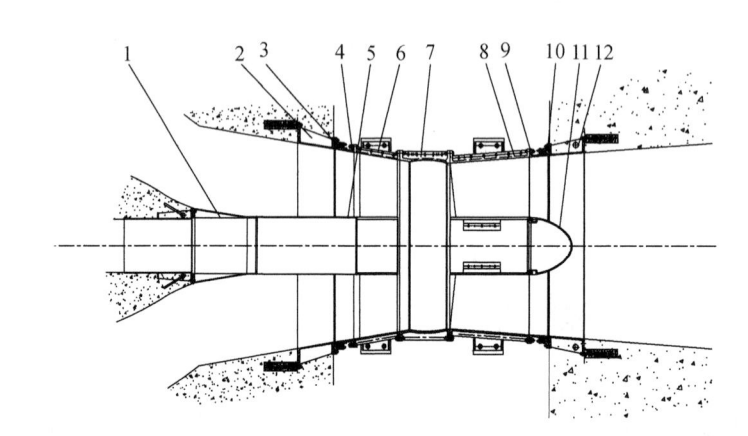

图 2-101　卧式轴流泵机组结构图

1—护套座；2—进水底座；3—进水填料座；4—进水套管；5—护套管；6—进水锥管；7—叶轮外壳；8—导叶体；9—出水套管；10—出水填料座；11—导叶帽；12—出水底座。

图 2-102　泵体部件结构图

（1）进水管部分和进水锥管

进口底座是水泵进口过流通道的基础部分，由筒体和连接平面等焊接而成。它一侧埋设在混凝土内，一侧与进水填料座平面相连接。

进水填料座一侧与进水底座平面相连接，一侧与填料压盖相连接。进水填料座的内侧是进水套管，进水填料座和进水套管之间放置填料，填料的作用是密封，防止进水部分漏水。

进水套管（也称进水伸缩节）一侧与进水锥管平面连接，一侧伸入进水填料座内，进水套管可以在进水填料座内做轴向移动，以利于安装、检修过程中轴向位置的调整和运行过程中的温度补偿。

填料压盖为了便于装拆、检修，做成分半结构，与进水填料座相连接。填料压盖的作用是压紧填料，使填料的密封作用得到充分的发挥，防止进水部分漏水

进水锥管由内筒体、外筒体、直导叶片和连接平面等焊接而成。进水锥管作为固定部件的基础件，用地脚螺栓固定在机墩上。进水锥管外筒体一侧与叶轮外壳平面连接，一侧

与进水套管平面连接。内筒体与护套管联结平面连接，作为水流的导流管。为了便于装拆、检修，进水锥管做成分半结构。

有的泵体部件的进水管不设置进水锥管，也不设置进水套管，采用进水底座与叶轮外壳直联的方式，结构如图2-103所示。

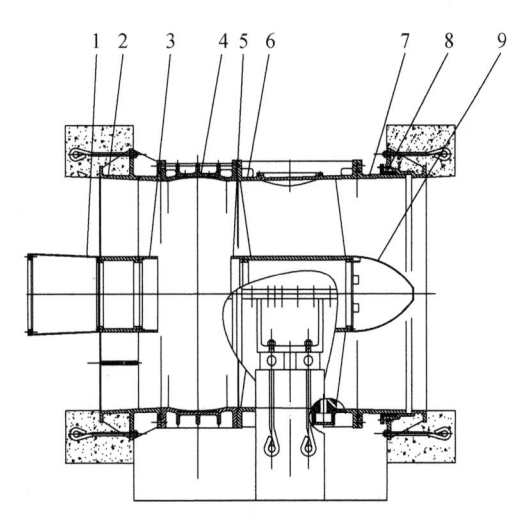

1—前导水圈；2—进水底座；3—中导水圈；4—叶轮外壳；5—后导水圈；6—导叶体；7—出水套管；8—填料座；9—导叶帽。

图2-103 采用进水底座与叶轮外壳直联方式的泵体部件结构图

(2) 叶轮外壳

叶轮外壳也称叶轮室，是水泵过流通道的一部分，与导叶体和进口锥管联结平面相连接。

叶轮外壳材料一般采用铸钢，为了提高其抗汽蚀破坏能力，减轻间隙汽蚀对其影响，在叶轮外壳与叶片配合的球体部位内衬不锈钢板或采用堆焊不锈钢工艺，为了消除运行中汽蚀带来的不确定因素影响，目前有不少泵站在叶轮外壳采用了不锈钢材料整体铸造工艺，虽然增加了一部分造价，但相应降低了叶轮外壳的故障概率。

考虑到安装与检修的需要，叶轮外壳加工成水平中开式，在水平中开面安置橡胶石棉垫板，以防止漏水，分半的叶轮外壳用连接螺栓连接成一个圆筒。

为了避免因叶轮外壳变形而出现叶片碰撞叶轮外壳的现象，要求叶轮外壳要有一定刚度，保证叶轮转动时有均匀的间隙，为此，叶轮外壳的外壁设有若干环筋和竖筋。

(3) 导叶体

导叶体是水泵过流通道的一部分，与套管和叶轮外壳相连接。它的作用主要是形成和改变叶轮出水水流的环量，保证水泵具有良好的水力特性。导叶体主要由内、外环形筒体和连接平面、导叶片、轴承支架等组成，一般采用结构焊接件。出于安装和检修的需要，导叶体设置为水平中开式，其分半结合面采用锥销定位。中开面下半部是水泵座式轴承基础。

导叶体中间设置水泵导轴承，设置水泵导轴承的目的是承受水泵转动部分的重量及作用在泵轴上的径向荷载。径向荷载的来源，一是水泵水力不平衡，二是电动机的磁拉力不平衡,三是机械动不平衡等。

导叶体的出水侧设有导叶帽,导叶帽的作用是出水导流。

(4) 出水管部分

水泵的出水管部分由出口底座、出水套管(也称出水伸缩节)和出水填料压盖组成。

出口底座是水泵出口过流通道的基础部分,埋设在混凝土内。一侧与填料压盖相连接。出水填料座的内侧是出水套管,出水填料座和出水套管之间放置填料,填料的作用是密封,防止出水部分漏水。

出水套管一侧与出水锥管平面连接,一侧伸入出水填料座内,出水套管可以在出水填料座内做轴向移动,以利于安装、检修过程中轴向位置的调整和运行过程中的温度补偿。

填料压盖为了便于装拆、检修,填料压环做成分半结构,与出水填料座相连接。填料压盖的作用是压紧填料,使填料的密封作用得到充分的发挥,防止出水部分漏水。

2. 叶轮部件

(1) 全调节轴流泵叶轮部件

叶轮也称转轮、转子体。卧式液压全调节轴流泵的叶轮部件由轮毂、叶片、活塞和转动叶片的操作机构、短轴、反馈轴等组成,叶轮部件结构如图 2-104 所示。

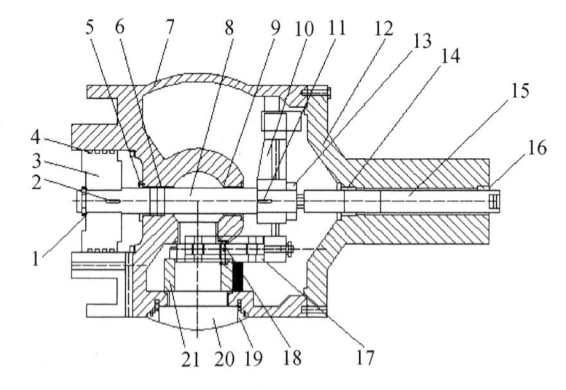

1—活塞杆卡环;2—键;3—活塞;4—活塞环;5—活塞杆铜套;6—密封环;7—轮毂;8—活塞杆;9—活塞杆铜套;
10—操作架;11—键;12—短轴;13—螺母;14—反馈杆铜套;15—反馈杆;16—反馈杆铜套;17—耳柄;
18—连杆;19—叶片密封;20—叶片;21—拐臂。

图 2-104 全调节轴流泵叶轮部件结构图

叶轮轮毂的形状较为复杂,轮毂体采用球面,以减少容积损失。按目前我国的机械加工能力和泵站对主水泵的技术要求,一般轮毂体采用整体铸造,数控机床加工。轮毂上装有叶片,叶片上刻画一条基准线,轮毂上刻画叶片全调节的角度刻线,随运行工况的变化,可以随机调整叶片角度,保证叶片角度与运行工况相适应,使水泵保持在高效率范围内运行。

大型泵站的叶片目前一般采用 ZG0Cr13Ni4Mo 不锈钢,叶片由本体和枢轴两部分组成,叶片本体与枢轴采用单片整体铸造,叶片的叶形尺寸根据模型叶轮尺寸按几何相似换算后得出,叶片表面目前一般要求采用五轴五联动数控龙门铣加工,叶片外圆加工成球体,确保叶片角度的转换。

转动叶片的操作机构布置在叶轮腔内,由拐臂(也称转臂)、连杆、操作架、活塞杆等零件组成。调整叶片运行角度的动作原理与液压全调节立式机组相同,当需要转动叶片角度时,压力油通过安装在泵轴上的受油器油口进入泵轴内孔1或内孔2,内孔1和内孔2分别与接力器活塞的左侧油腔和右侧油腔贯通,在压力油的作用下,活塞就会向右或向左运动,活塞杆也就随之向右或向左运动,活塞杆的左右运动,带动操作架左右运动,再通过耳柄、连杆、拐臂传动机构传到叶片枢轴,使叶片转动。当受油器左边进油时,叶片向负角度调节,反馈轴随之向右运动。反之,右边进油,向正角度调节,反馈轴向左运动。

活塞在压力油作用下向左或向右动作的同时,相对一侧无压活塞腔内的油通过油孔压入回油管。活塞在压力油作用下向左或向右动作的同时,布置在短轴内与活塞杆相连接的反馈杆也沿着短轴内两端的铜套向左或向右运动。

在调整叶片运行角度的动作的过程中,泵轴、叶轮均与转动叶片的操作机构同步旋转,同时活塞、活塞杆、操作架、耳柄、连杆又有向左或向右的相对移动,拐臂和叶片枢轴则相对转动。

叶片根部与叶轮的密封采用V形密封技术,V形开口向外,以防止水进入叶轮腔内,V形密封采用进口聚醚聚氨酯材料。叶轮压环上刻有明显的0°标记线,以便安装、检修时进行调节。叶轮部件组装完成后进行静平衡试验,叶轮内腔进行气密试验,活塞腔进行压力试验,检查其密封性能。

(2) 半调节轴流泵叶轮部件

半调节轴流泵叶轮部件由轮毂、叶片、压板等零件组成,按水力模型设计加工完成后的叶片用压板和螺栓固定在叶轮体上。叶轮部件结构如图2-105所示。

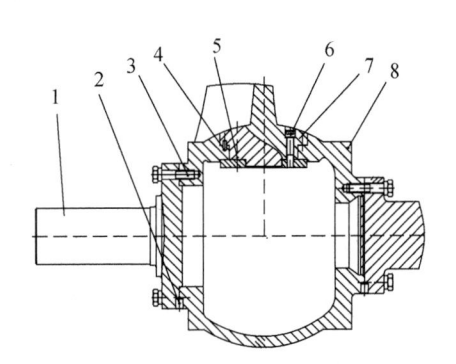

1—短轴;2—柱销;3—联轴螺栓;4—定位柱销;5—叶片压板;6—连接螺栓;7—叶片;8—轮毂。

图2-105 半调节轴流泵叶轮部件结构图

半调节轴流泵轮毂体上装有叶片,叶片上刻画一条基准线,轮毂上一般刻画有角度刻线,在叶轮体与叶片连接平面上,根据叶片相应的角度位置,设计有不同角度的定位销孔,一般定位销孔的间隔距离为2°。随运行工况的变化,可以在停机后人工调整定位销位置,保证叶片角度与运行工况相适应,使水泵保持在高效率范围内运行。出厂时的叶片角度为0°。当需要调节叶片安放角度时,可松开压紧螺栓,转动叶片,使叶片上的基准线对准叶轮座上相应的角度刻线,然后,重新装入柱销。

(3) 采用涡轮涡杆调节的半调节叶轮部件

采用涡轮涡杆调节的半调节叶轮部件,实际上与机械全调节轴流泵叶轮部件的结构及传动方法基本相似,由操作杆、操作架、耳柄、连杆、拐臂和连接销等组成,叶轮部件结构如图 2-106 所示。

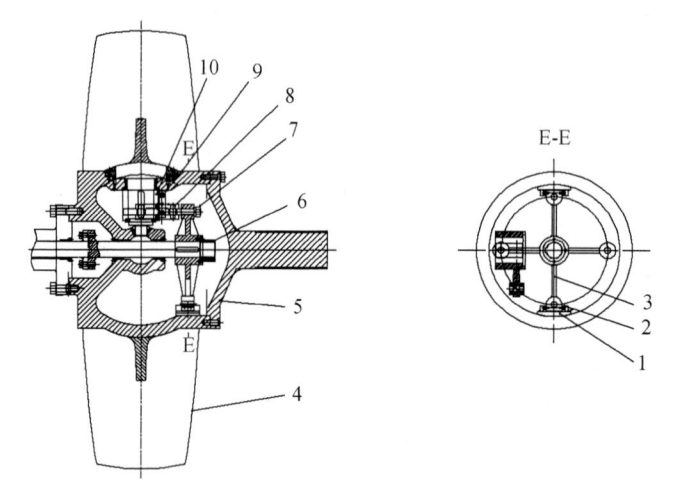

1—导向键;2—滑块;3—操作架;4—叶片;5—短轴;6—操作杆;7—耳柄;8—拐臂柱销;9—连杆;10—拐臂。

图 2-106 涡轮涡杆半调节叶轮部件结构图

叶片角度调节是通过涡轮涡杆的传动,带动叶轮部件的操作杆做相对运动,通过叶轮部件的传动装置实现,采用涡轮涡杆调节的结构如图 2-107 所示。

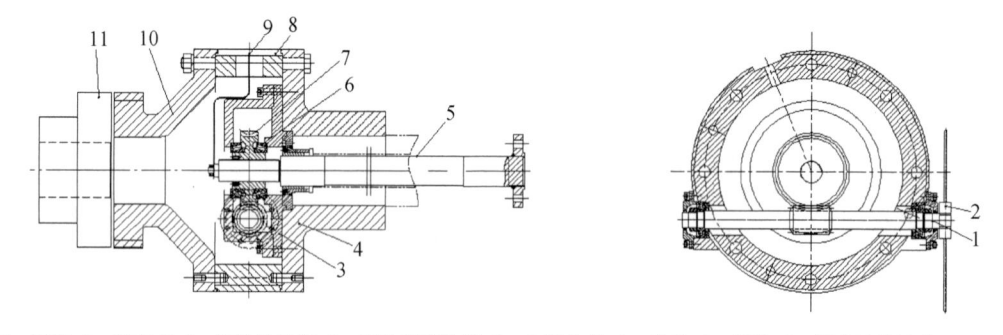

1—蜗杆;2—转向盘;3—涡轮轴承座;4—泵轴端联轴器;5—上操作杆;6—轴承;7—涡轮;8—调节连接法兰
9—行程指针   10、11—电机轴端联轴器。

图 2-107 涡轮涡杆调节装置结构图

3. 泵轴部件

卧式轴流泵泵轴呈卧式布置,叶轮一般采用简支式,在叶轮前后面均与泵轴连接,前面与长轴连接,后面与短轴连接,短轴与叶轮连接后搁置在导轴承上,长轴与叶轮连接后伸出流道内的混凝土墙,伸出后的泵轴轴颈部位安装组合轴承,联轴器则将与减速器连接。泵轴部件结构如图 2-108 所示。

泵轴是水泵的最长件,泵轴材料一般选用 35 号至 45 号钢锻件,锻后调质处理,并经过超声波探伤检查。在填料密封轴颈部位普遍采用堆焊不锈钢硬质合金工艺,以提高轴颈部位表面硬度(HRC 为 45～50)。轴颈部位采用专用磨头进行磨削加工,表面粗糙度为 0.8 μm,水润滑导轴承的轴颈部件也需进行硬化处理。

1—联轴器；2—受油器；3—组合轴承；4—泵轴（长轴）；5—叶轮；6—短轴；7—导轴承。

图 2-108　泵轴部件结构图

液压全调节轴流泵泵轴为空心轴。从泵轴的剖面看，设置有三个孔。此三孔将压力油从受油器引入叶轮活塞腔，形成进出油通道。液压全调节轴流泵泵轴结构如图 2-109 所示。

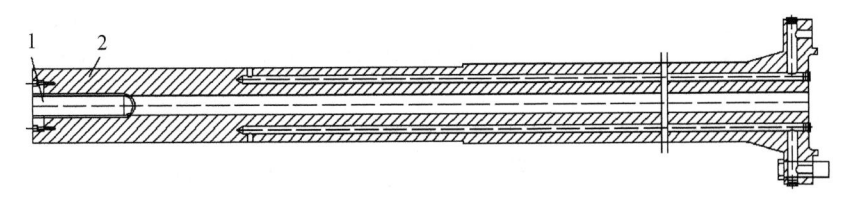

1—螺杆密封塞；2—泵轴。

图 2-109　液压全调节轴流泵泵轴结构图

泵轴一端通过联轴器与叶轮相连。在泵轴与叶轮连接面上，设置有 O 形圈，防止压力油泄漏。联轴器与叶轮联结面用 4 个横销来传递扭矩。泵轴后端通过弹性联轴器与齿轮箱轴相连，弹性联轴器之间轴向留有间隙，以便调整泵轴与齿轮箱轴的同心度。

短轴为空心轴，在其中间设置有反馈轴，反馈轴与操作杆刚性连接，所以反馈轴随同短轴旋转，同时又随操作杆沿短轴内两端的铜套向左或向右移动。

4. 填料密封部件

泵轴在运行过程中是旋转的，为了解决伸出后的泵轴与泵体的漏水，所以设置了泵轴密封装置。泵轴密封装置结构如图 2-110 所示。

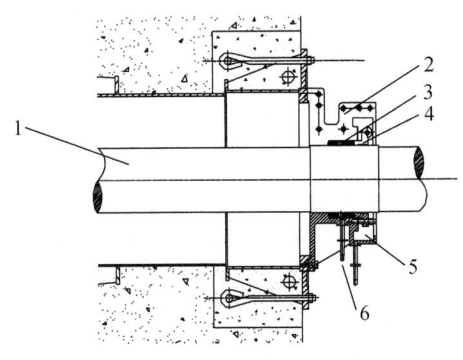

1—泵轴；2—填料盒；3—填料；4—填料压盖；5—积水盘；6—润滑水进口。

图 2-110　泵轴密封装置结构图

主轴密封一般采用填料压盖密封结构形式，由填料盒、密封底板、填料环（水封环）、填料、填料压盖、积水盘等组成。填料压盖、填料环为中开分半结构，便于安装和维修。填料选用严密性好、耐磨、具有良好自润滑性能等优点的材料,运行时向水封腔内通入清洁的压力水,起封水润滑作用。

5. 导轴承部件

水泵导轴承设置在导叶体中间,设置水泵导轴承的目的是承受水泵轴上的径向荷载。径向荷载主要来自机组转动部件的重量和运行中的不平衡力,包括水泵水力不平衡、电动机的磁拉力不平衡和机械动不平衡所引起的力。大型卧式轴流泵导轴承一般采用稀油润滑巴氏合金滑动轴承,中型卧式轴流泵导轴承一般采用水润滑树脂合成滑动轴承。

(1) 稀油润滑巴氏合金导轴承

全调节轴流泵稀油润滑滑动轴承,轴瓦材料采用巴氏合金,润滑油采用透平油,轴承体及轴瓦均为轴向分半结构,属于座式轴承结构形式,轴瓦与轴承体采用球面接触,使轴瓦在轴承体内可以转动具有自调功能,这样可以消除由于轴系对中不好和运行时产生不平衡力而造成的轴瓦受力不均现象,卧式轴流泵导轴承结构如图 2-111 所示。

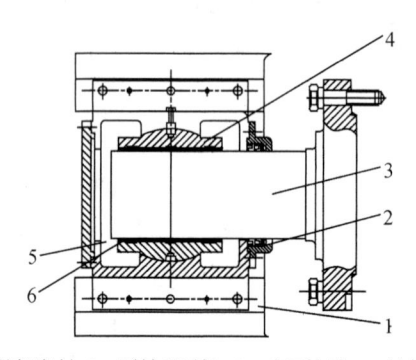

1—轴承座;2—骨架密封;3—泵轴(短轴);4—球面轴承;5—油箱;6—锡基合金。

图 2-111 导轴承部件结构图

导轴承设置在导叶体内,导轴承部件采用油浴润滑,为了防止油润滑轴承漏油和进水,在轴承的端侧采用了端盖平面全封闭,确保轴承密封。在轴承的泵轴侧则采用了橡胶密封环密封(骨架油封密封),橡胶密封环为双向布置,朝外封水,朝里封油,利用密封环的唇口与轴接触,防止油的泄漏和水的侵入,达到密封的目的。

润滑油由外部高位油箱通过导叶片内的孔注入轴承内部,使整个轴承得到润滑,下部设有回油孔,可通过回油孔更换轴承内部的润滑油,轴承顶部设有通气孔,通过导叶片内的孔与外部相通,并设有测温元件,分别监测油温以及瓦温。

油润滑轴承采用油箱供润滑油,油箱一般布置在水泵旁边的墙壁上,高度基本高于水泵轴承中心 2~4 m,油箱通过油管与导轴承连接,在油管管路上设置有球阀,方便加油以及出油。

(2) 水润滑树脂合成导轴承

卧式机组水润滑导轴承采用树脂合成的聚合物材料,主要产品为进口赛龙轴承和国产研龙轴承。轴承结构形式与座式稀油润滑巴氏合金轴承一样,只是将巴氏合金瓦面改为树脂合成材质,冷却和润滑采用外接清洁水或泵自身所抽水体。轴承瓦面是树脂制造的聚合物,特点是弹性好,摩擦系数低,自润滑性能好,有很好的抗磨损性,对泥沙杂质不敏感,并且容易加工及安装,维护方便。其化学性能稳定,耐污水,抗老化性能强,没有保存年限的限制。瓦面材料有黑色、白色、黄/黑色、橘红色四种系列,各个系列轴承的应用范围和承载能力各不相同,在吸水后体积会有微小的膨胀,环境温度变化及运转时产生的摩擦热使瓦面体积产生的变化较巴氏合金大,所以在安装过程中轴承间隙要参照环境温度,符合厂家的规定要求。

6. 推力轴承部件

泵站行业习惯将卧式轴流泵的推力径向组合轴承称之为推力轴承,不同泵站卧式轴流泵的推力轴承除了轴承型号和密封材料的选用稍有不同外,结构形式基本相似,主要由滚动轴承、骨架油密封、轴承端盖、轴承衬套、柱销、水封压盖、油封圈压板、油杯、轴承上盖、轴承座和测温元件等组成。推力轴承部件结构如图 2-112 所示。

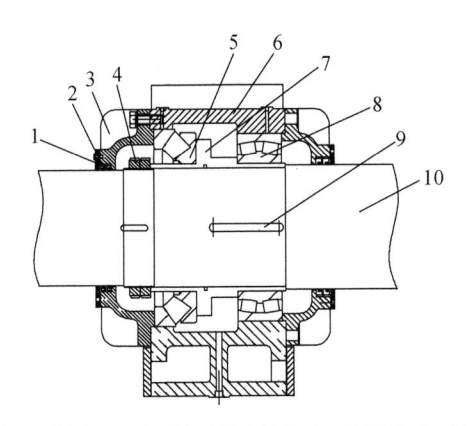

1—油封;2—压盖;3—轴承盖;4—螺母;5—球面滚子推力轴承;6—轴承体;7—轴承衬套;8—球面滚子径向轴承;9—键;10—泵轴。

图 2-112 推力/径向轴承部件结构图

伸出混凝土的水泵轴在安装推力轴承部位装上轴承衬套,在轴承衬套上装配滚动轴承。滚动轴承一般由推力调心滚子轴承和调心滚子轴承组成,推力调心滚子轴承属大锥角单列圆锥滚子轴承,承受以轴向负荷为主的轴向径向联合负荷。调心滚子轴承属双列圆锥滚子轴承,承受以径向负荷为主的径向和双向轴向联合负荷,推力轴承部件一般采用稀油润滑,也有采用油脂润滑。水泵转动部分的重量及径向力和轴向水推力由水泵导轴承和推力轴承座内的轴承传递到导叶体和推力轴承座的基础上。

轴承座也称轴承箱,推力轴承部件采用稀油润滑,卧式轴流泵的轴承座为中开式,是水泵的承载部件,采用分半结构是为了方便检修。轴承箱带有水夹层,运行时通入冷却水,可对润滑油进行充分冷却,轴承箱体材料一般为铸铁,加工前进行退火处理,上、下轴承座组合加工,并一次性将轴承配合孔加工完毕,从而保证各轴承座内孔的同轴度满足要求。加工完毕后,对轴承箱进行强度耐压试验,确保箱体无渗漏、泄油现象发生。

7. 受油器部件

受油器部件用于将油压装置的压力油引入泵轴的油通道中。液压卧式轴流泵受油器部件结构如图 2-113 所示。

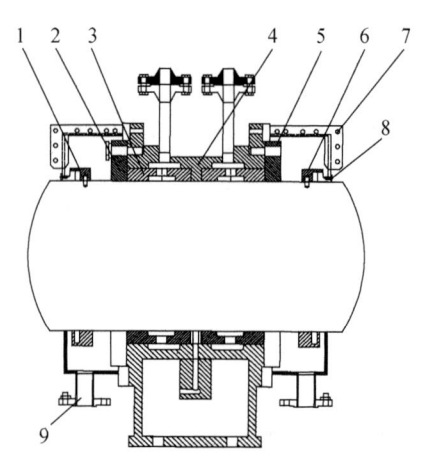

1—甩油环;2—端盖;3—浮动瓦;4—壳体;5—端盖;6—甩油环;7—支撑板;8—油封压板;9—出油口。

图 2-113　受油器部件结构图

受油器直接安放在泵轴上,采用轴上受油方式。整个受油器部件由浮动瓦、壳体、支撑板、端盖以及甩油环等组成,所有的零件均为分半结构,便于安装和维修。受油器浮动瓦部位按设计要求,是允许泄漏的,而且这种泄漏也是必需的。在浮动瓦与壳体、浮动瓦与支撑板、支撑板与壳体之间设置有 O 形圈。

当受油器的左端进油时,由位于中心的通孔将压力油引入活塞左腔,活塞则向右移动,同时将活塞右腔的油引至受油器的右端油口,并通过管路返回油压装置,最终形成压力油的进出油流通道,左端进油右端回油时,叶片向负角度调节,反之叶片向正角度调节。

壳体上设有压力油的进出油口,通过连接法兰与现场油管路连接,在壳体上还设置有泄油口和检修时的排油口,端盖用来收集受油器的泄漏油,并通过受油器配管和管路引至漏油箱。

当受油器左边进油时,叶片向负角度调节,反馈轴、随动轴向右运动。反之,右边进油,向正角度调节,反馈轴向左运动。

8. 叶片反馈部件

叶片反馈部件安装在导轴承的后面、导叶体内筒体中,由前支架、中支架、后支架、反馈杆、反馈杆铜套等组成。叶片反馈部件结构如图 2-114 所示。

叶片反馈部件中的反馈杆是用来测量叶片调节信号的主要元件,它通过滚动轴承与反馈轴连接,所以反馈轴既有旋转又有移动,而反馈杆仅是在导向键的作用下沿着导向轴承左右移动,中支架与后支架之间采用 V 形橡胶密封圈密封。

在后支架上固定安装的行程检测装置插于反馈杆内,行程检测装置由内置式位置传感器和磁环垫圈组成,当反馈杆左右移动时,固定安装的内置式位置传感器就会发出位置变化信号,并将信号引出,达到测量活塞行程位置的目的。

整个叶片反馈部件安装在保护罩内,在保护罩内设有浮子开关,以对漏水等情况进行报警指示。

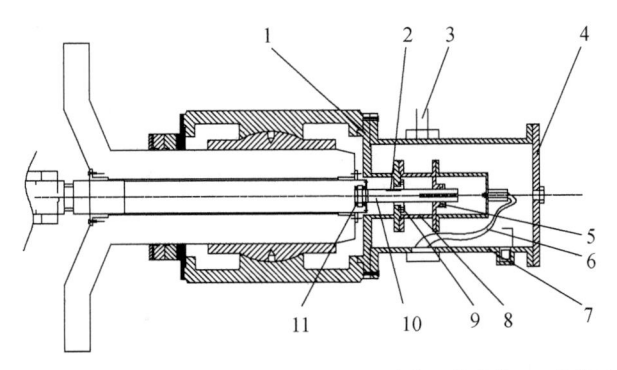

1—前支架；2—导向键；3—金属软管；4—盖板；5—压盖；6—内置式位置传感器；7—保护罩；8—中支架；
9—导向轴承；10—反馈杆；11—滚动轴承。

图 2-114　叶片反馈部件结构图

三、电动机的结构

1. 异步电动机

在中小型泵站，卧式轴流泵配套电动机一般采用异步电动机，因为三相异步电动机具有结构简单、坚固耐用、运行可靠、维护方便等优点。异步电动机的结构如图 2-115 所示。

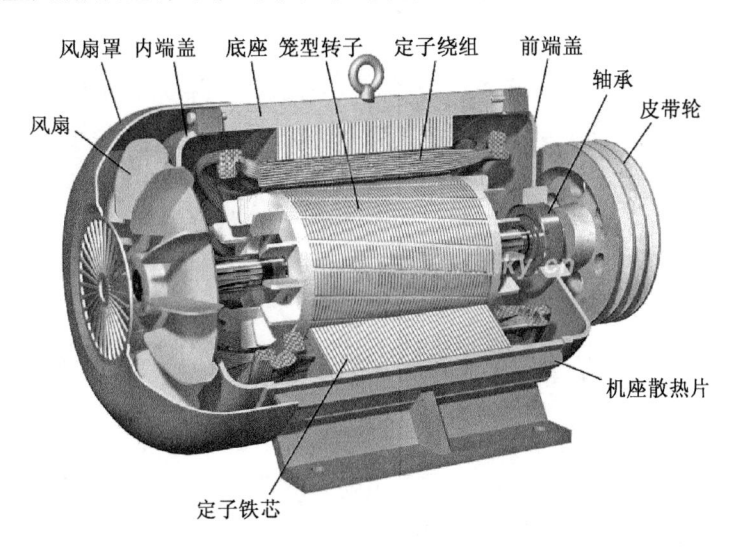

图 2-115　异步电动机的结构图

泵站采用的异步电动机一般是鼠笼型异步电动机，异步电动机主要由机座、定子、转子、端盖、轴承、风叶、风罩等组成。异步电动机的轴承一般采用滚动轴承，滚动轴承安装在电动机的端盖中。因为轴承安装在端盖中。所以这种结构形式的轴承座又称为端盖轴承座。

2. 同步电动机

根据泵站运行技术的需要，在大中型泵站，卧式轴流泵配套电动机一般采用同步电动机。同步电动机的结构如图 2-116 所示。

卧式同步电动机一般由定子、转子、电机轴、轴承、端盖、集电环、刷架、基础底板以及空-水冷却器等组成。

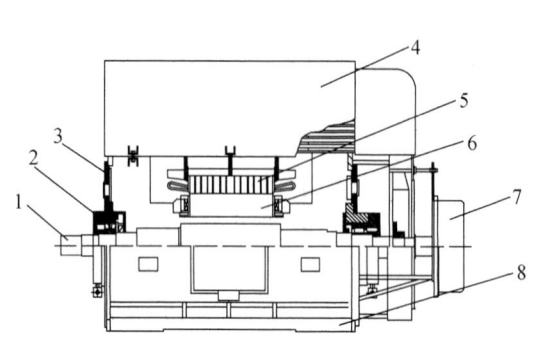

1—电机轴；2—轴承；3—端盖；4—空-水冷却器；
5—定子；6—转子；7—刷架罩壳；8—基础底板。

图 2-116 同步电动机结构图

1—基础架；2—座式滑动轴承；3—电动机轴；4—转子；
5—定子；6—电动机机架；7—滑环；8—座式滑动轴承。

图 2-117 座式滑动轴承同步电动机结构图

卧式同步电动机定子与立式同步电动机定子的结构一样，由机座、定子铁芯、定子线圈及支撑定子线圈端部的端箍和支撑件等构成。

同步电动机的转子可分为隐极式和凸极式两种，泵站卧式机组同步电动机的转子一般选用凸极式，与立式同步电动机转子的结构一样，主要由磁极、磁轭、电机轴和集电环等组成。

卧式同步电动机的滚动轴承安装在电动机的端盖中。一般在轴伸端采用承受径向荷载的滚柱轴承和承受轴向荷载的球轴承并列布置的形式，根据荷载大小或布置成三轴承结构。在非轴伸端一般设置一个承受径向荷载的滚柱轴承，也可布置成两轴承结构。

无论是轴伸端的轴承装置还是非轴伸端的轴承装置，都需要设置密封装置，并用密封圈密封，这样不仅可以防止轴承室的润滑脂漏到电动机内部，损坏线圈的绝缘，还可以防止外面的灰尘和水进入轴承室，保持轴承的清洁。为了防止轴承圈在电动机运行中发生转动现象，轴承外圈由内外轴承盖止口压牢，轴承盖紧固在轴承套或端盖上，轴承内圈由密封装置顶紧。

3. 座式滑动轴承同步电动机

容量较大的卧式同步电动机的轴承采用座式滑动轴承，将座式滑动轴承设置成电动机的一个独立部件，布置在电动机的基础板上，座式滑动轴承同步电动机的结构如图 2-117 所示。

座式滑动轴承可分为非调心柱面滑动轴承和自调心球面滑动轴承。非调心对开式径向滑动轴承结构如图 2-118 所示。

对开式径向滑动轴承由轴承座、轴承盖、剖分式轴瓦和双头螺柱等组成。轴承盖和轴承座的剖分面常做成阶梯形，以便对中和防止横向错动。轴承盖上部开有螺纹孔，用以安装油杯或油管。轴被轴承支撑的部分称为轴颈，与轴颈相配的零件称为轴瓦，装轴瓦的部分总称壳体，其上半部称为轴承盖，下半部称为轴承座。盖和座用螺柱连接，两者的接合面由止口或销钉定位，并可放置不同厚度的垫片以调节轴承间隙。为便于润滑油进入摩擦面之间，轴承盖上开有注油孔，轴瓦上有分配润滑油的轴向油槽。

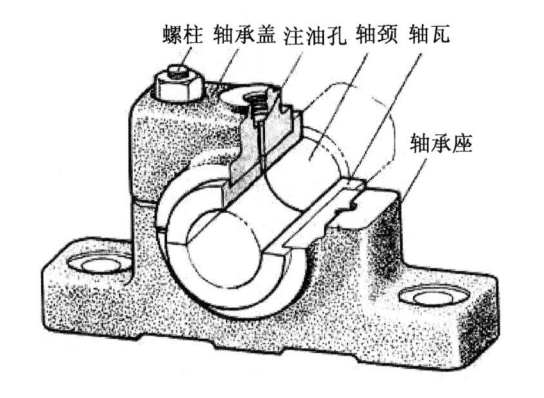

图 2-118 对开式径向滑动轴承结构图

剖分式轴瓦由上、下两半组成，通常是下轴瓦承受载荷，上轴瓦不承受载荷。在轴瓦内壁不承受载荷的表面上开设油槽，润滑油通过油孔和油槽流进轴承间隙。

自调心球面轴承将轴瓦的瓦背制成凸球面，并将其支撑面制成凹球面，从而组成调心轴承，用于支撑挠度较大的长轴，滑动轴承球面结构如图 2-119 所示。

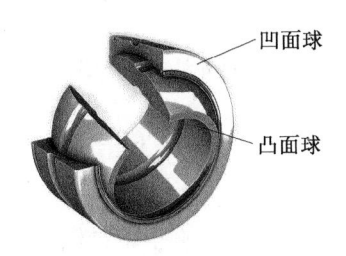

图 2-119 自调心球面径向滑动轴承球面结构图

四、卧式与斜式轴流泵机组的检修

（一）检修项目及机组拆卸注意事项

卧式与斜式轴流泵机组的主要检修项目、机组拆卸注意事项可参照前述立式机组检修相关规定。

（二）机组的拆卸

1. 关闭进、出水流道闸门，排净流道内积水，打开流道进人孔。在机组两侧搭设临时脚手架，上面铺设脚手板，便于施工。

2. 将水泵叶片角度调整至最大安放角位置后，排空电动机轴承、齿轮箱、水泵推力轴承和油润滑水导轴承内的油、水。关闭相应的连接管道闸阀，拆除机组油、水连接管路。

3. 拆除电动机进线电缆接头，拆除电动机相关检测装置和引线。

4. 拆卸进口压环、进口套管、出水压环、出水套管联结面的连接螺栓，拆卸导叶体上半部联结面的连接螺栓，拆卸导叶体平面定位销钉和连接螺栓，吊出导叶体上半部。

5. 拆除导叶帽,拆除受油器叶片反馈部件,拆除泵轴护管等水泵附件。

6. 按叶片数方位,盘车测量叶片间隙,选用塞尺或梯形竹条尺和外径千分尺配合,分别在叶片上、中、下部位测量,列表记录。

7. 拆除叶轮外壳分半组合平面,检查测量并记录叶片、叶轮室的汽蚀破坏方位、程度等情况,拆除导叶体导轴承上半部,检查导轴承运行情况,测量并记录导轴承两端断面的侧向轴瓦间隙和顶部轴瓦间隙,测量并记录两侧垫片厚度。

8. 拆除电动机与齿轮箱的联轴器连接螺栓,测量并记录联轴器摆度、同轴度、角度偏差及联轴器轴向间隙,测量并记录电动机两个端面的空气间隙,拆除电动机与基础座的定位销钉,拆除电动机基础螺栓,整体将电动机吊出放置到指定的检修场地。

9. 拆除齿轮箱与水泵的联轴器连接螺栓,测量并记录联轴器摆度、同轴度、角度偏差及联轴器轴向间隙,拆除齿轮箱基础螺栓和定位销钉,将齿轮箱整体吊出放置到指定的检修场地。

10. 拆除水泵受油器部件,拆除水泵填料密封部件,拆卸推力轴承部件上半部,测量并记录两侧垫片厚度。

11. 安装泵轴、叶轮的临时支撑,拆卸泵轴与叶轮的连接螺栓,将叶轮与短轴吊出后放置于专用支架上。

12. 用专用工具(接力杆)连接在泵轴上,将泵轴组件从填料密封孔中移入竖井坑内,再吊出竖井坑,放置于专用场地。

13. 卧式与斜式机组由于设计理念、制造工艺不同,结构也各有差异,拆卸方法和步骤也可能不完全一样,但基本规律不变,先放水、放油,拆卸外围设备及辅助设备,拆卸水泵与混凝土的联结件,再分解机组各部件,直至将泵轴、叶轮吊出,机组的拆卸工作即认为基本完成。拆卸过程中应对主要原始技术数据进行测量和记录,以便掌握机组状态,为机组检修、运行管理积累经验。

(三)机组部件的检修

1. 泵体部件的检修

(1)检查进出水填料座和进出水套管之间放置填料的空间尺寸,因为进水套管一侧与进水锥管平面连接,一侧伸入进水填料座内,由于安装偏差或在进水套管悬臂自重的作用下可能会发生下垂现象,造成上下间隔偏差较大,影响密封效果。

(2)机组检修过程中一般需进行填料更换,因为在运行过程中泵体部件的填料长期处于压紧状态,弹性变差,影响密封性能。

(3)检查叶轮外壳汽蚀破坏程度,根据检查结果采取相应的技术措施,具体检修工艺可参照前述立式机组相关方法。

(4)导叶体为水平中开式,中开面下半部是水泵座式轴承基础,检修过程中应检查其与基础的联结应无松动、不实等现象,内、外环形筒体、导叶片、轴承支架和中间设置水泵导轴承的部位等应无明显腐蚀和异常。

2. 叶轮部件的检修

(1)检查叶片的汽蚀情况并做好相应记录,叶片汽蚀的处理工艺可参照前述立式机组相关方法。

(2) 检查液压全调节轴流泵的叶片与叶轮的密封情况,如有渗漏现象,应查明原因并进行处理,按设计要求更换叶片密封,更换叶片密封后,叶轮内腔应进行气密试验,检查其密封性能。

3. 泵轴部件的检修

检查水泵导轴承轴颈部位和泵轴填料密封轴颈部位的运行磨损情况并做好记录,对磨损部位应进行处理,处理工艺可参照前述立式机组相关工艺。

4. 填料密封部件的检修

检查填料密封运行情况,根据检查结果按设计要求更换或选择性能更为优良的填料。

5. 导轴承部件的检修

(1) 检查水泵导轴承磨损情况并做好相应记录。采用水润滑的水泵导轴承如有明显磨损,则应更换导轴承。如磨损过快,远未达到轴承使用寿命,应分析原因,必要时选用性能更好、更能适应本泵站运行条件的轴承。

检查稀油润滑导轴承的运行情况,对滑动轴承如发现瓦面接触点不符合技术要求,则应对导轴承轴瓦进行研刮,卧式机组轴瓦的研刮参照后文"轴瓦研刮"有关内容进行。调心滚子轴承如滚动轴承有卡涩、转动不灵活、转动声音不连贯现象,则说明轴承技术状态不正常,应进行更换。根据轴承使用寿命如运行时间较长也应进行更换。滚动轴承的更换,按后述"滚动轴承的拆装"有关内容和要求进行。

(2) 检查油润滑导轴承的轴承密封情况,如有渗漏现象,则应分析原因予以处理,或更换密封材料或部件。

(3) 对测温元件进行检查校核。

6. 推力轴承部件的检修

(1) 清洗推力轴承并检查推力轴承的技术状态,如滚动轴承有卡涩、转动不灵活、转动声音不连贯现象,则说明轴承技术状态不正常,应进行更换。根据轴承使用寿命如运行时间较长也应进行更换。滚动轴承的更换,按后述"滚动轴承的拆装"有关内容和要求进行。

(2) 检查轴承座运行情况,对轴承箱进行强度耐压试验,确保箱体无渗漏、泄油现象发生。

7. 受油器部件的检修

(1) 检查受油器部件的运行情况,检查浮动瓦与泵轴的磨合情况,如有异常应进行处理,受油器浮动瓦部位按设计要求,是允许泄漏的,而且这种泄漏也是必需的。

(2) 检查浮动瓦与壳体、浮动瓦与支撑板、支撑板与壳体之间的O形密封圈的技术状况,按设计要求更换密封圈。

8. 叶片反馈部件的检修

检查反馈杆、滚动轴承、导向键和密封圈的技术状态,检查内置式位置传感器和磁环垫圈的运行情况,试验保护罩内浮子开关的动作灵敏度。

9. 齿轮箱和联轴器的检修

1) 齿轮箱

齿轮箱外形结构如图 2-120 所示。

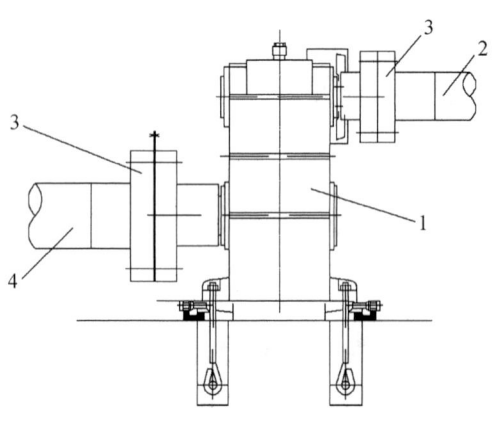

1—齿轮箱；2—电动机轴；3—联轴器；4—水泵轴。

图 2-120　齿轮箱外形结构图

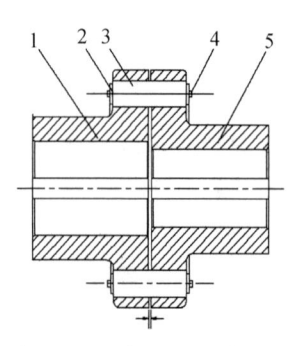

1—轴套；2—挡板；3—尼龙柱销；4—螺栓；5—轴套。

图 2-121　联轴器连接结构图

泵站齿轮箱一般选用平行轴上下齿轮箱。轴承采用滚动轴承，稀油润滑，冷却水冷却。齿轮箱检修应按齿轮箱制造厂提供的说明书中的技术要求进行。检查两端轴承和密封，如损坏应更换。齿轮箱润滑油按齿轮箱制造厂的技术要求进行检测、处理或更换，油品、油质、油量应符合规定，若需要代用，必须征得主管部门的同意。如齿轮箱采用水夹层结构形式，水夹层应按要求进行耐压试验。

2) 联轴器

卧式机组水泵与齿轮箱联轴器、齿轮箱与电动机联轴器的连接方式一般采用柱销弹性连接，水泵与齿轮箱联轴器的连接方式如图 2-121 所示。

机组检修中应检查尼龙柱销的技术状态，必要时予以更换。

10．电动机的检修

1) 电动机的拆卸

(1) 根据电动机的不同结构形式拆除顶罩或冷却器，用专用工具拆除电动机联轴器。

(2) 端盖式滚动轴承电动机的拆卸

①拆除端盖式滚动轴承的两端端盖、轴承内外盖和轴承套。

②电动机抽芯，如制造厂有具体方法规定，可按制造厂的规定执行。也可用专用吊装工具直接将转子吊出，或将钢丝绳和加长钢管(也称假轴)挂吊在转子两端，用行车移动转子的方法完成电动机抽芯，流程如图 2-122 所示。

③根据电动机轴径，选择一根内径合适、有一定长度和强度的钢管，将钢管套入电动机转子轴一端。钢管不能套在轴颈处，而是要套在靠近转子磁极没有配合面的轴段上，其长度足够使转子移出定子，同时在要安装钢管的轴径位置包上橡胶板以防止轴径损伤。

④在行车主钩挂上三只手拉葫芦，用钢丝绳或吊带将手拉葫芦①挂吊在电动机转子轴端部，手拉葫芦③挂吊在加长钢管端部，如图 2-122(a)所示。注意不应将钢丝绳直接绑扎在轴颈和集电环上。

⑤缓慢吊起转子，用手拉葫芦①和③调整定子、转子上下间隙基本均匀，在间隙中插入硬纸板，用行车沿非套管端轴向缓慢移动，移动过程中随时依靠手拉葫芦①、手拉葫芦

③及足够的人员调整定子、转子上下左右间隙,防止剐蹭定子槽锲和端部线圈,直至转子完全移出定子。

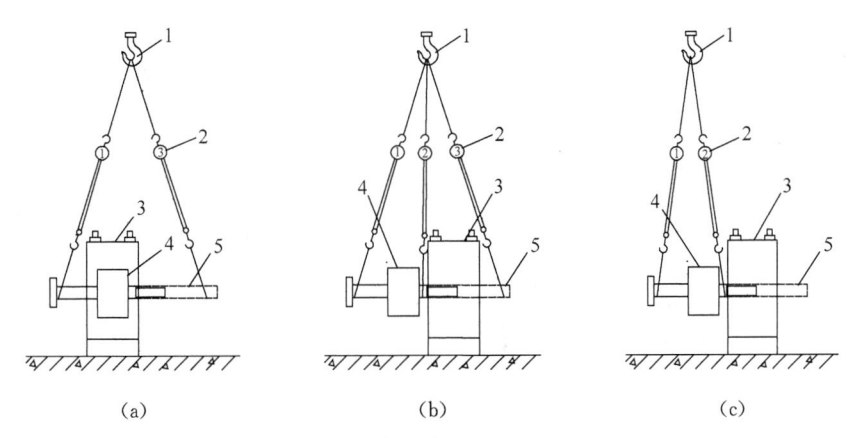

1—吊钩;2—手拉葫芦;3—定子;4—转子;5—加长钢管。

图 2-122 电动机抽芯流程示意图

⑥将手拉葫芦②挂吊在加长钢管靠近转子的一端,并使其受力,如图 2-122(b)所示。适当松开手拉葫芦③,调整行车主钩位置使其位于转子上方,期间不断调整手拉葫芦①、②,使其受力均匀,保持转子基本水平,最后松脱手拉葫芦③,如图 2-122(c)所示。

⑦保持转子沿原方向继续缓慢移动,直至加长钢管移出定子外。将转子缓慢放在事先准备好的枕木或专用支架上固定牢固,拆除钢管、钢丝绳和手拉葫芦等,最终完成电动机拆卸。

(3)座式滑动轴承电动机的拆卸

按上述端盖式滚动轴承电动机用行车移动转子的方法进行座式滑动轴承电动机的拆卸。

①拆除电动机两侧座式滑动轴承的外盖,打开两端滑动轴承的轴承上盖,取出上半瓦。

②在行车主钩上挂上三只手拉葫芦,用钢丝绳或吊带将手拉葫芦①挂吊在电动机转子轴端部,手拉葫芦②挂吊在电动机转子轴另一端部,缓慢吊起转子,注意吊起高度要小于电动机的气隙,即刚好使下半瓦不承受负荷,然后将下半瓦翻转到上面并取走,拆去座式滑动轴承的下半轴承室。

③将加长钢管套入转子轴,将手拉葫芦③挂吊在加长钢管端部,并使其受力。松脱手拉葫芦②,依照上述"端盖式滚动轴承电动机的拆卸"第⑤、⑥、⑦条的方法进行操作,直至完成电动机的拆卸。

④如电动机与基础板分离并需单独整体吊出,可用以下方法进行拆卸。

a. 按上述第①条要求完成起吊前准备工作,拆除电动机与基础板连接螺栓。

b. 用四只手拉葫芦同钩,整体起吊定子及转子,如图 2-123 所示。电动机整体吊离基础板至检修场地。

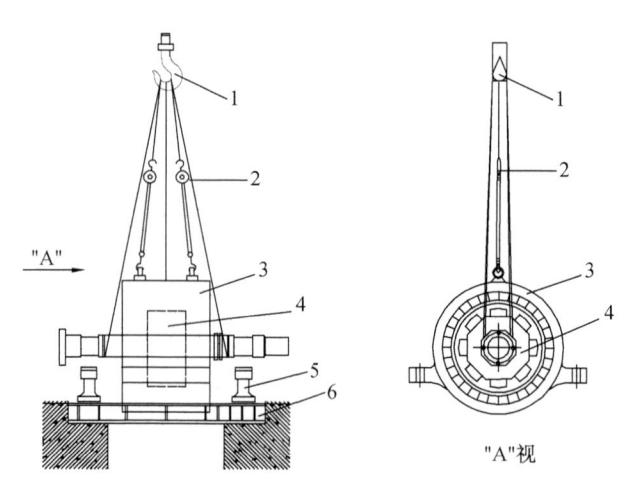

1—主钩；2—手拉葫芦；3—定子；4—转子；5—座式轴承座；6—基础板。

图 2-123　定子及转子整体同吊示意图

c. 电动机整体吊出后,在检修场地按上述"端盖式滚动轴承电动机的拆卸"要求完成电动机的拆卸。

2) 电动机的检修

(1) 在电动机解体后应对定子、转子进行全面的检查和清理,可用压力不大于 0.2 MPa 的干燥压缩空气或软毛刷进行吹扫。如绕组表面有油垢,可用专用清洗剂进行清洗。清洗后的电机,应进行绝缘干燥处理,干燥处理方法见前述"电机干燥及绝缘防护"部分。清理过程中应注意绕组绝缘的防护,防止损坏绕组绝缘。

(2) 检查定子内部槽楔是否松动,绝缘是否有损伤,定子出线电缆是否有松动和烧坏现象。

(3) 检查转子线圈是否有松动,接头、阻尼环与阻尼条是否有脱焊和断裂,碳刷与集电环的磨损情况,各零部件的紧固螺栓有无松动。

(4) 检查电动机轴颈的技术状况,如有损伤,需进行处理,用细呢绒布及细研磨膏进一步研磨并抛光。

(5) 检查滚动轴承或滑动轴承的技术状况,滚动轴承应转动灵活无卡阻,转动声音平稳,如有异常则应分析原因或更换滚动轴承,滑动轴承应符合技术要求,如有异常应予以处理。滚动轴承的更换,按后述"滚动轴承的拆装"有关内容和要求进行

(6) 检查电动机冷却器外观应无铜绿、锈蚀斑点及损伤等。检查冷却器内应无泥、沙、水垢等杂物,如有需清理管道内附着物,使其畅通。

(7) 一般可用 1.2 倍额定工作水压反向冲洗,或用压缩空气吹干净管内的泥沙杂物来清洗冷却器,对于直管空气冷却器最好用绑扎布条的铁丝来回拉动,将管内壁黏附物清除掉。

(8) 更换密封垫。检查散热片外观是否完好,不完好的应校正或修焊变形处,并进行防腐蚀处理。

(9) 将冷却器清洗擦抹干净后,安装前进行 0.3 MPa 强度耐压试验,时间 10 min。

安装后进行 0.25 MPa 严密性耐压试验,时间 30 min。

(10) 对轴流风机进行解体检查、清理、加润滑脂及绝缘检测,根据风机运转情况,必要时更换轴承。

(11) 对测温元件及接线进行检查校核。

3) 电动机的装配

(1) 端盖式滚动轴承电动机的装配

①电动机转子的回装,如制造厂有具体方法规定,可按制造厂的规定执行。也可在定子铁芯与磁极之间插入硬纸板,用专用吊装工具直接将转子穿入。或用前述电动机抽芯方法的逆过程进行电动机的装配,即用转子穿入定子方法进行电动机的装配。

②转子穿入定子前应进一步检查清理,确认内部无杂物。

③将手拉葫芦①②和钢丝绳分别挂吊在转子非轴伸端和加长钢管靠转子侧,吊起转子向定子轴向移动,至加长管穿出定子,如图 2-122(c)所示;在加长钢管外端挂上手拉葫芦③,缓慢调整行车主钩位置、手拉葫芦②③,使手拉葫芦②受力移至手拉葫芦③,如图 2-122(b)所示;松脱手拉葫芦②,用手拉葫芦①③调整转子与定子相对位置,使定子和转子四周间隙均等,缓慢移动行车,在转子即将插入定子时,在空气间隙中垫入硬纸板,并在转子两侧配备足够人员,防止定子和转子发生碰撞,移动转子至定子和转子铁芯相对位置基本吻合后,抽去硬纸板,松脱手拉葫芦及钢丝绳,拆除钢管等。

④安装两侧端盖,测量和调整定子与转子轴向中心以及电动机两个端面的空气间隙,使定子与转子轴向中心偏差符合制造厂或规范要求,空气间隙偏差不大于实际平均气隙的±10%。卧式端盖式轴承电动机空气间隙一般由加工件的止口保证和限制,调整余地不大,在端盖装配后适当调整,调整后由定位销定位。同样,定子与转子轴向中心的调整也是如此,定子和转子轴向中心一般由端盖加工件的位置保证和限制,调整余地也不大,在轴承端盖装配后,可由轴承盖通过适当加垫调整。

(2) 座式轴承电动机的装配

①装配前应彻底清洗轴承座内腔,腔内不应有杂质、水分及锈蚀,并在腔内刷两层耐油磁漆或耐油密封胶,瓦背与轴承座接触应严密无间隙,瓦面应无伤痕及其他缺陷。

②按上述"端盖式滚动轴承电动机的装配"第①、②条的要求,做好转子穿入定子前准备工作。

③按上述"端盖式滚动轴承电动机的装配"第③条的方法,穿入转子,在转子移至定子和转子铁芯相对位置基本吻合后,落转子于定子上。

④用四只手拉葫芦同钩,整体起吊定子及转子,如图 2-123 所示,吊电动机至基础板。

⑤用手拉葫芦①、手拉葫芦②调整电动机的气隙使其下大上小;按原位将座式轴承座及下半瓦安装就位,并按基础螺孔位置大致找正,并在轴承座处适当增减调节垫片。

⑥将电动机转子轴颈轻轻放在已调整好的座式滑动轴承的下半轴承座上,松脱手拉葫芦及钢丝绳等。测量座式轴承两端断面的侧向轴瓦间隙和底部轴瓦间隙,调整座式轴承的安装位置,并使座式轴承两端断面的侧向轴瓦间隙相等,底部轴瓦无间隙,间隙测量值可记录在表 2-9 座式轴承间隙测量表内。

表 2-9　座式轴承间隙测量表　　　　　　　　　　　　　　　　单位：mm

测量部位		端面一		端面二	
		断面 1	断面 2	断面 1	断面 2
底部间隙					
侧向间隙	一侧				
	另一侧				

⑦测量定子与转子轴向中心，测量电动机两个端面的空气间隙，调整定子或轴承座位置，使定子与转子轴向中心符合制造厂或规范要求，空气间隙偏差不大于实际平均气隙的±10%。当用轴承座垫片来调整上下空气间隙时，两侧垫片厚度应相等，以防轴承横向水平度恶化。测量间隙时，转子应转动几个位置分别测定，以保证相对间隙尽可能均匀。若间隙偏差超过允许范围，则应分析其原因，并按空气间隙找正。空气间隙的测量方法可采用立式机组空气间隙的测量方法。

⑧如电动机整体与基础板组装，可按上述第②、③条转子穿入定子的方法完成电动机装配，也可用定子套转子方法，如图 2-124 所示，装配流程如下。

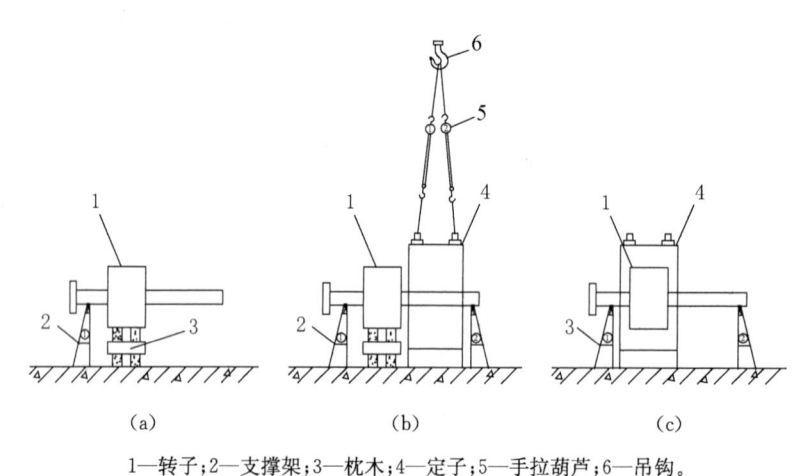

1—转子；2—支撑架；3—枕木；4—定子；5—手拉葫芦；6—吊钩。

图 2-124　定子套转子装配流程示意图

a. 将转子吊起搁置在枕木上，在转子轴一侧，用专用支架①将转子略为顶起，如图 2-124(a)所示。

b. 将定子水平吊起，套入转子轴端，按转子找定子中心，调整水平和方向，使定子与转子间隙基本一致，慢慢套入转子，直到转子磁极将进入定子内孔，主轴轴颈露出定子外侧，如图 2-124(b)所示。

c. 用专用支架②顶起露出定子外侧转子轴，拆除转子磁极枕木支撑，用转子两侧支架上的千斤顶调节转子水平并使其与定子内孔四周间隙一致，在定子铁芯与磁极之间插入硬纸板。继续缓慢移动定子直至定子和转子铁芯相对位置基本吻合，如图 2-124(c)所示。在穿芯过程中四周应有足够的人员控制定子稳定，行车操作速度要慢，移动要平稳，不能有较大的晃动。

d. 按上述第①、第⑤条要求完成电动机整体吊装前准备。

e. 同钩起吊定子及转子整体,一并吊入基础板安装,如图2-123所示。

f. 按上述第⑥、⑦条完成电动机座式轴承间隙、定子与转子轴向中心及空气间隙的调整。

⑨安装两侧端盖及其他附件。

(3) 安装中应水平吊起电动机转子,不应将钢丝绳直接绑扎在轴颈和集电环上起吊转子,将转子落到轴瓦上之前,在轴颈及轴瓦上抹洁净汽轮机润滑油。待空气间隙调整合格后再进行轴承端盖、轴承内外盖等其他附件的安装。

(4) 碳刷与滑环接触良好的具体标准为碳刷接触面与滑环的弧度相吻合,接触面积不应小于单个碳刷截面的75%,碳刷压力一般应调整为15～25 kPa,同一刷架上每个碳刷的压力应基本均匀,同一级碳刷弹簧压力偏差不应超过5%。

11. 水泵导轴承的轴瓦研刮和轴承装配

1) 轴瓦研刮

为了确保轴瓦研刮顺利进行,研刮前应对泵轴轴颈进行检查,表面应无垃圾杂物,亦无伤痕及毛刺等。清洗干净轴颈表面,并用细油石将轴颈上的个别硬点及毛刺磨平,然后将浇细研磨膏和机油混合液的细呢布包于轴颈上,沿切线方向来回转动,使轴颈磨光擦亮。轴颈研磨结束后,在轴颈上设置导向挡块或软质绳箍,作为研瓦时在轴颈上来回移动的导路,如图2-125所示。

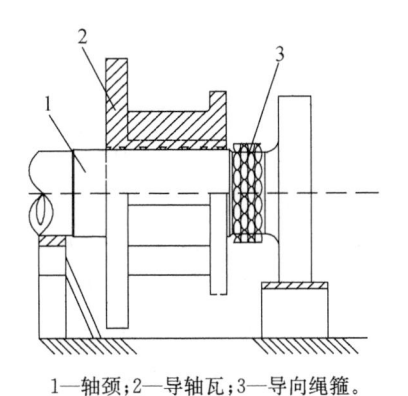

1—轴颈;2—导轴瓦;3—导向绳箍。

图 2-125 导轴瓦研磨示意图

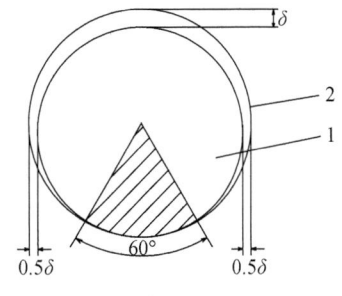

1—轴径;2—轴瓦内圆。

图 2-126 轴瓦接触角及其间隙示意图

清理轴瓦,检查轴瓦应无脱壳、裂纹、硬点及密集的砂眼等缺陷。然后在轴颈上涂一层薄而匀的红丹或铅粉之类的显示剂,将瓦覆在轴颈上,用手压紧,沿切线方向来回研磨十余次,取下轴瓦,检查轴瓦接触点分布情况。导轴瓦研磨时,应避免轴向窜动,使其尽量符合运行位置。研瓦时应轻轻地将导轴瓦覆到轴颈上,人工研磨导轴瓦后取下轴瓦,翻身放在刮瓦架上进行刮削。

刮削时可用锋利的三角刮刀先将大点刮碎,密点刮稀,然后沿一个刀痕方向顺次刮削,必要时可刮两遍。遍与遍之间刀痕方向应相交成网络状。刮完后用白布沾酒精或甲苯清洗瓦面及轴颈,重复上述研瓦及刮瓦方法,使轴瓦显示点越刮越细,越刮越多,直至符合要求为止。

滑动轴承主要用于承受机组转动部分的径向负荷（即重量和不平衡磁拉力）。径向荷载在与轴承中心夹角60°范围以内。下部轴瓦与轴颈接触角宜为60°，沿轴瓦长度应全部均匀接触，布满细而匀的显示点，每平方厘米应有1～3个接触点。

在轴瓦中心60°夹角以外的接触点是不允许的，应有意识地将它们刮低，并向两侧逐步扩大成楔形间隙，边缘最大间隙为设计顶部间隙的一半，轴瓦接触角及其间隙如图2-126所示。

按图纸尺寸刮出油沟，通常只允许在对开瓦合缝两侧或单侧（进油侧）开纵向进油沟，但两端需留不小于15 mm的封头，在上瓦顶部开进油孔及横向进油沟。严禁在下瓦工作面开任何油沟，否则将会降低或破坏油膜的承载能力。

上述的刮瓦，应该看作是初步的。对下轴瓦还必须待轴承支座找正后，吊上泵轴，并用"干研法"（即不加显示剂，或略加干铅粉作显示剂的研瓦方法）研磨，转动泵轴，然后取出轴瓦检查挑点，使其在实际位置及实际荷载下的接触点仍能满足标准要求，才算最后合格。

2) 轴瓦间隙的测量与调整

轴瓦与轴颈的间隙，与轴瓦单位压力、旋转线速度、润滑方式、油的黏度、主轴挠度、部件加工或安装精度以及电动机允许振动及摆度等因素有关。转速较低，单位压力也较小，则间隙亦较小。轴瓦间隙调整需待轴线调整完毕后进行。间隙的调整应符合制造厂的设计要求，一般顶部间隙为轴颈的1/1 000左右。两侧间隙各为顶部间隙的一半，其间隙误差不应超过规定间隙的10%。

测量和调整轴瓦间隙可用塞尺法和压铅法。

塞尺法测量轴瓦间隙是在未安装上轴瓦之前，用塞尺测量下瓦两端双侧间隙，同侧两端间隙应大致相等，误差不大于10%。最小间隙不得小于顶部规定最小间隙的一半。不合适时，可取出轴瓦将其刮大。再将上瓦单独覆在轴颈上，并用定位销与下瓦找正定位，以手压住上瓦，使上下瓦合缝严密无隙，然后用塞尺检查上瓦顶部间隙及两侧间隙，其值应符合要求。顶部间隙过小时，可在上下瓦合缝处加紫铜片垫高。顶隙过大时应更换轴瓦，或相应刮低上瓦组合平面及上盖组合平面来调整。上瓦间隙合适后，组装轴承盖，检查轴承盖合缝处应无间隙，轴瓦进油孔应清洁畅通，并应与轴承座上的进油孔对正。在调整顶间隙增减垫片时，两边轴瓦合缝放置的垫片的总厚度应相等。垫片不应与轴接触，离轴瓦内径边缘不宜超过1 mm。

压铅法测量及调整轴瓦的侧向间隙和塞尺法相同。轴瓦顶部间隙则利用在合缝处轴颈顶部放软铅丝压合的方法来测量，如图2-127所示。

在轴瓦合缝处及轴颈顶部放上直径约1 mm的软铅丝（电工用保险丝），然后装上上轴承盖，拧紧组合螺栓，使软铅丝压扁。拆除上轴承盖，取出已压扁的软铅丝，用内径千分尺测量压扁铅丝的厚度，轴承的平均顶间隙可按下式计算：

$$S = (b_1 + b_2)/2 - (a_1 + a_2 + a_3 + a_4)/4 \tag{2-41}$$

式中：S——轴承的平均顶间隙(mm)；

b_1、b_2——轴颈上段软铅丝压扁后的厚度(mm)；

1—轴承座；2—铅丝；3—轴。

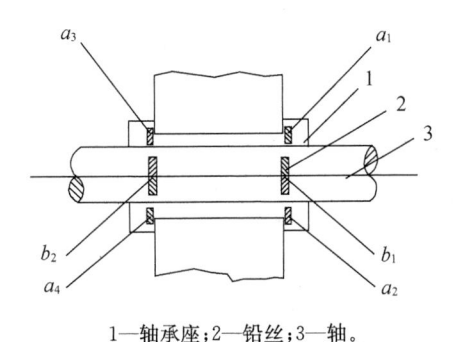

图 2-127　压铅法测量轴承顶间隙铅丝放置示意图

a_1、a_2、a_3、a_4——轴瓦合缝处其结合面上各段软铅丝压扁后的厚度(mm)。

压铅法顶部间隙调整方法与塞尺法相同。在调整顶间隙、增减轴瓦合缝处放置的垫片时，两边垫片的总厚度应相等。垫片不应与轴接触，离轴瓦内径边缘不宜超过 1 mm。

轴瓦间隙调整合格后，正式装配轴承，先用浸泡酒精或甲苯的白布将轴颈、轴瓦及轴承油腔内部擦干净，然后安装油环、密封环及上轴承盖。要求密封环与轴颈间隙在 0.1～0.2 mm 之间。轴承盖合缝处应涂漆片溶液以密封。

3）轴瓦球面与球面座的调整

轴瓦与轴承外壳的配合采用球面结构形式，球面与球面座配合就会有接触面和间隙两方面的要求。球面配合的轴瓦与轴承，球面与球面座的接触面积应为整个球面的 75% 左右，并均匀分布，轴承盖拧紧后，球面瓦与球面座之间的间隙应符合设计要求，组合后的球面瓦和球面座的水平结合面均不应有错口。

12. 滚动轴承的拆装

1）滚动轴承型号的代号

推力轴承部件中均需设置推力滚动轴承和调心滚动轴承，滚动轴承的代号是由汉语拼音字母和数字组成，它表示的基本规律是按前置代号、基本代号、后置代号顺序构成。

前置代号用字母表示，是轴承结构形状、尺寸、公差、技术要求等有改变时，在其基本代号前面添加的补充代号。

基本代号是轴承代号的基础，由轴承类型代号、尺寸系列代号、内径代号构成。类型代号用阿拉伯数字或大写拉丁字母表示，尺寸系列代号和内径代号用数字表示。

轴承类型代号根据国家标准 GB/T272—1993 等规定，用数字或字母按表 2-10、表 2-11 的规定表示。

表 2-10　轴承类型代号

代号	轴承类型	代号	轴承类型
0	双列角接触球轴承	5	推力球轴承
1	调心球轴承	6	深沟球轴承
2	调心滚子轴承和推力调心滚子轴承	7	角接触球轴承

续表

代号	轴承类型	代号	轴承类型
3	圆锥滚子轴承	8	推力圆柱滚子轴承
4	双列深沟球轴承		
N	圆柱滚子轴承	U	外球面球轴承
	双列或多列用 NN 表示	QJ	四点接触球轴承

表 2-11 轴承直径系列代号和宽度系列代号

直径系列		宽度系列		直径系列		宽度系列		直径系列		宽度系列	
名称	代号	名称	代号	名称	代号	名称	代号	名称	代号	名称	代号
超轻	8	窄	7	特轻	1	窄	7	轻	2(5)	特窄	8
		正常	1			正常	1			窄	0
		宽	2			宽	2			正常	1
		特宽	3			特宽	3			宽	0
			4				4			特宽	3
			5				5				4
			6				6	中	3(6)	特窄	8
	9	窄	7		7	窄	7			窄	0
		正常	0			正常	1			正常	1
		宽	2			宽	2			宽	0
		特宽	3			特宽	3			特宽	3
			4				4	重	4	窄	0
			5							宽	2
			6					内径非标准	9		

根据国家标准等规定,尺寸系列代号由轴承的宽(高)度系列代号和直径系列代号组合而成。内径等于或大于 10 mm 的轴承,其代号的右起第 4 位数字表示宽(高)度系列。宽(高)度系列是指轴承内径尺寸相同,直径系列相同,但套圈宽度(高度)不同,比正常系列窄的称为窄系列或特窄系列,比正常系列宽的称为宽系列或特宽系列。内径等于或大于 10 mm 的轴承,其代号的右起第 3 位数字表示直径系列。直径系列是指同一内径尺寸的轴承有不同的外径尺寸。重系列外径大,中、轻系列外径小。轴承直径系列代号和宽度系列代号按表 2-11 的规定表示。

右起第 3 位数字表示标准直径系列代号,第 4 位数字是轴承类型代号,第 5、第 6 位数字是结构形式代号,右起第 7 位数字表示宽度系列代号。

用右起第 1、2 位数字表示轴承内径尺寸代号。根据国家标准等规定,轴承公称内径代号按表 2-12 的规定表示。

表 2-12 轴承公称内径代号

轴承公称内径(mm)		内径代号
0.6~10(非整数)		用公称内径毫米数值直接表示,与尺寸系列代号之间用"/"分开
1~9(整数)		用公称内径毫米数值直接表示,对深沟及角接触轴承7,8直径系列,内径与尺寸系列代号之间用"/"分开
10~17	10	00
	12	01
	15	02
	17	03
20~480 (22,28,32除外)		公称内径除以5的商数,商数为个位数,需在商数左边加"0",如08
≥500 以及 22,28,32		用公称内径毫米数值直接表示,但与尺寸系列之间用"/"分开

后置代号是轴承在结构形状、尺寸、公差、技术要求等有改变时,在其基本代号后面添加的补充代号。后置代号用字母(或加数字)表示,后置代号置于基本代号的右边,与基本代号间空半个汉字距(代号中有符号"—""/"除外)。当改变项目多,具有多组后置代号时,按表 2-13 所列从左至右的顺序排列。

表 2-13 轴承后置内径代号的排列

轴承代号									
前置代号	基本代号	后置代号							
		1	2	3	4	5	6	7	8
		内部结构	密封与防尘套圈变形	保持架及其材料	轴承材料	公差等级	游隙	配置	其他

例如推力轴承部件选用的推力调心滚子轴承型号为 23152CA,调心滚子轴承型号为 29352E,根据型号代号分析,前面 5 位是数字,后面是字母,因前置代号用字母表示,是在基本代号前面添加的补充代号,所以该型号没有前置代号。数字是基本代号,轴承类型代号用阿拉伯数字或大写拉丁字母表示,尺寸系列代号和内径代号用数字表示。数字的后 2 位是内径代号,内径代号前 2 位数字是尺寸系列代号,在尺寸系列代号前的数字是类型代号。类型代号的数字是"2",则该轴承类型为调心滚子轴承和推力调心滚子轴承,尺寸系列代号的数字分别是"31""93",则该轴承直径系列分别是特轻型和中型,宽度系列分别是特宽和内径非标准。内径系列代号的数字是"52",该数字是公称内径除以 5 的商数,说明轴承公称内径为 260 mm。

2) 滚动轴承的拆卸

滚动轴承的拆卸,是泵站主辅机检修中重要拆卸内容之一。拆卸必须遵照轴承拆装的基本要求,针对不同的轴承采用不同的拆卸工具和拆卸方法。

滚动轴承常用的拆卸方法有：敲击法、拉出法、推压法、热拆法。

(1) 敲击法

采用手锤、铜棒或其他软金属材料敲击轴承内圈,拆卸轴承。此方法简单易行,但容易损伤轴和轴承,一般适用于过渡配合,过盈量较小或没有过盈情况下的轴承拆卸。

拆卸时,锤击的力量必须集中在滚动轴承的内圈上,不应加在轴承的滚动体和保持架上,用力不能太大太猛,而且每打击一次后,就应该将冲子移到另一个位置,使内圈四周都受到均匀的打击力。当轴承位于轴的末端时,用小于轴承内径的铜棒或其他软金属材料抵住轴端,轴承下部加垫块,用手锤轻轻敲击,即可拆下。应用此法注意垫块放置的位置应适当,着力点应正确。

(2) 拉出法

采用专门拉具,如拉马,通过旋转手柄,将轴承慢慢拉出。此方法对部件损伤较小,但一般适用于过盈量较小的轴承拆卸。

在拆卸前,应将拉具的拉钩钩住轴承的内圈,丝杆对准轴的中心孔,不得歪斜。拉具两脚的弯角小于90°。在拆卸过程中,还应注意拉钩与轴承的受力情况,不要损坏拉钩及轴承,同时注意防止拉钩滑脱。

(3) 推压法

采用轴承拆卸专用压力机,通过压力机的推压拆卸轴承。此方法工作平稳可靠,不损伤轴和轴承。压力机有手动式、机械式和液压式三种形式。

在拆卸前,压力机着力点应在轴的中心上,不得压偏。

(4) 热拆法

采用对轴承局部加热的方法拆卸轴承,用于拆卸紧配合的轴承。方法是:先将加热至100 ℃左右的机油用油壶浇在待拆的轴承上,待轴承圈受热膨胀后,即可用拉具将轴承拉出。

在拆卸时,首先,应将拉具安装在待拆的轴承上,并施加一定拉力。加热前,要用石棉绳或薄铁板将轴包扎好,防止轴受热胀大,否则将很难拆卸。从轴承箱壳孔内拆卸轴承时,只能加热轴承箱壳孔,不能加热轴承。浇油时,要将油平稳地浇在轴承套圈或滚动体上,并在下方置一油盆,收集流下的热油,避免浪费和污染环境。操作时应戴石棉手套,防止烫伤。

以上四种方法为滚动轴承常用的拆卸方法,拆卸时应根据现场条件、轴承结构、尺寸大小和轴承部件的配合性质等选择不同的拆卸方法。

3) 滚动轴承的装配

(1) 装配前准备

①轴承清洗

装配滚动轴承前,应根据轴承的防锈方式选择适当的方法清洗洁净。一般用防锈油封存的轴承可用汽油或煤油多次清洗,直到干净为止。用原油或防锈油脂防锈的轴承,可将轴承浸入95～100 ℃的轻质矿物油(如10号机械油或变压器油)中摆动5～10分钟,使原油或防锈油脂全部溶化后从油中取出,待矿物油流净后再用汽油或煤油清洗。涂有防锈润滑两用油脂的轴承和两面带防尘盖或密封圈的轴承,除有不正常现象时,可不清洗。

②轴承检测

装配滚动轴承前,检查滚动轴承应清洁无损伤,工作面应光滑无裂纹、蚀坑和锈污,滚子和内圈接触应良好,与外圈配合应转动灵活无卡涩,但不松旷。推力轴承的紧圈与活圈应互相平行,并与轴线垂直。

(2) 装配方法

滚动轴承在安装前应查明是内圈转动,还是外圈转动。因为转动座圈的配合要比不转动座圈的配合紧一些。在泵站,多为轴旋转,因此内圈与外圈一般采用过盈配合与间隙配合。轴承的安装应根据轴承结构、尺寸大小和轴承部件的配合性质而定,压力应直接加在紧配合的套圈端面上,不得通过滚动体传递压力。

滚动轴承常用的装配方法有:敲击法、压入法、热装法。

①敲击法

采用手锤、铜棒或其他软金属材料敲击轴承内圈,装入轴承。锤击法操作简单方便,但可能损伤轴和轴承,适用于过渡配合,过盈量较小或没有过盈情况下的轴承装配。

装配时,在轴颈或轴承内圈的内表面涂一层润滑油,将轴承套在轴端,用手锤和紫铜棒对称而均匀地将轴承打入,直到内圈与轴肩靠紧为止。采用这种方法,不论敲击时如何仔细,实际上轴承的受力既不对称也不均匀。对配合间隙较小的轴承,可采用套管,装配时,仍用锤击法,将套管作为传递力的工具,套管的端面要平,将轴承装到轴上时,套管应压在轴承的内圈上,使轴承的内外圈避免因受到轴向力而产生轴向位移,保证滚珠(柱)和滚道不受损伤。

②压入法

采用轴承专用压力机,也可利用螺栓与螺母,通过对轴承施压装入轴承。压入法平稳可靠,不损伤机械和轴承,适用轴承内圈与轴为紧配合,但过盈量较小的轴承装配。

轴承装配时,在轴颈或轴承内圈的内表面涂一层润滑油,再根据轴承内圈与轴、外圈与轴承座孔间隙配合情况,采取以下的不同方法。

a. 如轴承内圈与轴为紧配合,外圈与轴承座孔是较松配合时,可用压力机将轴承先压装在轴上,然后将轴连同轴承一起装入轴承座孔内,压装时在轴承内圈端面上垫一个软金属材料(铜或软钢)做的装配套管。

b. 如轴承外圈与座孔为紧配合,可将轴承通过一个套筒先压入座孔中,该套筒的壁厚与外圈厚度相当,外径略小于座孔直径。

c. 如轴承与轴颈、座孔都是紧配合,安装时应同时将轴承压入轴颈和座孔,传力套筒为双层,能同时压紧内、外圈端面,并将压力传至内外圈端面。注意不能让滚动体受力。

③热装法

此法利用热胀冷缩,通过加热轴承,变紧配合为松配合,以方便安装。此方法适用轴与轴承内圈过盈配合的轴承装配,简便易行,在安装现场,一般均采用热装法。

方法是,将轴承放至机油箱中或电磁感应加热器上加热到80～100 ℃,趁热取出轴承并迅速套在轴颈上,即热套方法。轴承热装时,将轴承放在机油箱内加热,加热轴承时为防止其受高温而退火,应将轴承悬置于油中,以避免轴承与容器底部加热部位直接接触。必须用温度计监测油液的温度,油温须严格控制,不得超过100 ℃,以防止产生回火效应,使轴承硬度下降。加热时间根据轴承大小而定,一般为 10～30 min。

13. 测温系统的检修

(1) 检查轴承、齿轮箱及电动机等测温元件及线路应完好。

(2) 检查测温装置所显示温度与实际温度应相符,偏差不宜大于 1 ℃,有温度偏差应查明原因,校正误差或更换测温元件。

(四) 机组的安装

由于卧式机组的布置和结构与立式机组有差异,故卧式机组某些部件的安装顺序和工艺要求等与立式机组也不尽相同。

1. 一般要求

(1) 机组安装在解体、清理、保养和检修后进行。组装后的机组必须使固定部件的中心与转动部件的中心重合在一条理想的轴线上。水泵叶片间隙、轴承间隙及同轴度、两联轴器的同轴度及轴向间隙是安装质量的关键。

(2) 机组组装一般按照先水泵后齿轮箱再电动机、先固定下部分(复测)后转动部分再固定上部分、先零件后部件的原则进行。

具体为:以水泵叶片间隙为基准调整水泵转动部分;以泵轴联轴器为基准,调整齿轮箱轴与泵轴的同心度,并在轴向位置安装齿轮箱;以安装好的齿轮箱为基准,调整电机与齿轮箱的同心度,并在轴向位置安装电机。

(3) 不应将钢丝绳直接绑扎在轴颈、集电环和换向器上起吊转子,不应碰伤定转子绕组和铁芯。

(4) 其他要求与立式机组基本相同。

2. 安装质量标准

1) 水泵安装质量标准

(1) 水泵安装时叶轮外壳、导叶体和推力轴承体等哈夫面的轴向、径向水平偏差不应超过 0.1 mm/m。

(2) 水泵叶片在最大安放角位置分别测量进水边、出水边和中部三处叶片间隙,与相应位置的平均间隙之差的绝对值不宜超过平均间隙的 20%。

(3) 检查两联轴器的同轴度及轴向间隙,常用联轴器允许偏差应符合表 2-14、表 2-15、表 2-16、表 2-17 的规定,且轴向间隙不应小于实测轴向窜动值。

2) 轴承座安装质量标准

(1) 推力轴瓦的轴向间隙宜为 0.3～0.6 mm。

(2) 根据机组固定部件的实际中心,初调轴承座两轴孔中心,其同轴度的偏差不应大于 0.1 mm。卧式机组轴承座的水平偏差,横向不宜超过 0.2 mm/m,轴向不宜超过 0.1 mm/m。斜式机组轴承座轴向倾斜偏差不宜超过 0.1 mm/m。

(3) 安装轴承座时,除应按机组固定部件的实际中心调整轴孔的中心外,轴孔中心高程还应将机组运行时的主轴挠度、轴承座支撑变形值及由于润滑油膜的形成引起的主轴径向位移值计算在内。

表 2-14 弹性套柱销联轴器安装允许偏差

联轴器外形最大直径(mm)	两轴心径向错位(mm)	两轴线倾斜	端面间隙(mm)
71	0.1	0.2/1 000	2～4
80			
95			
106			
130	0.15		3～5
160			
190			
224	0.2		4～6
250			
315			
400	0.25		5～7
475			
600	0.3		

表 2-15 弹性柱销联轴器装配允许偏差

联轴器外形最大直径(mm)	两轴心径向位移(mm)	两轴线倾斜	断面间隙(mm)
90～160	0.05	0.2/1000	2.0～3.0
195～200			2.5～4.0
280～320	0.08		3.0～5.0
360～410			4.0～6.0
480	0.10		5.0～7.0
540			6.0～8.0
630			

表 2-16 齿式联轴器装配允许偏差

联轴器外形最大直径(mm)	两轴心径向位移(mm)	两轴线倾斜	端面间隙(mm)
170～185	0.30	0.5/1 000	2～4
220～250	0.45		
290～430	0.65	1.0/1 000	5～7
490～590	0.90	1.5/1 000	
680～780	1.20		7～10

表 2-17 蛇形弹簧联轴器装配允许偏差

联轴器外形最大直径(mm)	两轴心径向位移(mm)	两轴线倾斜	端面间隙(mm)
≤200	0.1	1.0/1 000	1.0~4.0
>200~400	0.2		1.5~6.0
>400~700	0.3	1.5/1 000	2.0~8.0
>700~1 350	0.5		2.5~10.0
>1 350~2 500	0.7	2.0/1 000	3.0~12.0

(4) 有绝缘要求的轴承,装配后对地绝缘电阻不宜小于 0.5 MΩ。绝缘垫应清洁,并整张使用,四周宽度应大于轴承座 10~15 mm。销钉和基础螺栓应加绝缘套。

3) 电动机安装质量标准

(1) 当电动机有下列情况之一时,安装前应进行抽芯检查。

①出厂时间超过一年。

②经外观检查或电气试验,质量可疑。

③有其他异常情况。

(2) 卧式及斜式电动机固定部件同轴度的测量,应以水泵为基准找正。安装质量应符合:轴承座的水平偏差,横向不宜超过 0.2 mm/m,轴向不宜超过 0.1 mm/m;斜式机组轴承座轴向倾斜偏差不宜超过 0.1 mm/m。

(3) 主电动机联轴器应按水泵联轴器或齿轮箱联轴器找正,安装质量应符合制造商设计要求,制造商无要求时,可按表 2-14、2-15、2-16、2-17 的规定执行。

(4) 应测量定子与转子之间的空气间隙值,空气间隙值应取 4 次测量值的算术平均值(每次将转子旋转 90°)。凸级同步电动机每次应测量每个磁极两端的空气间隙值。异步电动机每次应测量两端断面上、下、左、右 4 个方位空气间隙值。各间隙与平均间隙之差的绝对值,不应超过平均间隙值的 10%。采用滑动导轴承的电动机,上下空气间隙应将机组运行时因滑动导轴承的油楔作用产生的转子上浮量计算在内,下空气间隙应小于上空气间隙,具体数值应由制造厂提供。

(5) 电动机与水泵轴连接后,应盘车检查各部分跳动值,其允许偏差应符合下列要求。

①各轴颈处的跳动量(轴径不圆度)应小于 0.03 mm。

②推力盘的端面跳动量应小于 0.02 mm。

③联轴器侧面的摆度应小于 0.10 mm。

④滑环处的摆度应小于 0.20 mm。

4) 其他部分安装质量标准

(1) 滑环表面应光滑,若表面不平或失圆达到 0.2 mm,则应重新加工。

(2) 滑环上的碳刷装置应安装正确,碳刷在刷握内应有 0.1~0.2 mm 的间隙,刷握与滑环之间应有 2~4 mm 间隙。

(3) 碳刷与滑环应接触良好,碳刷压力一般为 15~25 kPa,同一级碳刷弹簧压力偏差不超过 5%。

（4）碳刷绝缘应良好，刷架的绝缘电阻应大于 1 MΩ。

（5）测温装置应进行检查，其标号、实测点与设计图应一致，各温度计指示值应予以校核，并无异常现象，绝缘电阻应不小于 0.5 MΩ。

3. 总装过程

（1）基础部分叶轮外壳、导叶体等轴向、径向水平等的复测和调整。

（2）测量与调整固定部件同轴度。

（3）转动部件装配。

（4）吊装伸缩节。

（5）吊装水泵转动部件。

（6）泵轴水平调整，轴瓦水平及轴瓦间隙调整。

（7）吊装上叶轮外壳。

（8）转动部分中心、叶片间隙调整。

（9）安装受油器部件（如有）。

（10）吊装齿轮箱部件。

（11）吊装电动机。

（12）泵轴与齿轮箱联轴器的同心度调整。

（13）齿轮箱与电机联轴器的同心度调整。

（14）泵体辅机管道及线缆恢复。

（15）吊装泵体部件的上半部分。

（16）安装伸缩节，检测各处配合情况、螺栓紧固情况。

（17）流道充水，检查密封渗漏情况。

4. 水泵安装

（1）安装前，检查叶轮外壳、导叶体和推力轴承体等哈夫面的轴向、径向水平，偏差不应超过 0.1 mm/m，可通过在基础座下加减铜垫方法调整水平。

（2）将导轴承座安装到下导叶体内，导轴承座组合面水平偏差小于 0.1 mm/m。在需要加垫调整轴承座时，所加垫片不应超过 3 片，且垫片应穿过基础螺栓。

（3）将转轮部件翻身至水平状态，在短轴上套上导轴承密封部件，导轴承密封腔体内注满润滑剂，将叶轮体结合面清洗干净与短轴对好中心后在对称的位置上用两个螺栓同时拧紧，使叶轮与短轴止口就位。将抗剪力圆柱销装在短轴联轴器的销孔内，拧紧其他螺栓，应注意用力均匀、对称。安装好后检查水泵短轴与叶轮组合面的合缝间隙，合缝间隙可用 0.05 mm 塞尺检查，应不能通过。将上述组件吊入，转轮部件先安放在叶轮外壳内，临时固定，短轴在导轴承内临时就位。

（4）将水泵长轴擦洗干净，安装滚动轴承，在水泵长轴两端位置放置一组支撑架。支撑架的高度应比泵轴实际位置高 5 mm 左右。

（5）用专用工具（接力杆）拧在泵轴的螺纹上，将泵轴穿过填料密封孔伸入泵体内并平移到位，将其放置在支撑架上并调整长轴到基本水平。

（6）将叶轮体结合面清洗干净与长轴对好中心后在对称的位置上用两个螺栓同时拧紧，使叶轮与长轴止口就位。将抗剪力圆柱销装在长轴联轴器的销孔内，拧紧其他螺栓，应注意用力均匀、对称。安装好后,检查水泵长轴与叶轮组合面的合缝间隙,合缝间隙可用 0.05 mm 塞尺检查,应不能通过。

(7) 将转动组合件(短轴、叶轮和长轴)吊起,撤出支撑架后放置到轴承座上,或降低可调式支撑架的高度,使转动组合件落到轴承座上。用尖头的 0.05 mm 塞尺片检查泵轴与轴瓦底部、滚动轴承与轴承座之间应无间隙,塞尺片应不能塞入。检查下轴瓦与泵轴两端双侧侧向间隙应相等,如果泵轴底部塞尺能塞入,则说明有间隙;若下轴瓦两端双侧侧向间隙不相等,说明瓦座与轴线有倾斜与偏心,应分析产生间隙的原因,必要时应做适当的调整,泵轴与轴瓦的间隙测量值可记录在表 2-18 内。

表 2-18 水泵导轴承间隙测量记录表

测量部位		断面 1	断面 2
底部间隙			
侧向间隙	一侧		
	另一侧		

(8) 推力轴承体安装到位,转动部分组装件安放到导轴承及推力轴承体内就位。

(9) 在受油器部位用水平仪测量泵轴水平,利用在导轴承座下加减铜垫方法调整泵轴水平,水平偏差应小于 0.10 mm/m。

(10) 合上叶轮外壳(上),测量叶轮间隙,调整轴向位置,可移动推力轴承体。调整径向位置,可左右移动推力轴承体。或将导轴承座左右移动,使叶轮间隙四周均匀。

(11) 合上导叶体轴承上半部,检查巴氏合金轴瓦与主轴的顶部间隙应符合技术规范要求,检查侧向间隙应均匀,侧向间隙值应为顶间隙的 1/2。

(12) 在泵轴上进油孔处分别进行左右活塞腔的压力试验,检查泵轴结合面处、油管法兰连接部位以及闷堵等不应有泄漏现象。

(13) 安装受油器部件。

①盘车检查受油器处泵轴的摆度,应不大于 0.05 mm。

②根据对应编号安装受油器轴瓦,安装轴瓦时,应先将 O 形圈套在轴上,在朝下的止动销销根部应涂胶水防止松脱。

③安装壳体,采用盘车调整受油器壳体与泵轴的同轴度,要求同轴度偏差不大于 0.10 mm。壳体结合面涂耐油密封胶。

④装配甩油环,安装泵轴上配制的定位销钉,甩油环与泵轴之间通过这个销钉传递力矩。

⑤安装受油器部件时,端盖、支撑板分半结合面,甩油环分半面以及与泵轴结合面在安装现场涂耐油密封胶。

(14) 安装叶片反馈部件。

①随动轴装配深沟球轴承,装配好的轴承涂机油装配到反馈轴孔内。

②安装前支架,装配铜套时将键槽位置朝上安装,将铜套与随动轴之间间隙调整均匀。

③装配中支架时,将随动轴四周间隙调整均匀一致后拧紧两个支架的连接螺栓。在

中支架上装配 V 形密封时，请将开口朝导轴承侧。V 形密封的压缩量可以通过铜垫调整。

④将受油器配管与受油器按相应的编号连接，配管上的截止阀处于关闭状态。截止阀是检修时排油用的，平时均处于关闭状态。

(15) 进行叶片动作试验。将油压试验法兰分别连接在受油器进、出油法兰上，进行叶片动作试验，叶片应动作灵活并协调一致，随动轴运动应灵活。当受油器左边进油时，叶片向负角度调节，反馈轴、随动轴向右运动。反之，右边进油，向正角度调节，反馈轴向左运动。

(16) 在导轴承轴承盖上装好水下传感器（水下传感器安装在保护罩中），安装反馈部分保护罩，将排水口处于最下位置，然后合上导叶体上半部。

(17) 进行气密试验。将导叶体与保护罩筒体连接起来，盖好保护罩盖板。在导叶体外筒体上用专用闷头闷住，对保护罩内腔进行气密试验，压力 0.2 MPa，时间大于 30 min，不得有漏气现象。

(18) 气密试验完成后将盖板拆开，将电气位移传感器、浮子开关安装到位，传感器电缆线穿至导叶体筒体外。

(19) 安装导轴承油箱，将油箱与导轴承临时连接起来，对导轴承进行压力试验，不应有泄漏现象，压力试验压力应符合设计要求，历时 30 min，压力试验完成后连接好油管、水管及测温元件等。

(20) 填料盒座安装要求平面密封不漏水，填料函内侧挡环与轴套的间隙应均匀，单侧径向间隙应为 0.25~0.50 mm。安装填料一般采用油浸石棉填料，或耐磨性能好、摩擦损失小的新型材料，填料安装要求接口严密，两端搭接角度宜为 45°，相邻两层填料接口宜错开 90°~180°。安装水封环，水封孔道应畅通，水封环应对准水封进水孔。安装填料压盖，填料压盖应松紧适当，与泵轴径向间隙应均匀，允许有少量渗水。

5. 联轴器、齿轮箱、电动机的安装

(1) 联轴器的安装

联轴器应根据不同配合要求进行套装，一般采用加热装配和用手锤打入等几种方法。横向过盈连接采用温差法装配时，最小装配间隙可按表 2-19 确定。

表 2-19　最小装配间隙　　　　　　　　　　　单位：mm

配合直径	>30~50	>50~80	>80~120	>120~180
最小间隙	0.050	0.059	0.069	0.079
配合直径	>180~250	>250~315	>315~400	>400~500
最小间隙	0.090	0.101	0.111	0.123

横向过盈连接采用温差法装配时，包容件的加热温度可按下式计算：

$$t_r = \frac{Y_{max} + \Delta}{\alpha_2 \cdot d_3} + t \tag{2-42}$$

式中：t_r——包容件的加热温度（℃）；

Y_{max}——最大过盈值(mm);

Δ——最小装配间隙(mm),按表 2-19 确定;

α_2——加热线膨胀系数(10^{-6}/℃),按表 2-20 确定;

d_3——配合直径(mm);

t——环境温度(℃)。

表 2-20 线膨胀系数

材　料	线膨胀系数(10^{-6}/℃) 加热	线膨胀系数(10^{-6}/℃) 冷却
碳钢、低合金钢、合金结构钢	11	-8.5
灰口铸铁 HT150、HT200	11	-9
灰口铸铁 HT250、HT300	10	-8
可锻铸铁	10	-8
非合金球墨铸铁	10	-8
青铜	17	-15
黄铜	18	-16
铝合金	21	-20
镁合金	25.5	-25

联轴器加热温度不应超过 400 ℃。为防止联轴器后的轴承箱、齿轮箱、电机或受油器油封损坏,现场操作时在保证足够间隙的基础上应尽量降低加热温度,对用键传动过盈量较小的联轴器,一般加热温度不超过 120 ℃;对不用键仅靠紧紧传动,过盈 0.2 mm 以上的联轴器,加热的温度要高一些,一般间隙达到 0.2 mm 即可以顺利套装了。联轴器加热装配后,检查联轴器和轴装配的相对位置应符合设备技术文件的规定,冷却应均匀,防止局部冷却过快。

联轴器孔和轴的配合为第二种过渡配合或第三种过渡配合,联轴器的安装可采用手锤打入,但套装时不应直接用铁锤敲击联轴器。采用弹性联结的联轴器同轴度允许偏差应符合规范的规定,即表 2-21 所示的允许偏差值。

表 2-21 联轴器同轴度允许偏差值　　　　　　　　　　　　单位:mm

转速(r/min)	刚性连接 径向	刚性连接 端面	弹性连接 径向	弹性连接 端面
1 500~750	0.10	0.05	0.12	0.08
750~500	0.12	0.06	0.16	0.10
<500	0.16	0.08	0.24	0.15

弹性联轴器的弹性圈和柱销应为过盈配合,过盈量宜为 0.2~0.4 mm。柱销螺栓应均匀着力,当全部柱销紧贴在联轴器螺孔一侧时,另一侧应有 0.5~1 mm 的间隙。

（2）齿轮箱的安装

以泵轴联轴器为基准，测量泵轴联轴器与齿轮箱联轴器的同轴度偏差，调整齿轮箱轴与泵轴的同轴度及轴向位置，根据联轴器同轴度偏差测量值，调整齿轮箱的位置，使其径向同轴度和轴向间隙偏差符合制造厂设计和规范要求。调整合格后，拧紧基础连接螺栓。基础螺栓应均匀、对称地逐渐拧紧，防止螺栓松紧不一而造成轴线倾斜。最后安装联轴器柱销，安装时应注意联轴器孔配铰时所打的配对记号，以相配对的柱销穿入孔。

（3）电动机的安装

将装配成整体的电动机吊装就位，吊放过程中与齿轮箱联轴器合缝间隙处要用硬纸板遮挡，以防碰伤。以安装好的齿轮箱为基准，调整电动机与齿轮箱的同心度和轴向位置。电动机的安装高程由齿轮箱和与其连接的主轴中心线决定。齿轮箱与电动机的联轴器同轴度测量与调整方法和泵轴与齿轮箱的联轴器同轴度测量与调整方法相同。

6. 轴线的测量与调整

转动轴线的同轴度测量与调整，是卧式机组安装工作的重要工序，其目的在于使主轴能获得正确的相对位置，确保运行稳定。转动轴线的测量有盘车测量和直接测量两种方法。

（1）盘车测量法

盘车测量法需要预先制作专用工具，在联轴器上装设专用工具，如图2-128(a)所示。

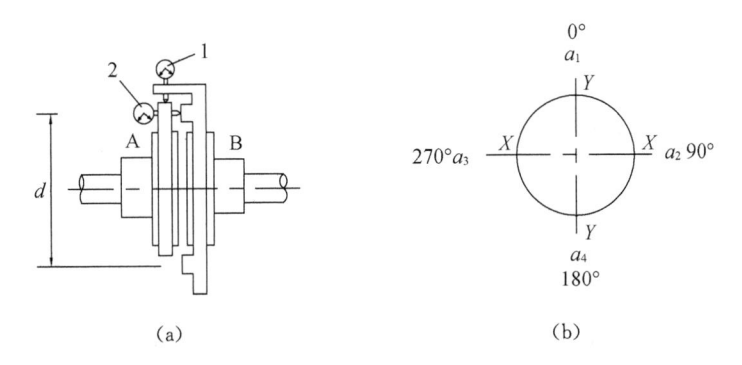

1—测量径向数值 a 的百分表；2—测量轴向数值 b 的百分表。

图 2-128　转动轴线同轴度测量图

在圆周上画出对准线，对齐两联轴器组合线。在专用工具上装两只百分表，一只百分表测量径向数值，另一只百分表测量轴向数值。调整百分表大针为零，小针应有 1 mm 以上的指示值。以此为零点，按逆时针方向在联轴器外侧画 $0°$、$90°$、$180°$、$270°$ 四点等分线。

用手或杠杆使联轴器 A 和 B 一起转动，每次顺时针旋转 $90°$，使专用工具上的对准线顺次转至 $0°$、$90°$、$180°$、$270°$ 四个位置，在每个位置上测得两个半联轴器的径向数值 a 和轴向数值（间隙）b。将盘车测量数值记录成图 2-128(b)所示的形式。

对测出数值进行复核，两联轴器旋转回到 $0°$ 时，百分表指示也应回到零，即 a_1+a_3 应等于 a_2+a_4，b_1+b_3 应等于 b_2+b_4。当上述数值不相等时，说明百分表架有碰撞或变形，其不回零值大于 ± 0.02 mm 时，则应查明原因，消除误差后重新盘车测量。

两轴的不同轴度如图 2-129 所示。

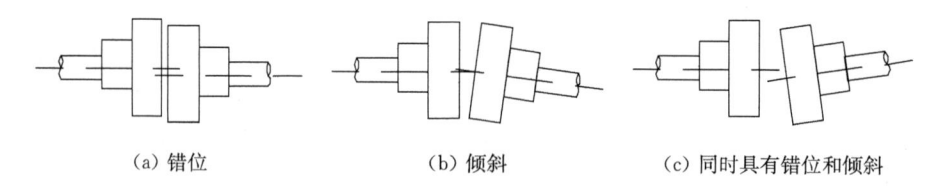

(a) 错位　　　　　　　(b) 倾斜　　　　　　(c) 同时具有错位和倾斜

图 2-129　两轴同轴度情形示意图

不同轴度应按下列公式计算：

$$a_X = (a_2 - a_4)/2 \tag{2-43}$$

$$a_Y = (a_1 - a_3)/2 \tag{2-44}$$

$$a = (a_x^2 + a_y^2)^{0.5} \tag{2-45}$$

式中：a_X——两轴轴线在 X-X 方向的径向偏差（mm）；

a_Y——两轴轴线在 Y-Y 方向的径向偏差（mm）；

a——两轴轴线的实际径向偏差（mm）。

$$\theta_X = (b_2 - b_4)/d \tag{2-46}$$

$$\theta_Y = (b_1 - b_3)/d \tag{2-47}$$

$$\theta = (\theta_X^2 + \theta_Y^2)^{0.5} \tag{2-48}$$

式中：d——联轴器直径（mm）；

θ_X——两轴轴线在 X-X 方向的倾斜值（mm）；

θ_Y——两轴轴线在 Y-Y 方向的倾斜值（mm）；

θ——两轴轴线实际倾斜值（mm）。

盘车前在轴瓦上浇洁净的轴承润滑油润滑。测量过程中，由于轴转动时不可避免地会产生轴向窜动，这些窜动值将加到所测数值中去。为消去轴向窜动值，可在联轴器对称方向同时测量，取同方向的两次测量值的平均值，这个平均值中已包含着一个主轴旋转180°时的轴向窜动值，但这时它对称点的平均值也包含了一个旋转180°时的同一轴向窜动值。当我们求两联轴器倾斜值时，对侧相减，即消去了轴向窜动值。消除主轴旋转时的轴向窜动影响，则提高了测量的精确度，即

$$b_1 = (b_{1\,0°} + b_{1\,180°})/2 \tag{2-49}$$

$$b_2 = (b_{2\,90°} + b_{2\,270°})/2 \tag{2-50}$$

$$b_3 = (b_{3\,180°} + b_{3\,0°})/2 \tag{2-51}$$

$$b_4 = (b_{4\,270°} + b_{4\,90°})/2 \tag{2-52}$$

式中：b_1——b_1 点轴向间隙平均值（mm）；

b_2——b_2 点轴向间隙平均值（mm）；

b_3——b_3 点轴向间隙平均值（mm）；

b_4——b_4 点轴向间隙平均值(mm)。

根据盘车测得的径向位移数值 a 及倾斜 b，分别计算主轴垂直及水平两个平面内的两个轴承偏移值，并按这个计算值调整两个轴承位置。轴线调整计算示意图如图 2-130 所示。

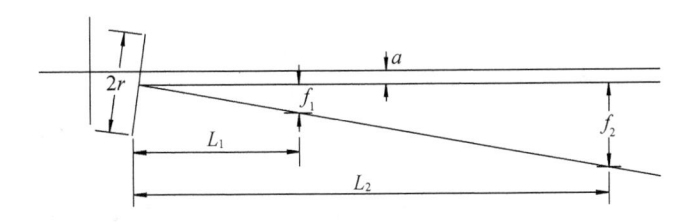

图 2-130 轴线调整计算示意图

为使两轴平行，两个轴承应分别移动的调整值可按下列公式计算：

$$f_{1X} = (b_2 - b_4) \times L_1/d \tag{2-53}$$

$$f_{2X} = (b_2 - b_4) \times L_2/d \tag{2-54}$$

$$f_{1Y} = (b_1 - b_3) \times L_1/d \tag{2-55}$$

$$f_{2Y} = (b_1 - b_3) \times L_2/d \tag{2-56}$$

式中：f_{1X}——为使两轴平行，第一个轴承在 $X\text{-}X$ 方向的调整值(mm)；
f_{2X}——为使两轴平行，第二个轴承在 $X\text{-}X$ 方向的调整值(mm)；
f_{1Y}——为使两轴平行，第一个轴承在 $Y\text{-}Y$ 方向的调整值(mm)；
f_{2Y}——为使两轴平行，第二个轴承在 $Y\text{-}Y$ 方向的调整值(mm)；
L_1——电动机联轴器组合面至第一个轴承中心的长度(mm)；
L_2——电动机联轴器组合面至第二个轴承中心的长度(mm)；
d——联轴器直径(mm)。

为使两轴同心，电动机两个轴承还要同时移动按式(2-43)、式(2-44)计算而得的径向偏差量。

因此，第一个轴承在 $Y\text{-}Y$ 方向移动总量可按下式计算：

$$y_1 = f_{1Y} + a_Y \tag{2-57}$$

式中：y_1——第一个轴承 $Y\text{-}Y$ 方向调整总值(mm)。

第二个轴承 $Y\text{-}Y$ 方向移动总量可按下式计算：

$$y_2 = f_{2Y} + a_Y \tag{2-58}$$

式中：y_2——第二个轴承 $Y\text{-}Y$ 方向调整总值(mm)。

公式中的符号代表着方向，计算得正值时，轴承应垫高，负值时应降低。

同理，X-X方向两个轴承的调整值可按下列公式计算：

$$x_1 = f_{1X} + a_X \tag{2-59}$$

$$x_2 = f_{2X} + a_X \tag{2-60}$$

式中：x_1——第一个轴承 X-X 方向调整总值（mm）。

x_2——第二个轴承 X-X 方向调整总值（mm）。

上式中应注意 θ_X 应与 a_X 同方向。计算得正值时，轴承向正方向移动，负值时向负方向移动。

轴承调整后，要重复上述的测量，以检验调整后的轴线径向位移及倾斜，同轴度偏差符合规定的要求后，方可连接联轴器螺栓。

主轴连接后，要用百分表盘车，测量检查各轴颈处、推力盘（推力头）端面、联轴器侧面、滑环处的摆度或不圆度。要求各轴颈处的摆度应小于 0.03 mm，推力盘的端面跳动量应小于 0.02 mm，联轴器侧面的摆度应小于 0.10 mm，滑环处的摆度应小于 0.2 mm。

联轴后盘车检查由于制造、加工偏差和安装误差而引起的轴线摆度。轴颈处的摆度实际为轴颈不圆度，推力头的端面跳动反映其与轴线不垂直及不平度，联轴器侧面摆度包含其不圆度。

（2）直接测量法

采用直接测量法测量调整同轴度偏差的方法同盘车测量法。以水泵联轴器为准，沿圆周分四点，用平板尺、塞尺测量两联轴器同轴度偏差，如图 2-131 所示。同时测量轴承两侧轴肩窜动间隙值，如图 2-132 所示。

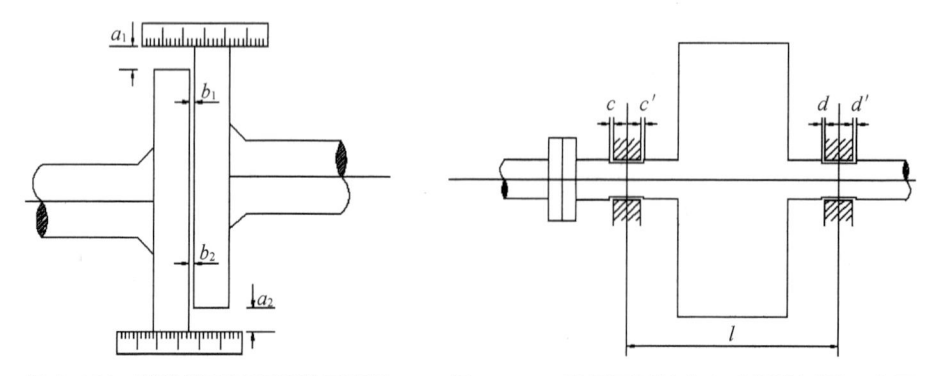

图 2-131 联轴器同轴度测量示意图　　图 2-132 轴承两侧轴肩窜动间隙测量示意图

根据联轴器同轴度偏差测量值和轴承两侧轴肩窜动间隙值，综合调整电动机轴承座的位置，对利用调整轴承座位置保证空气间隙的电动机，需调整电动机基础板的位置，使其径向和轴向同轴度偏差均不大于 0.02 mm。推算联轴器连接后轴肩窜动间隙：$c = c'$，$d \approx d' + 0.4‰ l$，其中固定端轴承与轴肩的轴向间隙总和$(c + c')$及自由端轴承与轴肩的间隙 d 和 d' 应符合设备技术规定。

同轴度调整合格后，用塞尺检查下轴瓦两端双侧间隙应大致相等。否则说明瓦座与轴线有倾斜与偏心，需做适当的调整。

7. 其他部件的安装

(1) 安装电气一、二次线缆接线、各自动化元件,检查机组振动、摆度、温度等显示是否正常;连接机组油、水管路等,并调试,检查管路应无泄漏现象;水泵轴承高位油箱、齿轮箱及叶片调节油箱油位应正常,填料密封渗漏应正常。

(2) 液压叶片调节器受油器进行充油试验,检查各密封部位,确认无泄漏。一切正常后,进行操作调试,其调节机构应灵活无卡阻现象,在规定的调节范围内,外油管不应有蹩劲和卡阻现象。

(3) 机械叶片调节器进行操作调试,其调节机构应调节灵活,声响正常,无卡阻现象。

(4) 调整叶片实际安放角、机械角度指示和数字显示数值相一致;调整限位开关位置与最大、最小角度相一致,并调试限位开关动作的可靠性。

8. 充水试验

总体安装完毕后,泵体应进行严密性试验。

(1) 充水试验前首先应检查、清理流道,再封闭进人孔,关闭进水流道放水闸阀。

(2) 打开流道充水阀进行充水,使流道中水位逐渐上升,直到与下游水位持平。

(3) 仔细检查各密封面和流道盖板的结合面,观察24小时,确认无漏水和渗水现象后方能提起下游闸门。

(4) 如发现漏水,应立即在漏水处做好记号,然后关闭流道充水阀,启动检修排水泵,待流道排空后对漏水处进行处理,处理完毕后,再次进行充水试验,直到完全消除漏水现象。

第四节 灯泡贯流式机组的检修

一、灯泡贯流式机组泵站形式

1. 灯泡贯流式机组特点

根据有关资料介绍,如果竖井贯流泵机组和灯泡贯流泵机组采用相同水力模型,水泵的直径相同,两个方案站身顺水流向长度相同,但竖井贯流泵机组间距较大,站身宽度亦较大。竖井贯流泵方案土建投资略大,但水泵结构简单,机电设备投资较省。灯泡贯流泵方案土建投资略省,但水泵结构复杂,技术要求较高,机电设备投资较大,总投资比竖井贯流泵方案高。根据类似工程经验进行机组装置效率对比,灯泡贯流泵略高于竖井贯流泵。所以在南水北调工程灯泡贯流式机组应用较为普遍。

我国大型灯泡贯流式机组一般采用卧式轴流式,灯泡贯流式机组整个外壳由泡锥部分(水泵段)、圆筒部分(电动机段)及灯泡圆头(导流段)三部分组成。将水泵的轴承和电动机等都放置在灯泡形的密封壳体内,这个灯泡形的密封壳体布置在流道内,机组全部重量由基础支撑。在低扬程条件下,同样的设计流量,采用灯泡贯流式机组,叶轮直径可减小,重量可减轻,机组转速可提高,其优越性是显著的。但是,灯泡贯流式机组结构较复杂,制造难度较大。灯泡体内的防潮、防漏、通风等条件较差,机组检修也较困难,给泵站管理也相应增加了难度。

2. 灯泡贯流式机组分类

(1) 灯泡体布置方式

灯泡体布置在水流方向的出水侧称之为后置式灯泡贯流式,灯泡体布置在水流方向的进水侧称之为前置式灯泡贯流式。经研究和相关水力模型的试验已基本证明后置式、前置式灯泡贯流式泵水力性能基本相同,但经综合比较后置式灯泡贯流式泵装置结构相对可靠,所以目前南水北调东线工程已建的灯泡贯流式泵站普遍采用的是后置式灯泡贯流式,前置式灯泡贯流式虽然进行过研究,但至今尚未有应用实例。

(2) 灯泡贯流式机组的冷却方式

一般定子采用贴壁冷却或空水冷却器冷却;壳体内采用风机向内输风或内置风机结合水冷却器进行冷却。

(3) 灯泡贯流式机组的传动方式

灯泡贯流式机组的水泵与电动机的传动方式有直联传动和齿轮箱传动两种不同形式。

(4) 灯泡贯流式机组的调节方式

灯泡贯流式机组的工况调节主要有叶片调节或变频调节两种方式,其中叶片调节又分为液压调节和机械调节。

(5) 轴承类型

灯泡贯流式机组轴承主要有稀油润滑滑动轴承和稀油或油脂润滑滚动轴承两种类型。

(6) 水泵主轴密封方式

灯泡贯流式机组水泵主轴密封主要有金属迷宫和组合填料两种密封方式。

3. 灯泡贯流式机组泵站结构

灯泡贯流式机组实际上采用卧轴的轴流式或混流式水泵,现在一般为轴流式灯泡贯流式机组。灯泡贯流式机组整个外壳由泡锥部分、圆筒部分及泡圆头三部分组成。但由于传动方式、调节方式和轴承类型等方面的不同,其外形及内部结构仍有一定差别。不同类型灯泡贯流式机组泵站结构如下。

(1) 灯泡贯流式机组电动机和水泵采用联轴器直联,在水泵叶轮两侧一般均设有径向轴承,此种灯泡贯流式泵站结构如图 2-133 所示。

(2) 灯泡贯流式机组电动机和水泵采用齿轮箱连接,可选用体积较小转速高的电动机经齿轮箱减速传动,该类型在灯泡贯流式机组中属结构较为复杂的,此种灯泡贯流式泵站结构如图 2-134 所示。

(3) 灯泡贯流式机组电动机和水泵共用一根轴,机组结构紧凑,泵站顺水流方向长度也相应较短,此种整体共轴灯泡贯流式泵站结构如图 2-135 所示。

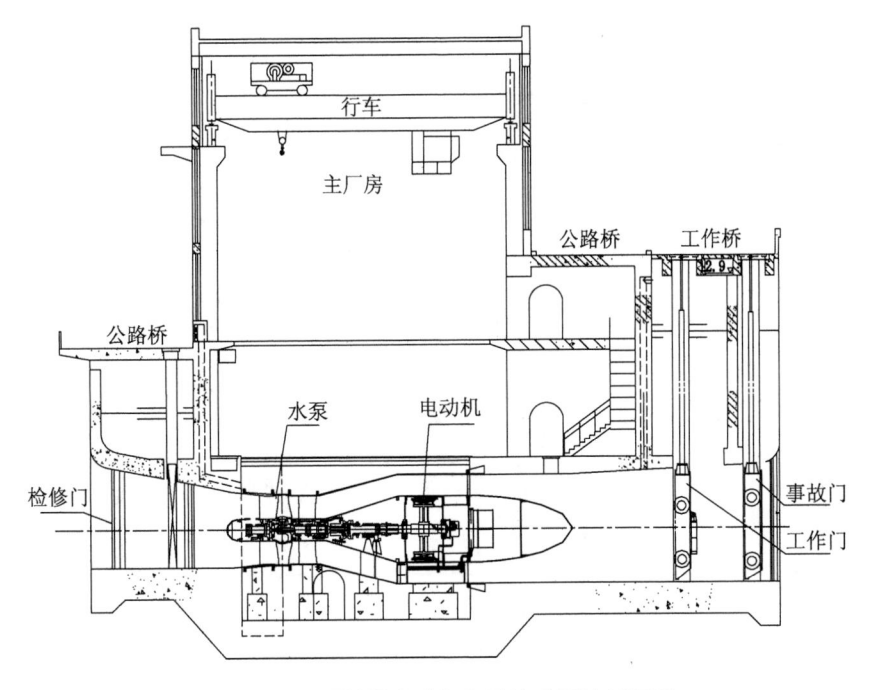

图 2-133 联轴器直联灯泡贯流式泵站剖面图

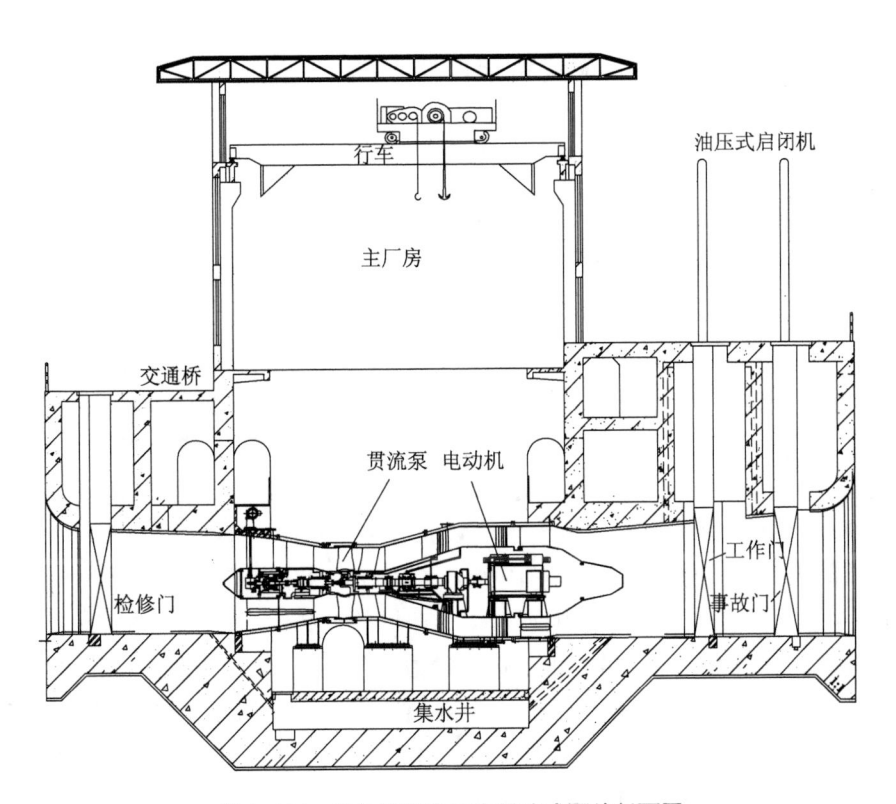

图 2-134 齿轮箱传动灯泡贯流式泵站剖面图

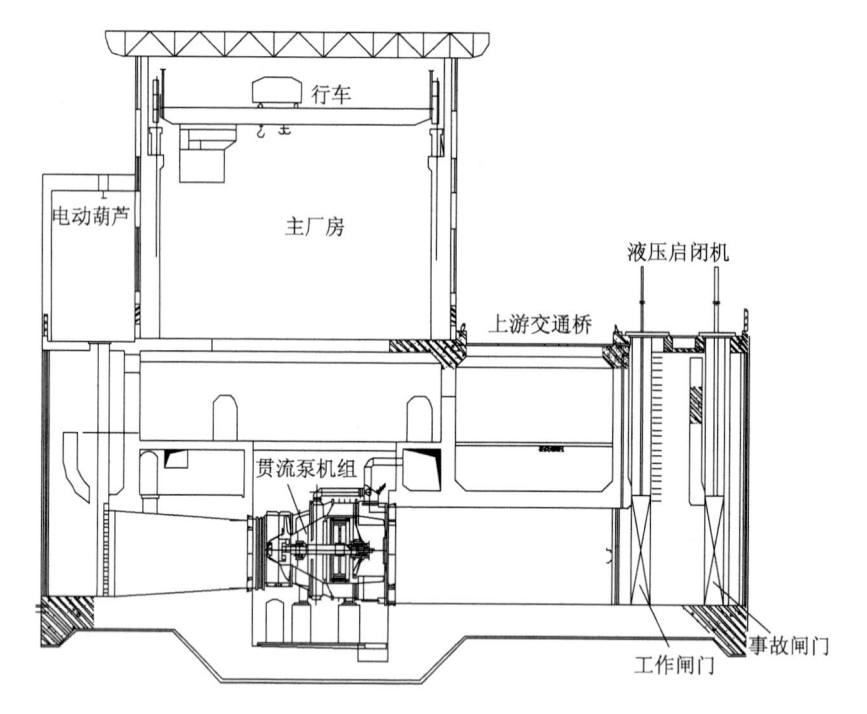

图 2-135　共轴灯泡贯流式泵站剖面图

二、联轴器直联灯泡贯流式机组检修

（一）联轴器直联灯泡贯流式机组结构

灯泡贯流式机组水泵与电动机的直联，由于制造厂设计理念及泵站设计要求不同，其部件组成结构也有所不同，典型的联轴器直联灯泡贯流式机组结构形式如图 2-136 所示。

液压全调节灯泡贯流式机组主要由泵体部件、转子体部件和电机部件组成。泵体部件包括：进口底座、进水导水帽、进水管、进水侧伸缩节、叶轮外壳、导叶体、中间接管、出水伸缩节、电机外壳体、出口底座、出水导水帽（灯泡头）等；水泵转子体部件包括：进水侧轴承部件、进水侧轴封件、短轴、叶轮部件、电机侧轴封件、中间径向轴承部件、推力轴承部件、接力器、叶片调节机构部件、电机侧径向轴承部件、联轴器等；电机部件由电机定子、转子、轴承部件、空水气冷却器等及配套的测量元器件等相关设备组成。

由泵体部件和电机定子形成机组内外壳体，内壳体和外壳体之间形成过水流道，转子体部件及电机转子安装于内壳体中，叶片安装于叶轮轮毂上，通过连接机构可以改变叶片角度，轮毂固定在具有充分强度并可以传递动力的轴上。主轴采用填料密封，安装有弹簧装置，通过弹簧力压着填料，运行时无需紧固填料。轴承采用滚动轴承。叶片调节机构设置在电机与叶轮之间的主轴上。操作方式采用液压式，油缸内的活塞通过液压左右移动，该运动通过操作杆带动叶轮轮毂内的连接机构来改变叶片角度。

电动机为与贯流泵直接连接的同步电动机，因转速较低，电动机直径较大，结构形式采用圆柱流线型，前方通过法兰与水泵连接，下部通过地脚板与流道基础固定。冷却方式

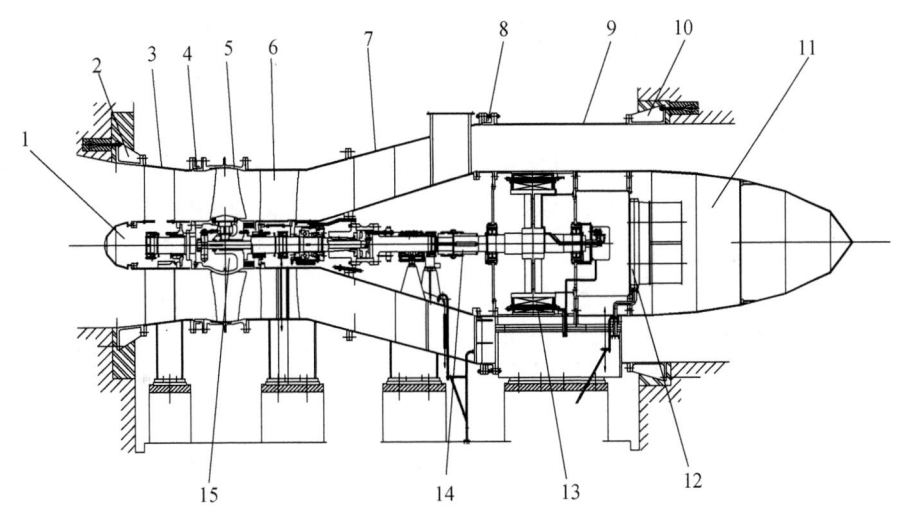

1—进水导水帽;2—进口底座;3—进水管;4—进水伸缩节;5—叶轮外壳;6—导叶体;7—中间接管;8—出水伸缩节;9—电机外壳体;10—出口底座;11—出水导水帽;12—空水冷却器;13—电动机;14—鼓齿式联轴器;15—水泵转子体。

图 2-136 联轴器直联灯泡贯流式机组结构图

采用水流经定子贴壁冷却或灯泡体内水冷却器结合风机冷却。

（二）联轴器直联灯泡贯流式机组的拆卸

联轴器直联或经齿轮箱传动的灯泡贯流式机组，泵体下半部分安装后一般不再拆卸。机组检修时，泵体下半部分仅做轴向、径向水平和泵壳同心度检查，一般不再调整。拆卸时应做好各连接部件之间的记号，并记录。拆卸前和拆卸过程中需制作专用工具、吊具和搁架。机组拆卸的主要工序和要求如下。

1. 做好与立式机组和卧式机组类似的检修准备工作，关闭机组闸门，抽干流道内的积水，需确认进出水闸门漏水量在可控范围内。

2. 在机组两侧搭设临时脚手架，上面铺设脚手板，周围设安全围栏，标示警示标语，便于安全文明施工。

3. 将水泵叶片角度调整至最大安放角位置后，打开进水锥管上进人孔，检查叶片角度与指针及仪表盘指示是否一致。测量叶片间隙并记录。

4. 排放受油器及叶片调节机构内的润滑油，拆除机组相关接线、附件，拆除水泵配套管道。

5. 测量进水侧伸缩节上下左右四个方位轴向长度并记录，拆除进水侧伸缩节与叶轮外壳连接螺栓，将进水伸缩节向进水侧缩至最短，拆除上叶轮外壳与导叶体连接螺栓，拆除叶轮外壳哈夫螺栓，吊出上叶轮外壳。

6. 将进水侧伸缩节与下叶轮外壳固定，分别拆除上进水锥管与进水底座、进水侧伸缩节的连接螺栓和进水锥管的哈夫螺栓。打开内管操作孔上四个小盖，测量填料压紧弹簧长度并记录，拆除进水侧填料盒底座与进水锥管的连接螺栓，吊出上进水锥管。

7. 拆除上导叶体与上中间接管连接螺栓，拆除导叶体哈夫螺栓，吊出上导叶体。

8. 拆除上导叶体内盖与中间接管连接螺栓及导叶体内盖哈夫连接螺栓,拆卸导叶体内盖上四个方向的操作孔盖,测量填料压紧弹簧长度并记录,在操作孔内解体填料部件,吊出上导叶体内盖。

9. 测量上下左右四个方向出口伸缩节轴向长度并记录,拆除上中间接管与出水侧伸缩节连接螺栓,将出口侧伸缩节缩至最短,拆除上中间接管内盖和电机外壳体连接螺栓,拆除上中间接管外盖及内盖的哈夫螺栓,吊出上中间接管。

10. 拆除出口伸缩节与上电机外壳连接螺栓、上电机外壳与出水底座连接螺栓及电机外壳哈夫连接螺栓,将出口伸缩节固定在下中间接管的法兰面上,吊出上电机外壳。

11. 打开电机与转子体连接的鼓齿联轴器外壳,清理内置油脂,测量联轴器开口尺寸、角度偏差和同轴度偏差并记录。

12. 制作专用小车置于电机后侧出水导水帽(灯泡头)下,拆除出水导水帽后将小车向后退 50 cm,便于电机吊出和安装。

13. 盘车检查电机轴伸端和非轴伸端转子轴跳动,测量电机空气间隙并记录。

14. 用合像水平仪测量转子轴各段轴向水平偏差,水准仪测量各轴颈段相对标高。盘车检查转子体转动是否自如,是否有卡滞现象和异常响声,架设百分表测量转子轴各轴颈段及联轴器跳动值并记录。

15. 将进水侧和出水侧伸缩节吊高两个螺孔位置,用专用工具分别将其固定在下叶轮外壳和下电机外壳的哈夫面上。

16. 拆除泵转子体各轴承的固定螺栓,拆出推力轴承 4 个轴向限位块并做好标记。

17. 吊出转子体,用专用吊具起吊转子体部件至检修场地,搁置在专用搁架上。由于进水侧伸缩节和出水侧伸缩节之间的距离短于转子体,所以转子体起吊时需要调整两端高度。吊出方法和流程如图 2-137 所示。

(1) 在行车与转子体之间装上专用吊具及手拉葫芦,调整好后,转子体处水平状态上升至接近前伸缩节上部,如图 2-137(a)所示。

(2) 转子体向右平移使叶轮左侧短轴刚出前伸缩节,如图 2-137(b)所示。

(3) 用专用吊具提升左侧下方手拉葫芦使叶轮左侧短轴和轮毂高于前伸缩节顶部,如图 2-137(c)所示。

(4) 转子体向左平移使转子体右侧长轴刚出前伸缩节,如图 2-137(d)所示,至此可吊出转子体。

在转子体吊出泵体过程中,注意转子体方向的控制和随时用手拉葫芦调整转子体两侧的高度,操作缓慢,防止发生碰撞,损坏设备。

18. 转子体吊出后,保管好进水侧导向轴承、出水侧导向轴承、推力轴承和电机侧导向轴承底座下所垫的调整垫片,做好测量并记录。

19. 吊出出水侧伸缩节。

20. 拆除电机与底座的固定螺栓,吊出电机至检修场地,完成机组解体工作。

(a)

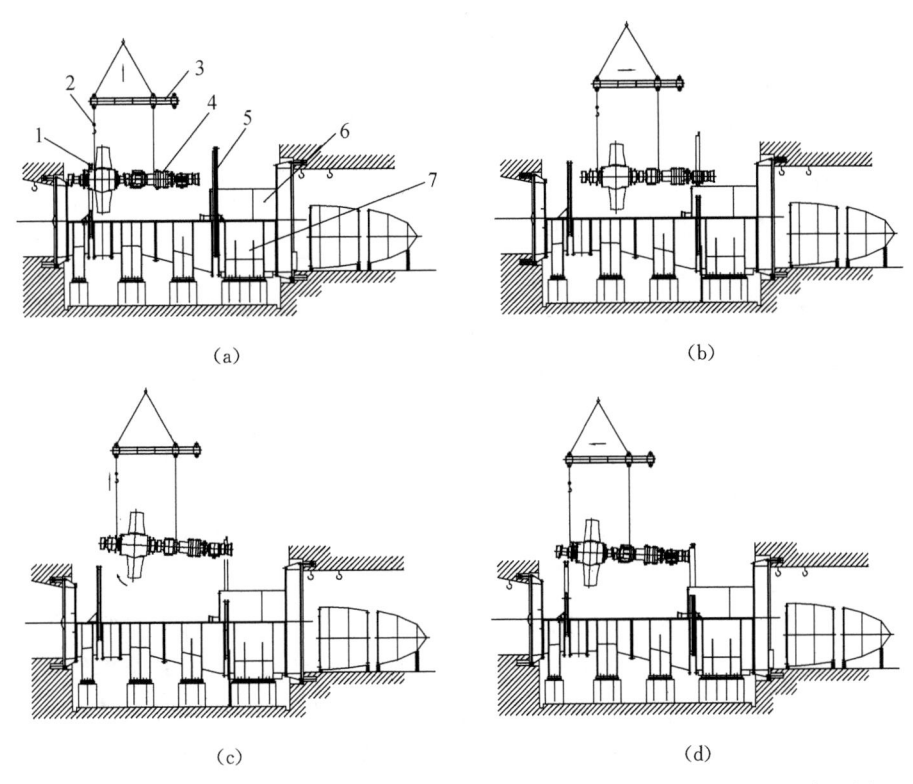

(b)

(c)

(d)

1—前伸缩节；2—手拉葫芦；3—专用吊具；4—水泵转子体；5—后伸缩节；6—电机；7—泵壳下半部。

图 2-137 转子体吊出流程图

（三）机组部件的检修

大部分部件的检修与前述"卧式与斜式机组部件的检修"中相同部件的检修内容和要求类似，可参照执行。对已解体的各个部件进行检查，易损件应予以更换，并做好记录。

1. 泵体部件的检修

（1）对泵体内过流面泥沙和锈蚀进行清理，清理完成后做完好性检查和处理，要求表面无损伤变形，焊缝无开裂，各连接丝孔完好，无明显锈蚀。结束后按规程进行泵体内部过流面防腐处理，安装结束后进行泵体外部表面的防锈和标识的油漆工作。

（2）检查叶轮外壳汽蚀情况，必要时按修补工艺予以修补。

（3）用水平仪配水平梁测量下电机外壳中的电机底座水平度，并记录。

（4）测量中间接管、导叶体、叶轮外壳、进水锥管哈夫面水平度及相对标高，并记录。

（5）进水侧、出水侧伸缩节密封填料一般采用 1～2 道密封条密封，伸缩节解体清理后，密封条均应予以更换。

（6）泵体部件多为焊接件，尤其电机外壳最大直径可达 6～7 m，内无支撑结构，变形量较大，测量的数据可能出现相互矛盾、无法调整的现象。所以结合机组解体时测量的进水侧伸缩节和出水侧伸缩节长度、叶片间隙、联轴器同轴度和角度偏差、转子体水平和倾斜、泵体部件水平与倾斜等数据，综合分析确定泵体部件调整方法。水平和标高调整可以通过增减泵体部件底座与基础板间的垫片实现。在不影响电机和转子体安装调整的情况下,不主张调整泵体部件,以防引起渗漏水、螺栓孔错位等。

2. 转子体部件的检修

由进水侧短轴、叶轮、出水侧轴、接力器、电机侧轴组成主水泵转子体轴系,结构如图 2-138 所示。

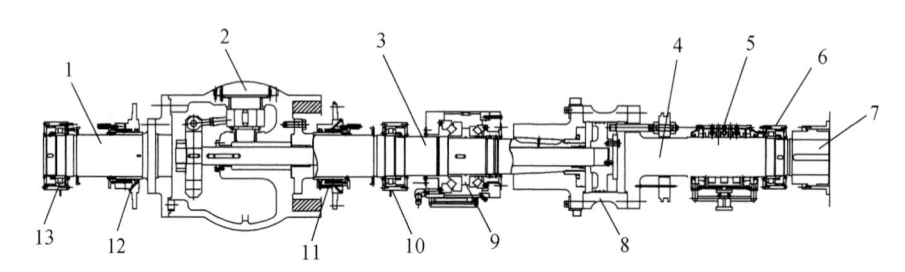

1—短轴;2—叶轮;3—电动机侧轴;4—供油轴;5—受油器;6—电机侧径向轴承;7—鼓齿式联轴器;8—接力器;9—推力轴承;10—中间径向轴承;11—电机侧密封;12—进水侧密封;13—进水侧径向轴承。

图 2-138 主水泵转子体结构图

轴系上从进水侧至出水侧依次安装有进水侧轴承、进水侧轴封、电机侧轴封、中间径向轴承、推力轴承、接力器、受油器、电机侧径向轴承和鼓齿联轴器等多个部件,检修时需制作专用搁架,便于转子体解体、组装和盘车检查,各部件按下述要求,分别进行详细检查,必要时应进行解体检查、处理或更换。转子体维修工作完成后,按制造厂和规范要求喷涂防腐油漆。

(1) 进水侧、出水侧轴封检修

主轴采用组合填料密封,结构如图 2-139 所示,其安装有弹簧装置,通过弹簧力压着填料,运行时无需紧固填料。

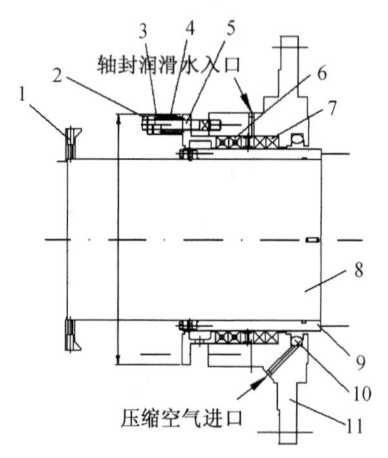

1—甩水环;2—螺母;3—弹簧座;4—弹簧;5—调节螺栓;6—碳化纤维填料;7—合成纤维填料;8—泵轴;9—轴套;10—紧急密封(空气围带);11—填料函。

图 2-139 主轴有弹簧装置填料密封结构图

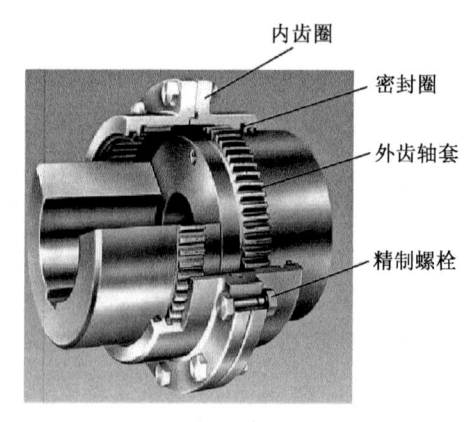

图 2-140 鼓形齿式联轴器外形图

检修时更换新的填料,检查压紧弹簧是否锈蚀,弹性是否符合要求,不符合要求时应予以更换。检查密封轴套如有少许沟槽,则一般 0.20 mm 以内磨损可以现场抛光处理,若磨损严重,可在现场热套更换。进水侧轴封套更换相对简单些,拆除进水侧径向轴承即可更换,出水侧轴封套更换工作量比较大,需拆除出水侧轴系上所有部件才能更换,必要时也可回厂处理。检查紧急密封,如磨损严重、开裂及老化现象应予以更换。填料部件安装于水泵筒体内,漏水量过大或过小都不便于维修,所以维护和安装都必须按照厂家的操作步骤进行,填料压装、弹簧预紧力、螺栓拧入深度等都要符合厂家技术要求。

（2）联轴器的检修

电机与水泵连接传动依靠鼓形齿式联轴器,结构外形如图 2-140 所示,属于刚挠性联轴器,其轴向、径向和角向补偿能力好,具有结构紧凑、承载能力大、传动效率高、噪音低和维修周期长等特点。拆解时检查联轴器齿面啮合情况,接触面积沿齿高不小于 50%,沿齿宽不小于 70%,齿面不得有严重点蚀、磨损和裂纹。微量损伤,可用细锉进行修整,损伤严重应予以更换。

若需拆下外齿轴套时,应使用专用工具,不可敲打,以免造成外齿轴套和轴的损伤。外齿轴套与轴一般为过盈配合,过盈量为 0.01~0.03 mm。回装时,将外齿轴套按前述"卧式与斜式机组的检修"中联轴器的安装加热要求加热,按原标记和数据套装在泵轴及电动机轴上。外齿轴套与轴之间为间隙配合,可便于联轴器端面间隙的调整,联轴器由键销传递扭矩,由止定螺栓防止轴向窜动,回装时,将外齿轴套按原标记和数据套装在泵轴及电动机轴上。如内齿圈外端的端盖和盖板内孔小于外齿轴套最大外圆,则在轴上装外齿轴套之前需将其先装在轴上。

（3）叶片调节机构的检修

叶片液压调节机构包括受油器、接力器、叶片反馈部件和叶片操作部件等,检修时检查叶片操作机构技术状况是否有异常,是否有漏油现象,接力器、调节机构部件如有渗漏油现象,应解体检查并更换密封。确认叶片实际角度是否与指针指示一致。接力器活塞做 1.25 倍严密性试验,30 分钟应无明显泄漏。

（4）径向轴承和推力轴承检修

径向轴承一般采用单列滚柱轴承,结构如图 2-141 所示。

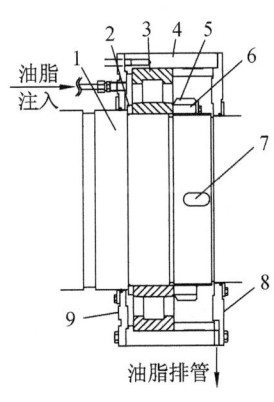

1—泵轴;2—垫环;3—圆柱滚子轴承;4—轴承座;5—轴承螺母;6—固定板;7—键;8—轴承盖;9—轴承盖。

图 2-141 单列滚柱径向轴承结构图

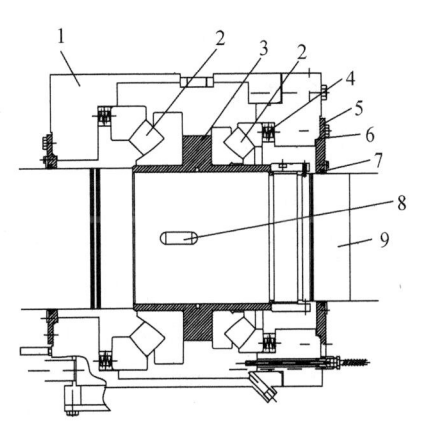

1—轴承体;2—推力调心滚子轴承;3—轴承衬套;4—蝶形弹簧;5—轴承油箱盖;6—橡胶密封;7—油封;8—键;9—泵轴。

图 2-142 向心滚柱推力轴承结构图

推力轴承一般采用两组相对而装的向心滚柱轴承,结构如图 2-142 所示。

拆解时查看滚柱、滑道、保持架是否存在磨损、腐蚀、损伤及其他异常情况,发现异常应进行处理或更换,根据轴承使用寿命如运行时间较长也应更换。滚动轴承的更换,按前述"卧式与斜式轴流泵机组检修"中滚动轴承的拆装有关内容和要求进行。对推力轴承冷却器进行清理并做严密性水压试验。

(5) 叶轮的检修

检查叶轮各张叶片的角度刻度是否一致,叶角差应小于 0.25°。对叶轮做抽真空试验,检查叶片根部密封有无泄漏,试验压力－0.08 MPa,应 30 分钟无泄漏,否则需解体叶轮,更换叶片根部密封件。

(6) 转子体组装后的检查

转子体部件维修养护完成重新组装好后,在专用搁架上以进水侧和电机侧径向轴承为支撑,盘车检查转子体联轴器段、径向轴承和推力轴承段、轴封段的轴颈跳动不得大于 0.10 mm。

3. 电动机的检修

电动机检修参照前述"卧式与斜式机组电动机的检修"相关内容和要求进行。

4. 空水冷却器的检修

用于电机冷却的空水冷却器安装在灯泡头内,一般由一组紫铜盘管和两台轴流风机组成,冷却水经紫铜盘管冷却灯泡头内空气,再由安装在灯泡头内尾部的风机将冷却过的空气吹向电机来冷却电机。检修可参照前述"卧式与斜式机组电动机的检修"相关内容和要求进行。

(1) 检查空水冷却器外部,清理紫铜盘管的内部污垢并进行严密性水压力试验。

(2) 进行轴流风机解体检查、清理、加润滑脂及绝缘检测,检查风机运转情况,必要时应更换轴承。

5. 测温系统的检修

(1) 检查轴承、电动机等测温元件及线路应完好。

(2) 检查测温装置所显示温度与实际温度应相符,偏差不宜大于 1 ℃,有温度偏差需查明原因,校正误差或更换测温元件。

(四) 机组安装

1. 一般要求

联轴器直联灯泡贯流式机组安装的步骤和要求与卧式和斜式机组安装基本相同,可参照执行。另应注意以下几点。

(1) 一般应更换机组所有密封件,由于灯泡贯流式机组结构特殊及部分机组的主要部件为进口件,其专用密封件和易损件应提前订货。

(2) 灯泡贯流式机组均为卧轴形式,因结构特殊,加上布置紧凑、安装空间较小,大件安装时还常因变形较大出现组合的止口对不上、销子穿不上等现象,机组轴线调整亦较困难。为便于拆卸、安装,应多采用专用工具。

(3) 灯泡贯流泵的安装应根据不同的结构形式,按照制造厂的设计文件,确定安装方法。

一般安装程序为:安装电机、出水侧伸缩节、进水侧伸缩节、转子体、上叶轮外壳,调整转子体和电机相对位置,吊出上叶轮外壳,安装上电机外壳、上中间接管、上导叶体内管、出水侧填料函、上导叶体、上叶轮外壳、进水侧填料函、上进水锥管、导水帽,安装灯泡头、进水侧和出水侧伸缩节,安装进人孔、电气接线、油水管道和液压系统等辅件。

(4)灯泡贯流式水泵,由于采用横轴形式,轴有挠度,在调整轴线时,有时转动部分未装全,有时采用临时支架,致使轴上负荷的大小及分布、支撑点的位置与运行时有所不同,这对轴线状态有影响,如不考虑,最终轴线就难以达到设计要求,达不到理想的轴线位置。故转子体轴线调整应按照制造厂的调整步骤进行,满足规范及设计要求。

(5)在机组手动盘车时,应将百分表分别放在水泵导轴承、推力轴承、轴封、电动机导轴承、联轴器等处的轴颈上,测定盘车时各轴颈的跳动和窜动,以判别机组轴线是否是一直线及各轴瓦与轴颈的配合情况,如窜动量大,说明轴瓦与轴颈接触不良或机组联轴不良,此时应根据情况进行处理。

(6)一般在泵体下半部分的高程和水平调整合格后,通过在水泵转子体径向轴承座下垫铜皮以调整叶轮室与叶轮间隙,同时调整叶轮在叶轮外壳内的轴向位置,使叶片间隙及转子体轴向位置符合制造厂和规范要求。

由于贯流式水泵转动部件尺寸大、重量重、转速低,即使在运行状态机组转动部分的中心线仍是一条挠曲线,为使转动与固定部分间隙均匀,固定部件的中心线有时应根据挠曲的转动部分轴线来调整,而不应调在一条直线上。同时,因叶轮有径向窜动量,造成其静止时上大下小,在运转时受离心力作用而外窜。另外有些叶轮在充水运转后上浮,也有因灯泡上浮而下沉。考虑到这些因素的影响,对于采用不同数量径向轴承支撑的转子体,在调整叶轮与叶轮室间隙时,应根据制造厂设计要求并结合实际进行调整。

(7)机组密封的安装质量直接影响机组的安全运行。密封最大的问题是漏油、漏水。对机组漏油、漏水问题,主要应在安装中严格控制安装质量,油管路系统应按规定进行耐压试验,对有渗漏部位进行处理。止水填料要合适,在灯泡体外圈内组合缝也可增涂密封材料以进行防漏。

2. 质量标准

联轴器直联灯泡贯流式机组质量标准与卧式机组基本相同,略有区别,主要标准内容如下。

(1)强度耐压试验:试验压力应为 1.5 倍额定工作压力,保持压力 10 min,无渗漏及裂纹等现象。

(2)严密性耐压试验:试验压力应为 1.25 倍额定工作压力,保持压力 30 min,无渗漏现象。

(3)组合缝检查:合缝间隙可用 0.05 mm 塞尺检查,应不能通过。当允许有局部间隙时,可用不超过 0.10 mm 的塞尺进行检查,深度应不超过组合面宽度的 1/3,总长应不超过周长的 20%。组合缝处的安装面高差应不超过 0.10 mm。

(4)空水冷却器:试验压力为 0.6 MPa,保持压力 30 min,无渗漏、无变形现象。

(5)调节机构:叶片调节接力器应动作平稳。调节叶片角度时,接力器动作的最高油压不宜超过额定工作压力的 15%。

（6）鼓形齿式联轴器同轴度、两轴线倾斜及端面间隙应按制造厂或表 2-16 所示安装技术规范要求执行。

（7）转子体联轴器段、径向轴承和推力轴承段、轴封段的轴颈跳动不得大于 0.10 mm，轴向水平偏差不大于 0.10 mm/m。

（8）泵体水平：轴向小于 0.10 mm/m，径向小于 0.1 mm/m。

（9）叶轮外壳与叶轮间隙调整应根据制造厂设计要求，按叶轮的窜动量和充水运转后叶轮高低的变化进行。叶片最大间隙和最小间隙与平均间隙之差的绝对值不超过平均间隙的 20%。

（10）主轴密封安装与试验应按制造厂要求及相关规定进行。

（11）贯流式机组推力轴承的轴向间隙宜控制在 0.3~0.6 mm 之间。

（12）轴承座高程的确定，应将运行时主轴负荷和支撑变形引起的轴线变形和位移，以及油楔引起的主轴上抬量计算在内，并应符合设计要求。

3. 总装过程

联轴器直联灯泡贯流式机组总装过程与卧式与斜式机组安装过程基本相同，与解体步骤相反，可参照执行。

4. 安装前准备

（1）测量与调整固定部件的水平和同心

以叶轮外壳为基准，测量记录进口管、导叶体、中间接管、出口接管等下部连接面的轴向、径向水平和同轴度数据，根据测量记录综合分析，决定是否调整轴向、径向水平及同轴度，使其符合制造厂和规范要求。

灯泡贯流泵体积大，泵体部件结合面多，调整固定部件可能会造成结合面产生间隙、渗漏水及螺孔错位等情况，需结合解体时测量数据综合分析。如超差是因泵房不均匀沉降、设备变形等因素引起，在能确保后续工序安装质量的情况下，可以不进行调整，否则应予以调整。

（2）泵壳内及连接面的检查清理

设备吊装前，检查清理泵体内及连接面检修用工具和杂物，拆除泵体内临时支撑和脚手架等。

5. 电动机的吊装

更换下电机外壳内电机基础板上的密封条，将电机吊装就位，拧上电机与基础板固定螺栓但不紧固，再拧上电机轴伸端外圆法兰与下中间接管内管的连接螺栓，不紧固，调整两法兰面之间间隙，间隙保留 1 mm 左右，左侧、右侧和下侧间隙误差小于 0.05 mm。

6. 水泵转子体吊装

（1）吊装出水侧和进水侧伸缩节，抬高两个螺孔位置，用专用工具分别固定在下电机外壳和叶轮外壳下的哈夫面上。

（2）由于转子体长度长于两个伸缩节之间的净距离，吊装时按前述"转子体吊出"逆过程进行。吊装时需要调整转子体两端的高度，穿梭于两个伸缩节间缓慢降落，同时注意两侧填料函的位置，不要发生碰撞。

7. 水泵转子体及电动机的安装调整

联轴器直联灯泡贯流式机组主水泵转子体部件多、轴承多、轴系长,且叶轮和接力器体积大、重量重,水泵转子体的安装与调整应充分考虑卧轴机组部件重量及组合面过多的影响。

转子体轴和电机轴与鼓齿联轴器如为间隙配合,为便于测量角度偏差,可将间隙暂时调整在 1 mm 左右,用塞尺测量。在电机与转子体偏差调整过程中既要保证联轴器间的同轴度、角度符合要求,又要保证电机轴伸端外法兰面与下中间接管内管法兰面间隙偏差不大于 0.05 mm,以确保螺栓紧固后不产生间隙。电机调整时只能平移,不许在电机基础下加垫片,以防渗漏水。

调整过程如下。

(1) 给进水侧径向轴承和电机侧径向轴承拧上底座紧固螺栓,吊装上叶轮外壳,对各轴承进行注油,盘车调整叶轮中心。利用在进水侧径向轴承座、电机侧径向轴承座下增减垫片,以及平移径向轴承座和电动机,在最大叶片角度条件下调整叶片间隙合格,转子体与电机两联轴器间同轴度、角度偏差合格。

(2) 然后用塞尺测出中间径向轴承下间隙,加上生产商提供的尺寸数据,在中间径向轴承座下垫入相应厚度的垫片。用塞尺进一步测量叶片间隙,采用前述"卧式与斜式机组的检修"中联轴器盘车测量法测量出联轴器同轴度的偏差值,根据叶片间隙、联轴器同轴度偏差值,统一增减相同厚度进水侧、中间侧和电机侧径向轴承座下垫片,反复调整直至叶片间隙、联轴器同轴度和角度偏差、转子体水平在制造厂和规范规定数值范围内。

(3) 先紧固电机轴伸侧外圆法兰和中间接管下内管的连接螺栓,再紧固电机基础螺栓,复测联轴器偏差合格后,实测转子体推力轴承座下间隙,配相应的垫片,最后配制推力轴承座轴向限位楔块。

8. 联轴器的连接

在叶片间隙、联轴器同轴度及端面间隙符合规范和制造厂技术要求后,连接鼓齿联轴器。如为间隙配合,紧固联轴器外齿圈与轴的止定螺栓后,在内齿圈装上密封圈,按原记号和数据回装内齿圈、精制螺栓,用力矩扳手均匀对称地拧紧螺栓,安装完毕后,注入制造厂规定品牌的润滑脂。盘车检查机组转动部件,应转动自如,无异常响声和卡滞现象。

9. 叶片调节系统管路的安装

安装叶片调节系统管路,试验液压调节系统应无渗漏油现象,接力器应动作平稳,叶片调节活动自如无卡滞,叶片角度指示正确一致。调节叶片角度时,接力器动作的最高油压不超过额定工作压力的 15%。

10. 泵体部件的安装

泵体部件安装时按要求更换密封件,转角处及平面可以均匀涂抹密封胶以防渗漏。螺栓紧固后组合缝用 0.05 mm 塞尺检查,应不得通过。当允许有局部间隙时,可用不超过 0.10 mm 的塞尺检查,深度应不超过组合面宽度的 1/3,总长应不超过周长的 20%。组合缝处的安装面高差应不超过 0.10 mm。泵体部件安装顺序如下。

(1) 安装灯泡头。灯泡头由出水导水帽和电机附件组成,为灯泡状锥形体,内置冷却盘管和风机。出水流道顶如无起吊耳环,需制作足够强度的可升降组装式小车,便于安装及在流道内进出。

（2）安装上电机外壳，由于可能存在变形，需用千斤顶等工具配合调整就位，打紧哈夫定位销钉，先紧固哈夫螺栓，再紧固与出水底座的紧固螺栓。

（3）安装上中间接管，打紧内管和外管哈夫定位销钉，先紧固外管哈夫螺栓，再紧固内管哈夫螺栓及内管与电机连接螺栓，在紧固内管哈夫螺栓及内管与电机连接螺栓时，要分 3~4 次逐渐拧紧，直至螺栓达到规定扭矩，各组合面间隙符合规范要求。

（4）安装出水侧伸缩节时测量电机外壳与中间接管上下左右的距离应符合制造厂设计尺寸要求。两侧平行度误差小于 0.5 mm，垂直度应在 0.1 mm/m 以下。符合要求后吊装伸缩节，伸缩节螺栓为法兰连接螺栓和传力螺栓间隔，紧固时先拧紧两侧的法兰连接螺栓，再拧紧传力螺栓，拧螺栓时需对称操作，拧传力螺栓时需架设百分表保证两法兰间距离不得变化。

（5）安装导叶体时先吊出预安装的上叶轮外壳，将填料函固定在下导叶体内管上，按厂家要求预安装好填料函部件，接好润滑水、测振、测温系统，再将填料函部件顺轴退 20 mm 左右，吊装上导叶体内壳，再将填料函安装就位，盖好操作孔盖，检查无遗漏后吊装上导叶体。

（6）吊装上叶轮外壳，复查叶片间隙应符合要求。

（7）安装上进水锥管与出水侧填料函安装一样，先在下进水锥管的内管上预安装进水侧填料函，再顺轴向进水侧退 20 mm 左右，接好润滑水、测振、测温系统，检查无遗漏后吊装上进水锥管，紧固与进水底座固定螺栓、内管和外壳哈夫螺栓后，在内管上固定好填料函部件，再安装进水侧导水帽。

（8）安装进水侧伸缩节时测量进水锥管与叶轮外壳间距离应符合制造厂设计尺寸要求。两侧平行度误差小于 0.5 mm，垂直度在 0.1 mm/m 以下。符合要求后拧紧伸缩节螺栓，由于进水侧伸缩节是套管式，密封方式为侧密封，故紧固螺栓时先拧紧内套管与叶轮外壳法兰的连接螺栓，再拧紧外套管与进水锥管的连接螺栓，同时调整内外套管间间隙均匀，防止渗漏。拧紧两侧法兰连接螺栓后，在所架设的百分表监视下拧紧传力螺栓，并保持叶轮外壳与进水锥管间距离无变化。

11. 其他部件的安装

安装泵体内油水管路、各自动化元件等，检查各管道的通畅情况。特别要注意各油管应严格清洗、连接可靠且不漏油。启动油压装置调节叶片角度动作灵活，无泄漏现象。安装所有外接管路和所有附属件等，空气围带通入 0.5 MPa 的压缩空气，检查空气围带密封情况。

12. 充水试验

总体安装完毕后，灯泡体应按设计要求进行严密性试验。一般采用流道充水试验法。

（1）充水试验前应首先检查、清理流道，再封闭进人孔，关闭进水流道放水闸阀。

（2）打开流道充水阀进行充水，使流道中水位逐渐上升，直到与下游水位持平。

（3）充水时应派专人从水泵进人孔和电动机进人孔进入主机内，仔细检查各密封面和流道盖板的结合面，观察 24 小时，确认无漏水和渗水现象后，方能提起下游闸门。

（4）如发现漏水，应立即在漏水处做好记号，然后关闭流道充水阀，启动检修排水泵，待流道排空后,对漏水处进行处理,处理完毕后,再次进行充水试验,直到完全消除漏水现象。

三、齿轮箱传动灯泡贯流式机组检修

(一)齿轮箱传动灯泡贯流式机组的结构

因为灯泡贯流式机组应用在扬程较低的环境下,选用的轴流泵转速较低,为减少灯泡体的直径,以改善水流的绕流条件,部分灯泡贯流式机组设计成电动机经减速齿轮箱与水泵连接的传动方式,典型的齿轮箱传动灯泡贯流式机组结构形式如图 2-143 所示。

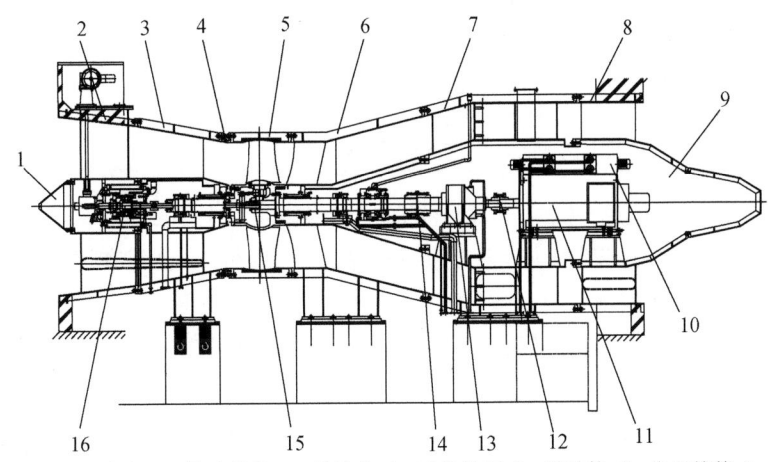

1—进水导水帽;2—进口底座;3—导流锥管;4—伸缩节;5—叶轮外壳;6—导叶体;7—出口接管;8—出口底座;9—出水导水帽;10—空水冷却器;11—电动机;12—蛇形弹簧联轴器;13—齿轮箱;14—鼓齿式联轴器;15—水泵转子体;16—叶片调节机构。

图 2-143 齿轮箱传动的灯泡贯流式机组结构图

齿轮箱传动机械全调节贯流式机组与直联液压全调节轴流式机组的结构基本类似,主要由进水导水帽、进口底座、叶片调节机构、导流锥管、伸缩节、叶轮外壳、水泵转子体、导叶体、中间接管、出口接管、齿轮箱、电机外壳体、电动机、出口底座、出水导水帽等部件组成。

叶片调节机构设置在叶轮进水侧,采用机械全调节操作方式。机械全调节操作方式由控制器控制叶片调节电动机正反两个方向的旋转,再通过传动装置输出轴的旋转,变成操作杆的左右运动,再通过叶轮内的操作机构使叶片向正角度或负角度旋转。

电动机为同步电动机,与前述卧式与斜式机组类似,电动机转速高,体积小,通常为成套设备,全封闭式结构。电机的冷却也与前述卧式与斜式机组类似,采用空水冷却器进行冷却。

该机组特点是采用齿轮箱传动,电动机体积较小,灯泡体空间较宽裕。因为要布置机械调节装置,灯泡体较长有利于流态稳定,但齿轮箱存在效率损耗,叶片调节机构布置不尽合理。

下面对齿轮箱传动与联轴器直联传动灯泡贯流式机组进行比较。

1. 齿轮箱传动与联轴器直联传动相比的优点

（1）水泵驱动电机可以用高速电机，而高速电机结构较小，这样有利于灯泡体布置。

（2）水泵转子体与齿轮箱连接同联轴器直联灯泡贯流式机组采用鼓齿联轴器，齿轮箱与电动机连接采用蛇形弹簧联轴器。蛇形弹簧联轴器承受扭矩大，结构简单，拆装方便，使用寿命长，在轴向、径向和角向均具有良好的补偿能力，适用于重型机械及较长轴系机械的场合。

2. 齿轮箱传动与联轴器直联传动相比的缺点

（1）不利于叶片调节机构的布置，影响设备运行管理与维修。

（2）多套设备增大了故障率，齿轮箱传动本身就增加了一套设备系统，这样就多了个运行维护的对象，就存在许多不确定的因素。

（3）多个齿轮箱就多个能量损失环节。

（4）齿轮箱传动整体设备费用略高于直联传动。

（二）齿轮箱传动灯泡贯流式机组的拆卸

齿轮箱传动灯泡贯流式机组与联轴器直联灯泡贯流式机组结构基本相同，区别在于增加了齿轮箱和采用较高转速电动机。拆卸方法、步骤和要求也基本类似，不同部分主要有以下几点。

1. 拆卸齿轮箱与泵轴、电动机联轴器连接柱销后，需测量并记录联轴器同轴度及轴向间隙。

2. 拆卸机械叶片调节机构与泵轴联轴器连接后，需测量并记录联轴器同轴度。拆卸叶片调节机构电源、控制等线路，拆卸叶片调节机构驱动器、操作杆与联轴器。

3. 主轴密封采用的是机械迷宫式密封，解体时需测量轴封压盖的跳动、轴封压盖与密封环的间隙和轴封套水平。

（三）机组部件的检修

水泵叶轮和叶轮室、推力轴承、导轴承与泵体等部件的检修要求和内容与联轴器直联灯泡贯流式机组检修基本类似。电动机的检修要求和内容与卧式与斜式机组电动机检修基本相同。

1. 轴封部件的检修

机械迷宫式密封的特点是其为非接触性结构，配合间隙约为 0.5 mm，结构组成如图 2-144 所示。密封效果较好，但对机组摆度及轴封装配要求较高。如渗漏水明显增大，应解体检修。

（1）解体检查迷宫及轴套是否有异常的磨损、伤痕，测定尺寸并记录。

（2）如果间隙超过了要求，需更换，必要时，联系原制造厂进行现场指导或返厂处理。

（3）回装时，严格按制造厂要求进行装配。检测泵轴上轴封安装处外圆尺寸及轴封衬、轴封压盖的内孔尺寸，确保配合间隙符合设计要求。在泵轴轴封安装处装好键，将轴封压盖装在泵轴上。检测轴封衬外圆与轴封套的配合尺寸，确保配合间隙，并使两侧配合间隙均匀，装上安装用临时固定工装。将轴封衬装在泵轴上，用紧定螺栓固定。依次装配

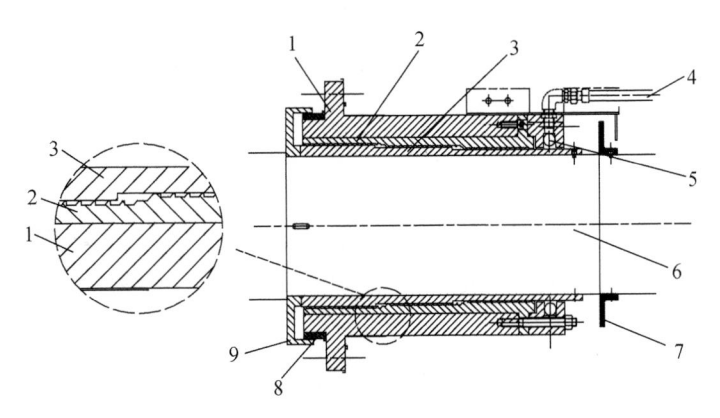

1—轴封座；2—轴封套；3—轴封衬；4—压缩空气进口；5—空气围带密封；6—泵轴；7—挡水环；8—密封环；9—轴封压盖。

图 2-144 机械迷宫式密封结构图

轴封部件中的轴封套、轴封座、密封环、空气围带等，并在指定部位涂上专用的液体涂料。将轴封部件装在泵轴上，紧定螺栓处用冲头铆紧并去除毛刺。

2. 叶片操作机构的检修

（1）检查叶片操作机构箱渗漏油情况，排空润滑油后，解体前测量各部尺寸，并记录。

（2）解体检查轴承、滑动部件、接合器拉杆、齿轮箱、控制器等有无磨损、伤痕等，对损坏件进行处理或更换。拆卸时注意测量垫片厚度、安装位置，并做好记录。

（3）回装时更换所有密封件，并按原位、原尺寸进行装配。

3. 转子体的检修

齿轮箱传动主水泵转子体与联轴器直联主水泵转子体结构略有不同，主要由调节机构侧轴承、调节机构轴封、短轴、叶轮、电机侧轴封、电机侧径向轴承、推力轴承等多个部件组成，结构组成如图 2-145 所示。各部件检修按上述部件和卧式与斜式轴流泵机组相关部件的检修内容和要求进行，需分别进行详细检查，必要时应进行解体检查、处理或更换。

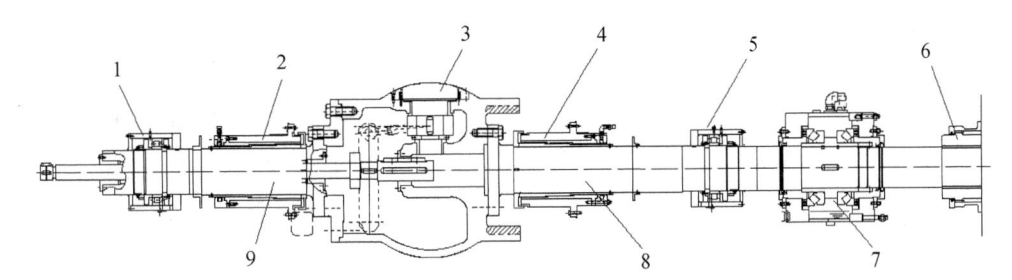

1—调节机械侧导轴承；2—调节机械侧密封；3—叶轮；4—电机侧密封；5—电机侧导轴承；6—鼓齿式联轴器；7—推力轴承；8—泵轴（长轴）；9—短轴。

图 2-145 齿轮箱传动主水泵转子体结构图

4. 电动机的检修

电动机检修参照前述卧式与斜式轴流泵机组电动机检修相关内容和要求进行。

5. 测温系统的检修

测温系统检修参照前述"卧式与斜式机组的检修"相关内容和要求进行。

（四）机组安装

1. 一般要求

齿轮箱连接传动的灯泡贯流式机组泵体部件和转子体部件安装与联轴器直联灯泡贯流式机组安装基本相同，齿轮箱和电动机安装与卧式机组安装基本相同，可参照执行。

2. 质量标准

齿轮箱连接传动的灯泡贯流式机组与联轴器直联灯泡贯流式机组安装质量标准基本相同，略有差别，其中泵轴金属迷宫式密封增加了对轴封部件装配配合间隙的要求。

（1）泵轴上轴封安装处外圆与轴封衬、轴封压盖的内孔配合间隙需符合制造厂规定要求。

（2）轴封衬外圆与轴封套的配合间隙应符合制造厂规定要求。

（3）鼓形齿式联轴器同轴度、两轴线倾斜及端面间隙应按制造厂或表2-16所示的安装技术规范要求执行。蛇形弹簧联轴器同轴度、两轴线倾斜及端面间隙应按制造厂或表2-17所示的安装技术规范要求执行。

3. 总装过程

与联轴器直联灯泡贯流式机组总装过程基本相同，可参照执行。

4. 安装前准备

齿轮箱连接传动的灯泡贯流式机组安装前准备同联轴器直联灯泡贯流式机组，可参照执行，主要有如下内容。

（1）测量与调整固定部件同心。

（2）泵壳内及连接面检查清理。

5. 水泵转子体的安装

（1）将伸缩节斜置于导流锥管中，使用专用工具和手拉葫芦吊入水泵转子体，各轴承盒放到泵体内支墩上，并在支墩上安装调整工装。吊装上叶轮外壳，对各轴承进行注油。

（2）盘车调整叶轮中心，在进水侧径向轴承座、电机侧径向轴承座下垫铜皮，以及平移径向轴承座，在最大叶片角度条件下使叶片四周间隙在制造厂规定数值范围内，同时调整叶轮在叶轮外壳内的轴向位置，使叶轮的进出口边间隙误差在制造厂要求范围内，调整过程如同联轴器直联灯泡贯流式机组转子体调整过程，调整好后推力轴承按实际所需尺寸配制、装好轴向限位楔块。

（3）调整左右轴封的安装位置，轴封座水平度、轴封压盖跳动值、轴封压盖与密封环间隙应满足制造厂及规范要求。

6. 叶片调节机构的安装

调整调节机构部件与转子轴同心，上下左右方向用调整机构调整，调整好后紧固底座。

7. 齿轮箱、电动机的安装

（1）吊入电机至外壳体电机座上。吊入齿轮箱至齿轮箱座上。

（2）以水泵转子体为基础，盘车测量调整齿轮箱与泵转子体、电动机与齿轮箱的同心度、角度和轴向位置,安装调整方法与卧式与斜式轴流泵机组检修中齿轮箱、电动机的安装方法和要求相同。调整合格后,紧固好齿轮箱、电动机底座,连接转子体与齿轮箱、齿轮箱与电机联轴器。

(3) 盘车检查机组转动部件,应转动自如,无异常响声和卡滞现象。

8. 其他部件的安装

(1) 安装方法与联轴器直联灯泡贯流式机组相同部分安装类似,依次吊装进水管、叶轮外壳、导叶体、中间接管、出口接管(电机壳体)等上半部分。

(2) 安装泵体内油水管路、各自动化元件等,给调节机构、减速器注入机油。

(3) 装好伸缩管、两端导水帽。检测各处配合情况、螺栓紧固情况。

(4) 做叶片动作试验,空气围带通入 0.5 MPa 的压缩空气,检查空气围带密封情况。

(5) 鼓齿联轴器安装完毕后,按制造厂规定要求注入润滑脂。在蛇形弹簧联轴器安装弹簧前需按制造厂规定要求填入润滑脂。

9. 充水试验

总体安装完毕后,与联轴器直联灯泡贯流式机组检修充水试验类似,灯泡体应按设计要求进行严密性试验。

(1) 充水试验前首先应检查、清理流道,再封闭进人孔,关闭进水流道放水闸阀。

(2) 打开流道充水阀进行充水,使流道中水位逐渐上升,直到与下游水位持平。

(3) 充水时应派专人从水泵进人孔和电动机进人孔进入主机内,仔细检查各密封面和流道盖板的结合面,观察 24 小时,确认无漏水和渗水现象后,方能提起下游闸门。

(4) 如发现漏水,应立即在漏水处做好记号,然后关闭流道充水阀,启动检修排水泵,待流道排空后,对漏水处进行处理,处理完毕后,再次进行充水试验,直到完全消除漏水现象。

(5) 如轴封渗漏量过大,应查明原因,进行处理。

四、共轴式灯泡贯流式机组检修

(一) 共轴式灯泡贯流式机组的结构

共轴式灯泡贯流式机组是将电动机轴和水泵轴设计成一根轴,典型共轴式灯泡贯流泵结构形式如图 2-146 所示。固定部件主要由进口管、叶轮室、导叶体、电机外壳、出口管等组成。转子体主要由导水帽、叶轮、进水侧径向轴承、电机转子、推力轴承、出水侧径向轴承、集电环等组成。

共轴式灯泡贯流式机组一般采用变频调节,就是通过变频装置来改变频率,改变水泵的转速,以达到调节水泵工况的目的。在南水北调东线工程沿线,采用了变频装置进行工况调节的共轴式灯泡贯流式机组有淮阴三站、二级坝站和韩庄站。

下面对变频调速与叶片变角调节进行比较。

1. 变频调速的主要优点

(1) 无级调速,运行平稳,电机启动属于轻载启动,电机停止属于降载停机,电气、机械损伤小。

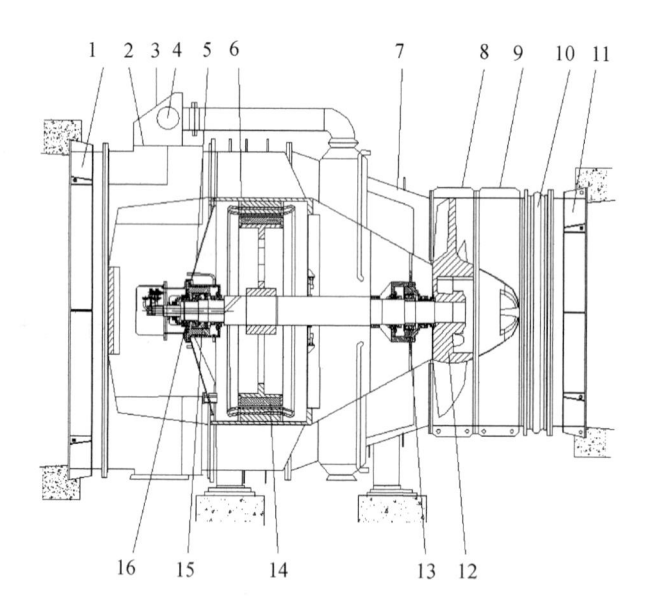

1—出口连接管;2—出口管;3—电缆盒;4—冷却空气出口;5—轴承支架;6—电机外壳;7—导叶体;
8—叶轮外壳;9—进口管;10—橡胶伸缩节;11—进水连接管;12—叶轮;13—前径向轴承;14—电动机;
15—推力轴承;16—后径向轴承。

图 2-146 共轴式灯泡贯流泵结构图

(2) 启动电流小、起动转矩大,对电网无冲击。

(3) 可实现自动化控制,调速精度高,实现泵站抽水流量的自动和精准调节。

(4) 效率高,尤其在优化运行时节能效果更为明显。

2. 变频调速的主要缺点

(1) 设备成本高。

(2) 变频器本身存在能量损耗,数值约占整个能耗的 2%～4%。

(3) 产生谐波污染电网。

(4) 运行维护工作量大。

变频调速与叶片变角调节相比较,叶片调节是目前泵站较普遍运用的工况调节方式,技术成熟,运行维护方便,设备运行可靠性也很高,且价格较便宜。而变频调速设备投资大,运行维护工作量大、成本高,但优势也较为明显,可实现泵站的流量自动调节和优化运行,提高泵站的整体效益。

(二) 共轴式贯流泵机组检修一般要求

整体共轴式贯流泵一般采用整机在制造厂装配并经检测完成后运输到现场进行整机安装的方式。安装内容主要是调整机组的相对位置、中心、高程和水平等符合设计要求并与进出水流道进行连接的过程。机组检修一般采用拆除机组与泵站进出水流道连接后,整机吊到检修场地或运回制造厂进行解体、部件检修和回装的方式。

（三）共轴式贯流泵机组解体前准备

共轴式贯流泵机组安装，机组主体部分是在制造厂整机装配完成后运至现场进行安装的，且贯流泵在国内运用时间较短、使用范围较小，缺乏检修经验。尤其是共轴式贯流泵机组，由于泵体部件是整体结构，受泵站检修间长度和高度限制，以及关键部件一般为外商设计和制造，制造厂一般建议是返厂检修，因此若在现场检修，解体前应充分做好技术、材料和专用工具等准备工作，主要内容如下。

1. 做好所有需更换的易损件和密封件的购置工作，包括需从国外购买的轴承和专用密封件等器件。

2. 根据制造厂机组装配要求及现场检修条件进行机组检修方案的制定和专用工具的制作和购置。

3. 机组需整机吊装，体积大重量重，泵站内起重机使用频率低，所以必须对起重机和索具做充分的检查，合理规划设备行走路线和场地摆放，起吊时由专人指挥，确保安全。

（四）共轴式贯流泵机组拆卸

1. 机组整体拆除吊出

（1）做好与前述贯流泵机组类似的检修准备工作，关闭机组闸门，抽干流道内的积水。在机组两侧搭设临时脚手架，上面铺设脚手板，便于施工。同前，机组拆卸时各相关部件做好记号和记录，以便正确回装，防止出差错。

（2）由位于灯泡头下部的检查孔进入电动机内部，测量电动机定子与转子之间的空气间隙及定子与转子的轴向中心。由检修孔进入贯流泵内部，测量叶片间隙，并做好记录。检查测量叶片、叶轮室的汽蚀状况，并拍照。

（3）排放机组内的润滑油，拆除电动机相关接线及附件，拆除冷却风机，拆除机组油、水及风冷配套管道及附件。

（4）拆卸机组橡胶伸缩节与进水口连接管、进口管连接螺栓，并吊出。拆卸机组出口管与出水口连接管连接螺栓，拆卸泵底脚固定螺栓，拆除保护接地。

（5）将机组整体吊出至检修间指定检修区域内摆放。

2. 机组解体

机组整体吊出后进行机组解体检修，其内部结构如图 2-147 所示。

（1）拆除出水侧出口管与电机外壳内外法兰螺栓，并吊出。依次拆卸电机集电环保护罩、刷架和集电环。

（2）依次整体拆卸进水侧进口管、叶轮室、导水帽及叶轮。

（3）调整位于电机内侧的分半夹固支架，锁紧轴。在电机转子与推力轴承间主轴处以及导叶体衬套旁主轴处采用专用支撑架及千斤顶，将转动部件固定在电机外壳和导叶体上。电机转子轴临时支撑如图 2-148 所示。

（4）依次拆卸电机侧外密封、轴承盖，拆分锁紧螺母和锁定扣，采用专用工具拆分径向轴承、支撑座、推力轴承、绝缘环、轴承体和内密封；在下部空气间隙内垫入硬纸板，将电机转子落于定子上，撤去电机转子轴临时支撑，拆卸轴承支架、压环等部件。

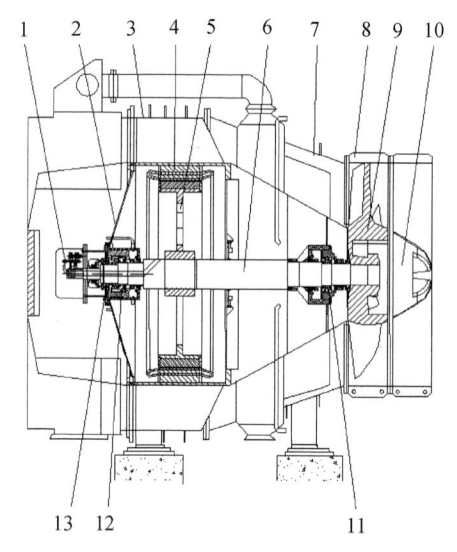

1—集电装置；2—轴承支架；3—泵体外壳；4—定子；5—转子；6—主轴；7—导叶体；8—叶轮外壳；9—叶轮；10—导水帽；11—前径向轴承；12—推力轴承；13—后径向轴承。

图 2-147 共轴式灯泡贯流泵内部结构图

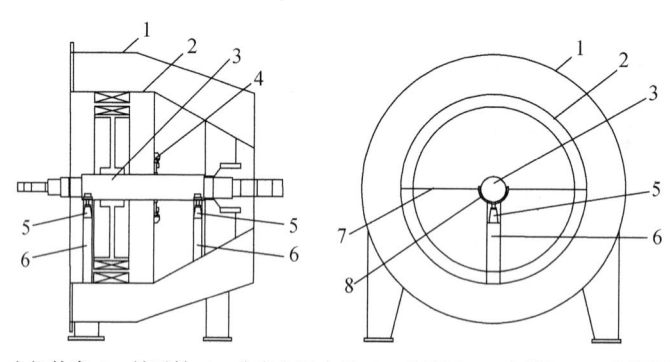

1—泵壳；2—电机外壳；3—转子轴；4—分半夹固支架；5—千斤顶；6—支撑架；7—支撑螺杆；8—托架。

图 2-148 电机转子轴临时支撑示意图

(5) 依次拆卸叶轮侧外密封、轴承体、紧定套，用专用工具拆分径向轴承，拆卸内密封等部件。

(6) 对电动机抽芯，制造厂如有具体方法规定，可按制造厂的规定方法执行。也可用移动泵体外壳方法进行转子抽芯，抽芯方法如图 2-149 所示。

①重新吊高整个泵体约 15 cm，在四个泵脚下各垫放一辆 30 t 直向搬运坦克车，调整其方向一致。

②根据主轴轴径，选择一根具有合适内径、有一定长度和强度的钢管（也称假轴），将其套在叶轮侧主轴一侧，固定牢固，注意在主轴尾端与假轴间垫实，做好防护，防止损伤主轴轴径。

(a)移动前　　　　　　　　　　　(b)移动后

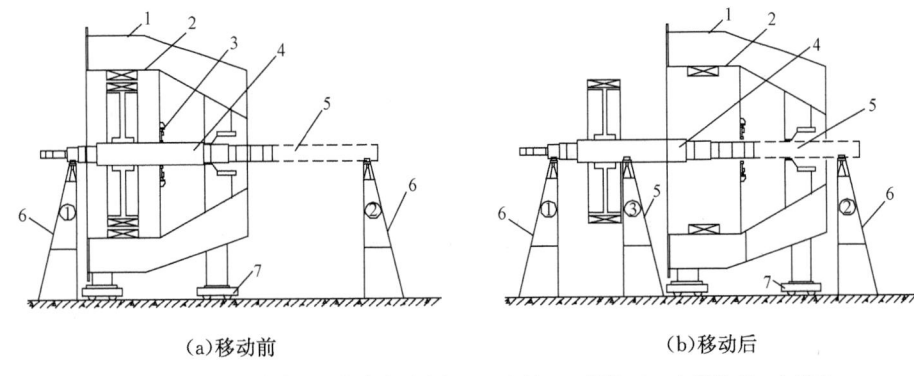

1—泵壳;2—电机外壳;3—分半夹固支架;4—主轴;5—假轴;6—支撑架;7—小坦克。

图 2-149　电动机转子轴抽芯方法示意图

③在电机侧转子主轴后端和假轴尾端,分别用可由千斤顶调节高度的专用支撑架①、专用支撑架②进行支撑,用支撑架上千斤顶调整转子及主轴水平,使电机定子与转子间四周气隙均匀,并保证移动时气隙始终基本均等。在气隙中插入硬纸板。

④松开叶轮侧主轴上限位环紧固螺栓,打开分半夹固支架,拆除电机外壳和导叶体上的电机转子轴临时支撑架。

⑤用 2 只 3t 手拉葫芦将电机外壳及导叶体等整体缓缓移出,待转子磁轭面出电机外壳约 1 m 处,暂停拉动手拉葫芦。

⑥在转子前端用专用支撑架③固定主轴后,拆掉假轴和支撑架②,继续拖动电机外壳及导叶体等整体,直至主轴完全脱离电机外壳。在抽出转子过程中注意及时取下主轴上的限位环,防止脱落。

⑦吊起转子部件摆放在专用支撑架上,电机转子下应垫实,以防止主轴变形。

(五)机组部件的检修

共轴式贯流泵机组主要部件检修内容和要求与卧式机组类似部件基本相同,可参照执行。

1. 叶轮和叶轮室的检修

检查并处理叶片与叶轮室汽蚀情况。检查并调整叶片安放角,最大偏差应小于 0.25°。叶轮一般不作解体,仅做外观检查。叶轮体按制造厂要求做抽真空试验,试验压力 -0.08 MPa,时间 30 min。

2. 轴承及主轴的检修

检查轴承滚动部件是否存在损伤,使用时间较长或有损伤应进行更换,滚动轴承的更换,按前述"卧式与斜式轴流泵机组检修"中"滚动轴承的拆装"部分有关内容和要求进行。检查主轴是否有损伤和磨损等现象,如有应查明原因并进行处理。

3. 更换进水侧导叶体内轴承箱内密封和外密封(轴密封),更换电机侧轴承支架轴承箱内密封和外密封(轴密封),以及所有部件间的密封等。

4. 附件的检修

检查并处理定子和转子引线、测温元件及线路、刷架和集电环等。检查各附件完好性,是否存在磨损、伤痕等。

5. 泵体的检修

检查泵体完好性,应表面无损伤变形、焊缝无开裂,连接丝孔完好,无明显锈蚀。进行泵体内部防腐处理,安装结束后对泵体外部表面进行防锈和标识油漆工作。

6. 转子轴平直度检查

在电机滑环、前后轴承轴径三处检查测量轴系圆跳动值,测量点部位如图 2-150 所示,各轴径处的跳动值应小于 0.10 mm。

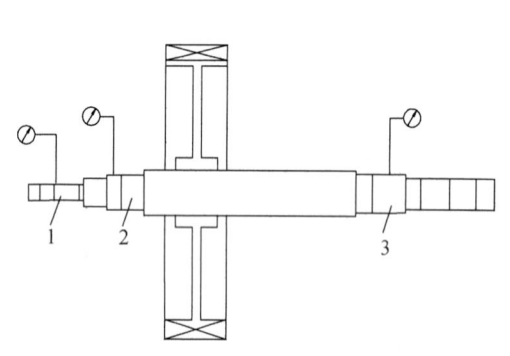

1—滑环轴径;2—后轴承轴径;3—前轴承轴径。

图 2-150 轴系圆跳动测量点部位示意图

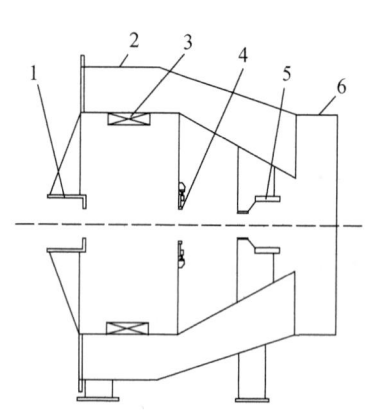

1—轴承支架内孔;2—泵壳;3—定子;4—分半夹固支架;5—支撑管;6—叶轮外壳。

图 2-151 机组固定部分同心测量部位示意图

7. 泵体同心检查

以定子中心为基础测量和调整轴承支架内孔、导叶体内支撑管固定部分及叶轮外壳同心,机组固定部分同心测量部位如图 2-151 所示。解体时如果叶片间隙和空气间隙合格,该项检查可以省略不做。

8. 主电机的检修

电动机检修按前述"卧式与斜式轴流泵机组检修"中"电动机检修"部分相关内容和要求进行。测量并记录定子铁芯长度、转子磁极长度,以便在装配时测量检查定子、转子磁场中心是否符合规范要求。

9. 测温系统的检修

测温系统检修参照前述"卧式与斜式机组的检修"相关内容和要求进行。

(六)机组安装

1. 一般规定

(1)共轴式贯流泵机组安装过程与其他形式贯流泵机组有所不同,共轴式贯流泵机组安装是在泵体装配基本完成后,整体吊入机坑,与流道进出口预埋件及伸缩节进行连接。

(2)贯流泵机组所有密封件一般应全部更换。

2. 安装质量标准

共轴式贯流泵机组因结构不同于其他形式贯流泵机组,安装质量标准应按制造厂和前述其他形式贯流泵相同部分的相应要求执行,主要内容如下。

(1) 水泵安装的轴向径向水平偏差不应超过 1 mm/m。

(2) 叶轮外壳与叶轮间隙应符合制造厂设计值要求,其中进水边、出水边和中部三处叶片间隙与相应位置的平均间隙之差的绝对值不宜超过平均间隙值的 20%。

(3) 测量调整定子与转子的空气间隙,空气间隙值应取 4 次测量值的算术平均值(每次将转子旋转 90°),其与平均间隙之差的绝对值,应不超过平均间隙的 10%。

(4) 复测定子与转子的轴向中心,应使定子中心相对于转子中心向后轴承侧偏移。偏移值按制造厂技术要求应为电动机满负荷运行时电动机轴的热膨胀伸长量的一半。

(5) 推力轴承的轴向间隙宜控制在制造厂要求范围内,一般在 0.3 mm~0.6 mm 之间。

(6) 按进水侧轴承和电机侧轴承支架承插口止口中心找正时,测量定子 4 个对称方位的半径值,各半径与平均半径之差,不应超过设计空气间隙值的±4%。测量叶轮外壳 4 个对称方位的半径值,各半径与平均半径之差,不应超过设计叶片间隙的±10%。

(7) 泵轴密封在安装到位后进行,轴承箱需进行煤油渗漏试验,注油 4 h 后检查不得有渗漏现象。

3. 总装过程

(1) 回装电机转子部件。

(2) 调整空气间隙、定子中心。

(3) 装配推力轴承、后径向轴承等。

(4) 装配前径向轴承等。

(5) 安装叶轮、叶轮室等。

(6) 机组整体吊装。

(7) 安装出口管、伸缩节。

(8) 泵体辅机管道及线缆恢复。

(9) 进水流道充水、严密性检查。

4. 电动机转子部件的回装

(1) 电机转子部件回装为转子部件抽芯逆过程,将电机转子水平放置,转子两侧原支撑架位置、高程不变。

(2) 用手拉葫芦缓慢拉动电机外壳,将主轴穿过定子中心,待电机外壳离转子部件约 1 m 时暂停拉动手拉葫芦,按抽芯时要求套实假轴,在假轴尾端原位置用支撑架②调整转子部件水平,拆除转子前端固定支撑架③,在电机气隙中插入硬纸板。继续拉动手拉葫芦将转子穿入电机外壳,直至限位环距导叶体衬套 7 mm。在转子穿入过程中应注意及时将限位环套入主轴上原尺寸位置,并用螺栓紧固。

(3) 在电机转子后侧主轴处及导叶体衬套旁主轴处用专用支撑架从三个方向将转动部件固定在电机外壳和导叶体上。测量调整空气间隙,并根据定子铁芯、转子磁极测量数据调整电机转子对中。调整分半夹固支架,锁紧轴。取出电机气隙中插入的硬纸板,拆除假轴、转子主轴后端和假轴尾端专用支撑架①、专用支撑架②。

（4）组装、安装压环部件。

（5）将轴承支架按原拆除方位装入电机外壳，并用螺栓将轴承支架与压环固紧，安装密封圈。

5. 推力轴承、后径向轴承及密封等的装配

共轴式贯流泵机组后轴承及密封结构如图 2-152 所示。

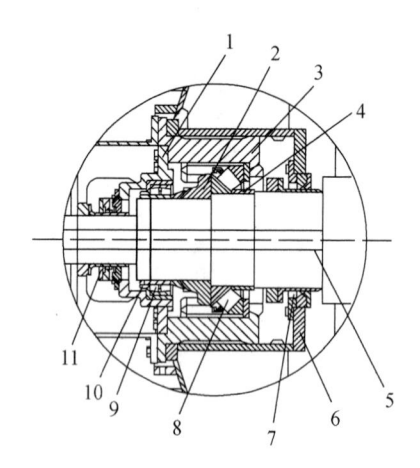

1—轴承盖；2—支撑座；3—轴承体；4—支撑环；5—主轴；6—轴承支架；7—主轴内密封；8—推力轴承；9—后径向轴承；10—锁紧螺母；11—主轴外密封。

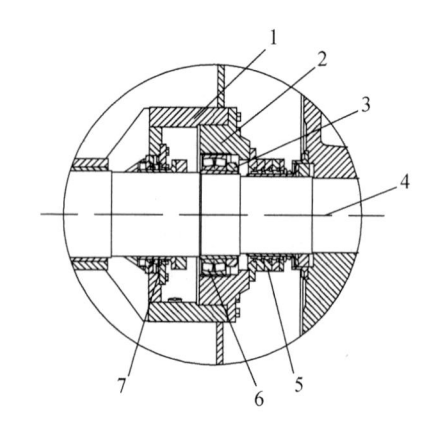

图 2-152 后轴承及密封结构图

1—导叶体；2—轴承体；3—紧定套；4—主轴；5—泵体外密封；6—前径向轴承；7—轴承内密封。

图 2-153 前轴承及密封结构图

（1）将内密封装入轴承支架内孔，调整密封的轴向尺寸，并与轴承支架固紧，然后将支撑环套入轴中。

（2）将O形密封圈嵌入轴承体法兰背面的密封槽内，将后轴承体按原位装入轴承支架内腔。

（3）将压力弹簧嵌入后轴承体底部的盲孔，将绝缘环装入后轴承体内腔底部，测量相关数据。

（4）将推力轴承外圈装入后轴承体内的绝缘环上，推力轴承内圈加热至 80～90 ℃后，将其安装到轴和轴承外圈上。安装支撑座。

（5）后径向轴承加热至 80～90 ℃后，将其安装到轴和支撑座上。

（6）安装锁紧螺母和锁定扣。

（7）将O形密封圈嵌入轴承体盖法兰下端面的密封槽内，安装轴承盖，用螺栓拧紧。

（8）拆除电机侧轴承支架上和导叶体上临时专用支撑架，检查空气间隙，用调整螺栓进行调整，并记录数据。在后轴承体与轴承支架上合制锥销孔，装销。将后轴承体用螺栓紧固在轴承支架上，松开分半夹固定支架并锁定。

（9）将外密封滑入轴承盖内孔，并与轴承盖固紧。

（10）依次安装保护装置座、保护装置罩、集电环、刷架及电机碳粉收集装置。

（11）安装出口管、人孔盖及顶盖等附件。

6. 前径向轴承、密封等的装配

共轴式贯流泵机组前轴承及密封结构如图 2-153 所示。

(1) 将内密封顺轴装入导叶体内孔,并与导叶体固紧。

(2) 将轴承的内、外径圆柱配合面擦拭干净,轴承加热至 80～90 ℃后安装到轴上。安装紧定套。

(3) 将 O 形密封圈嵌入前轴承体法兰大端面的密封槽内,连接管旋入前轴承体,在轴承上安装前轴承体,用螺栓将前轴承体固紧在导叶体上。

(4) 用等径外接头将前轴承体上的连接管与润滑油脂管连接起来,将油脂注入润滑油脂管。

(5) 将外密封装入前轴承体内孔,调整密封的轴向尺寸,并与前轴承体固紧,将外密封吊环装入叶轮轮毂内孔,并与叶轮轮毂固紧。

7. 叶轮、叶轮室等的安装

(1) 清洁叶轮与主轴的配合表面,以及叶轮轮毂外圆,再涂抹矿物油。

(2) 将叶轮两点起吊,安装在主轴上,将叶轮轮毂锁环套入叶轮轮毂,依次均匀拧紧各螺栓,直到内、外圈端面平齐。

(3) 将 O 形密封圈嵌入叶轮轮毂密封槽,销装入叶轮轮毂孔。

(4) 将螺柱一端拧入主轴螺孔,叶轮头穿过螺柱,通过销定向,并与叶轮轮毂止口配合,套入垫圈,用螺母固紧。

(5) 将 O 形密封圈套入叶轮头盖外止口,叶轮头上安装叶轮头盖,用螺栓固紧。

(6) 安装叶轮室,测量和调整叶片间隙符合规范要求及设计要求。调整合格后,安装进口管。

(7) 轴承内注入制造厂规定品牌的润滑油,盘车检查机组转动部件,应转动自如,无异常响声和卡滞现象。各轴径处的跳动值应小于 0.10 mm,滑环处的摆度值应小于 0.2 mm。

8. 机组整体安装

(1) 复测水泵基础水平,并做好记录,一般暂不做调整。

(2) 在水泵出口管法兰处装上 O 形密封圈。

(3) 整体吊起机组至机坑,4 个泵脚对准基础板原位置,轻轻移动机组,使出口管法兰面与出水口连接管面相接触,检查并测量张口数据,在泵脚与基础板用垫片调整,使上下左右张口基本一致。连接水泵出口管与出水口连接管并固定泵脚。

(4) 在进口端吊入橡胶伸缩节分别与机组进口管、进水口连接管连接。

(5) 安装鼓风机、风道连接管、油位仪、各连接电缆等附件。

9. 充水试验

总体安装完毕后,与联轴器直联灯泡贯流式机组检修充水试验类似,灯泡体应按设计要求进行严密性试验。

(1) 检查、清理流道。

(2) 封闭检修进人孔,关闭进水流道检修排水闸阀,打开进水流道平水阀进行充水,使流道中水位逐渐上升,直到检修闸门内外水位持平。

（3）充水时，应派专人仔细检查各密封面和结合面，应无渗漏水现象。观察24小时，确认无渗漏水现象后，方能提起下游检修闸门。

（4）如发现漏水，立即在漏水处做好记号，关闭进水流道平水阀，启动检修排水泵，待流道排空，对漏水处进行处理完毕后，再次进行充水试验，直到完全消除漏水现象。

第五节 卧式离心泵机组的检修

一、高扬程泵站形式

1. 高扬程泵站机组特点

大中型高扬程泵站一般选用卧式离心泵，高扬程卧式离心泵站结构形式如图2-154所示，高扬程泵站出水管道如图2-155所示。

2. 卧式离心泵的结构

1）离心泵分类

离心泵有多种结构形式，按不同分类形式可有如下分类。

（1）按叶轮数目来分类

①单级泵：即在泵轴上只有一个叶轮。

②多级泵：即在泵轴上有两个或两个以上的叶轮，这时泵的总扬程为 n 个叶轮产生的扬程之和。

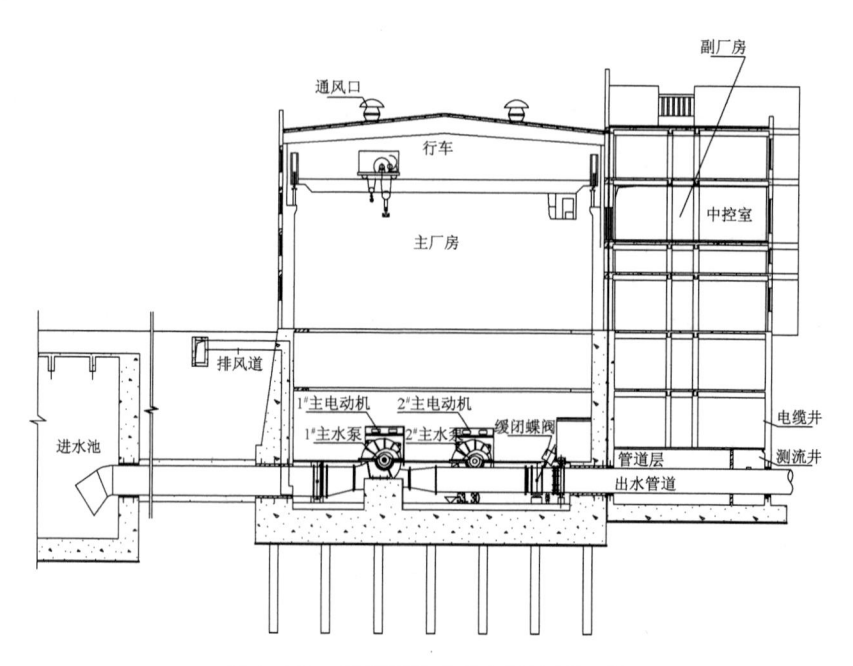

图2-154 高扬程卧式离心泵站剖面图

图 2-155　高扬程泵站输水管道外形图

(2) 按叶轮吸入方式来分类

①单侧进水式泵:又叫单吸泵,即叶轮上只有一个进水口。

②双侧进水式泵:又叫双吸泵,即叶轮两侧都有一个进水口。它的流量比单吸泵大一倍。

(3) 按泵壳结合来分类

①水平中开式泵:即在通过轴心线的水平面上有结合缝。

②垂直结合面泵:即结合面与轴心线相垂直。

(4) 按泵轴位置来分类

①卧式泵:泵轴位于水平位置。

②立式泵:泵轴位于垂直位置。

(5) 按安装高度分类

①自灌式离心泵:泵轴低于吸水池池面,启动时不需要灌水,可自动启动。

②吸入式离心泵:非自灌式离心泵,泵轴高于吸水池池面。启动前,需要先用水灌满泵壳和吸水管道,然后驱动电机,使叶轮高速旋转运动,水受到离心力作用被甩出叶轮,叶轮中心形成负压,吸水池中水在大气压作用下进入叶轮,又受到高速旋转的叶轮作用,被甩出叶轮进入压力水管道。

2) 卧式单级单吸离心泵

(1) 卧式单级单吸离心泵的结构

卧式单级单吸离心泵结构如图 2-156 所示。

卧式单级单吸离心泵由转动部件和固定部件两部分组成,转动部件主要指叶轮、泵轴、轴承和联轴器等,固定部件主要指泵壳、泵盖、填料、填料压盖和进出水管等。泵体重量由支架支撑,支架底座四脚用螺栓固定在底板或基础上,水泵转动部件搁置在支架的轴承体上,泵轴一端伸出轴承体以后安装联轴器与电动机连接,所以这一端也称轴伸端,另一端穿过壳体伸入泵体内与叶轮连接,所以单级单吸离心泵也称作悬臂式离心泵,泵壳外

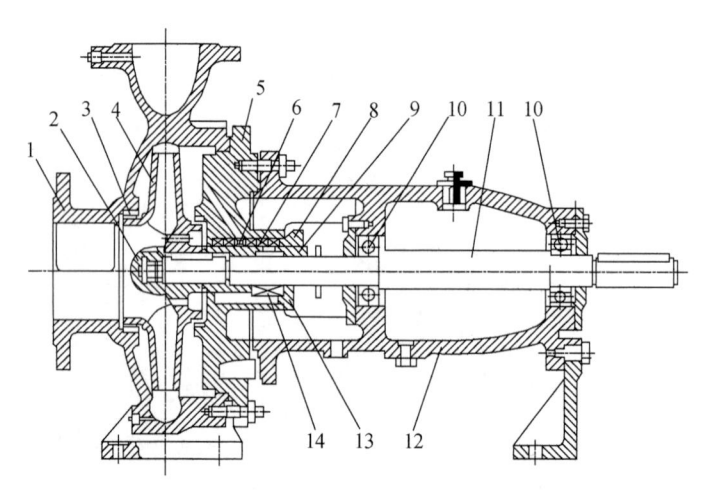

1—泵体；2—叶轮螺母；3—密封环；4—叶轮；5—泵盖；6—填料环；7—填料；8—填料压盖；9—轴套；10—轴承；11—泵轴；12—悬架部件；13—机械密封压盖；14—机械密封。

图 2-156 卧式单级单吸离心泵结构图

形很像蜗牛壳，俗称蜗壳，叶轮就包在蜗壳里。

泵体由进水接管、蜗壳形压水室和出水接管组成。在泵体的进、出水口法兰上设有小孔，用以安装真空表和压力表。泵体的顶部设有排气孔或灌水孔，用以抽真空或灌水。在壳体的底部设有一放水孔，平时用方头螺栓封住，冬季停机后用来放空泵体内积水，防止结冰冻坏泵体。泵体由铸铁制造，其内表面要求光滑，以减小泵内的水头损失。离心泵叶轮进口外缘与泵盖内缘之间有一定的间隙。此间隙过大，从叶轮中流出的高压水就会通过该间隙回漏到叶轮的进口，减少泵的出水量，降低泵的效率；但间隙过小时，虽能减少漏水量，但会引起机械摩擦。因此，为了尽可能地减少漏水量，同时使磨损后便于修复或更换，一般在泵盖上或泵盖和叶轮上分别镶嵌一个金属圆环，由于该圆环既可减少漏水量，又能承受磨损，且位于水泵进口，故称其为密封环，又称减漏环、承磨环或口环。

泵轴穿过泵体处设填料装置进行密封，也称之为轴封。泵轴一端由装在轴承体内的轴承支撑，一般采用滚动轴承，稀油润滑。泵盖上留有放气孔，泵体下侧和两侧法兰上均设有放水孔及压力表孔。

(2) 卧式单级单吸离心泵的特点

特点是扬程高，流量小，结构简单、性能可靠、体积小、重量轻，使用维修方便，用途最为广泛。

3) 单级双吸离心泵

(1) 结构形式

单级双吸离心泵其结构如图 2-157 所示。

单级双吸离心泵的主要部件与单级单吸离心泵基本相似，所不同的是：单级双吸离心泵叶轮双侧吸水，好像两个相同的单吸叶轮背靠背地连接在一起，叶轮结构是对称的。叶轮用键、轴套和两侧的轴套螺母固定，叶轮的轴向位置可通过轴套螺母来调整。泵体与泵盖共同构成半螺旋形吸水室和蜗壳形压水室，由铸铁制成。吸入口和出水口均在泵体上，呈水平方向，与泵轴垂直。水从吸入口流入后，沿半螺旋形吸水室从两侧进入叶轮。泵壳

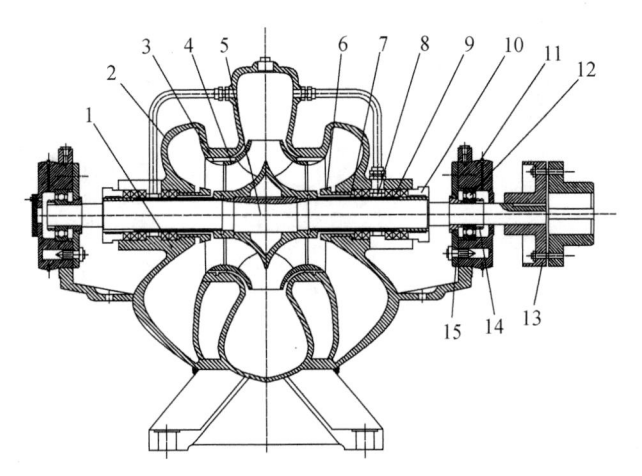

1—泵体；2—泵盖；3—密封环；4—叶轮；5—泵轴；6—轴套；7—填料套；8—水封环；9—填料；10—填料压盖；11—轴承体；12—滚珠轴承；13—联轴器；14—轴承挡套；15—轴承端盖

图 2-157　单级双吸离心泵结构图

内壁与叶轮进口外缘配合处装有两个减漏环。

泵轴穿出泵壳的两端各设有轴封装置，采用填料密封，在轴封处装有可更换的轴套，压力水通过泵盖上的水封管或泵盖中开面上的水封槽流入填料周围，起水封、冷却和润滑作用。泵盖顶部设有安装抽气管的螺孔，泵体下部都有放水用的螺孔。

泵轴两端由装在轴承体内的轴承支撑。轴承形式一般有滚动轴承和滑动轴承，滚动轴承用油脂或稀油润滑，滑动轴承用稀油润滑，采用滚动轴承的称为甲式，采用巴氏合金滑动轴承的称为乙式。中小型机组一般采用滚动轴承，大型机组一般采用滑动轴承。采用滑动轴承的典型双吸离心泵结构如图 2-158 所示。

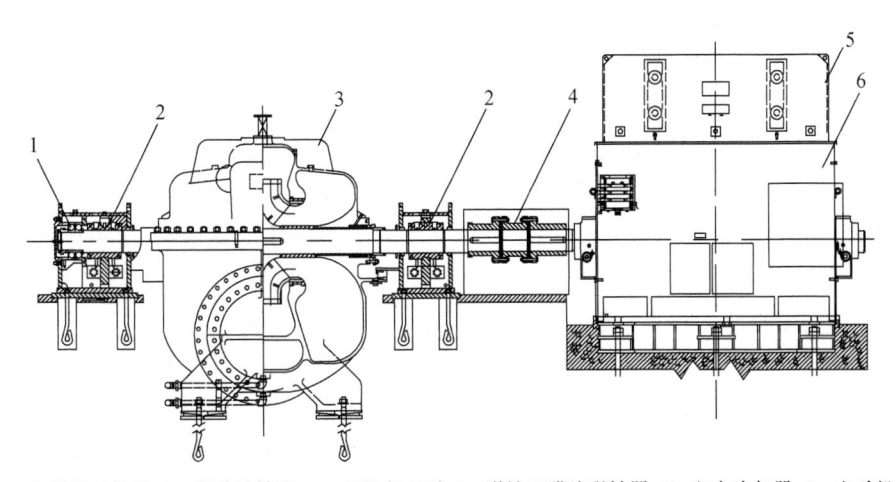

1—角接触球轴承；2—滑动导轴承；3—双吸离心泵；4—弹性双膜片联轴器；5—空水冷却器；6—电动机

图 2-158　座式滑动轴承双吸离心泵结构图

采用滚动轴承的机组，在非驱动端采用能承受一定轴向力（推力）的滚动轴承。采用滑动轴承的机组，在非驱动端另配有承受一定轴向力（推力）的滚动轴承。能承受轴向力（推力）的滚动轴承主要为角接触球轴承，如图 2-159 所示。

（单列）　　　（双列）　　　（双列）

图 2-159　角接触球轴承外形图

角接触球轴承一般有单列和双列两种形式。

单列角接触球轴承只能承受一个方向的轴向负荷，在承受径向负荷时，将引起附加轴向力。单列角接触球轴承可成对双联安装，使一对轴承的外圈相对，即宽端面对宽端面，窄端面对窄端面，以承受双向轴向负荷，同时可避免引起附加轴向力，而且可在两个方向将轴或外壳限制在轴向游隙范围内。

双列角接触球轴承能承受以较大的径向负荷为主的径向和轴向联合负荷和力矩负荷，限制轴的两方向的轴向位移。

双吸泵从进水口方向看，在轴的右端安装联轴器，根据需要也可在左端安装联轴器，泵的转动一般通过弹性联轴器由电动机驱动。

（2）特点

单级双吸离心泵的特点是扬程较高，流量较大。泵壳是水平中开的，泵的吸入管和出水管均在泵轴中心线下方并呈水平方向，并与泵体铸在一起，泵体与泵盖的分开面在轴中心线上方，检修时不需拆卸电动机及管路，只要揭开泵盖即可进行检查和维修。由于叶轮结构对称，叶轮的轴向力基本达到平衡，水泵运行比较平稳。单级双吸离心泵的体积较大，比较笨重，广泛用于山区、丘陵地区和平原地区较大面积的农田灌溉、排水、城镇供水和调水工程中。

南水北调惠南庄泵站采用卧式单级双吸离心泵，吸水口直径 2 m，出水口直径1.8 m，设计扬程 58.2 m，配套电机采用变频异步电动机，额定功率 7 300 kW，额定电压 3.15 kV，变频范围 60%～100%，惠南庄泵站的卧式单级双吸离心泵外形如图 2-160 所示。

4）多级离心泵

多级离心泵由吸入段、中段和压出段组成，用穿杠紧固在一起。为了提高水泵的扬程，将若干个叶轮串联起来工作，每一个叶轮为一级。吸入段、中段和压出段均为铸铁制造，共同形成泵的工作室，水泵运行时，水流从第一级叶轮排出后，经导叶进入第二级叶轮；再从第二级叶轮排出后经导叶进入第三级叶轮，依此类推。叶轮的级数越多，水流得到的能量就越大，水泵的扬程就越高。

陕西省渭南市合阳县境内的东雷二级站，站内安装了两台双级单吸离心泵机组，设计流量 2.2 m³/s，水泵设计扬程 225 m，转速 750 r/min，配套的同步电动机功率 8 000 kW。2002 年更新了一台多级双吸离心泵，设计流量为 1.6 m³/s，扬程为 225 m，转速 1 000 r/min，配套同步电机功率 5 000 kW。东雷二级站离心泵机组如图 2-161 所示。

图 2-160　单级双吸离心泵外形图

图 2-161　东雷二级站离心泵机组外形图

卧式双吸多级离心泵机组结构形式如图 2-162 所示。

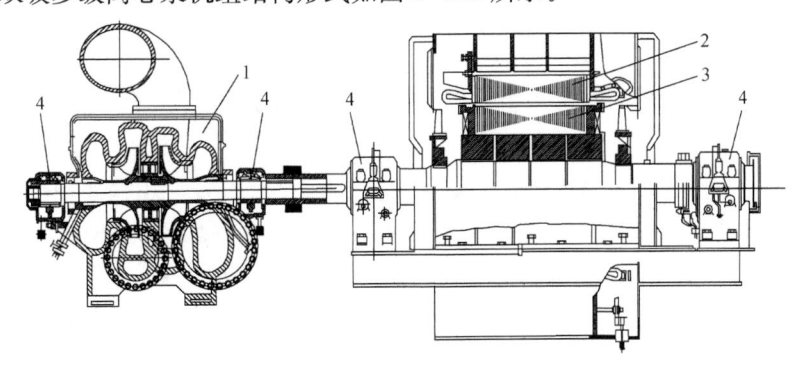

1—主水泵；2—定子；3—转子；4—轴承。
图 2-162　卧式双吸多级离心泵机组结构图

根据不同离心泵特点,中、小型泵站一般选用单级单吸离心泵、单级双吸离心泵和多级离心泵等。随着科学技术的进步及制造水平的提高,高扬程、大流量泵站现主要选用单级双吸水平中开式卧式离心泵。

二、卧式中开式离心泵机组的拆卸

1. 卧式中开式离心泵机组的拆卸与联轴器直联或经齿轮箱连接的灯泡贯流式机组类似,泵体下半部分安装后一般不再拆卸。机组检修时,泵体下半部分仅做轴向、径向水平和泵壳同心度检查,一般不再调整。拆卸时应做好各连接部件之间的记号,并记录。有关部件调整高程、间隙用垫片应妥善保管并做好记录。

2. 做好与前述水泵机组类似的检修准备工作,关闭机组进出水管道的电动检修蝶阀,打开排水阀和排气阀,排空管道及水泵内积水。在机组两侧搭设临时脚手架,上面铺设脚手板,便于施工。

3. 关闭相应油、水连接管道闸阀,拆除机组相关接线、附件及配套管道,排空水泵、电动机轴承箱内润滑油和技术供水管道余水。

4. 拆除联轴器罩,盘车检查机组转动部件,是否转动自如,有无异常响声和卡滞现象,检测轴径处的跳动值并记录;拆出水泵、电动机联轴器连接部件,测量并记录联轴器同轴度及轴向间隙。

5. 拆除水泵轴伸端和非轴伸端填料压盖、水封环及填料,测量填料函与泵轴四周距离并记录;进入蜗壳测量并记录叶轮两侧与密封环之间的径向间隙、轴向距离。

6. 拆卸水泵、电动机轴承体上盖,检查导轴承运行情况,测量并记录导轴承两端断面的侧向轴瓦间隙和底顶部轴瓦间隙。

7. 拆除水泵上盖,将水泵转轮组件吊至检修间专用支架上。

8. 拆除电动机空水冷却器、拆除电动机地脚螺栓及定位销,整体吊装电动机至检修间。

三、机组部件的检修

卧式离心泵机组主要部件检修内容和要求与立式机组、卧式机组等相同部件基本相同,可参照执行。

1) 水泵泵壳和叶轮室的检修

(1) 检查、清洗水泵泵壳和叶轮室,外观应完整,无变形、开裂和损坏,叶轮室组合面平整,无损伤。

(2) 检查叶轮室汽蚀情况,用软尺测量汽蚀破坏相对位置。用稍厚白纸拓图测量汽蚀破坏面积。用探针或深度尺等测量汽蚀破坏深度。汽蚀损坏用抗汽蚀电焊材料进行修补,用模砂磨,使其表面光滑,叶型线与原叶型一致。

(3) 检查测量叶轮室内径和组合后的叶轮室内径圆度,所测直径与平均直径之差不应超过叶轮与叶轮室设计间隙值的±10%。

2) 轴承和轴承座的检修

单级双吸卧式离心泵机组轴承有采用径向滚动轴承,也有采用滑动轴承,同时在非驱动端也有采用能承受一定轴向力的滚动轴承。大型单级双吸卧式离心泵机组一般装有轴承座,也称轴承箱,轴承箱带有水夹层,运行时通入冷却水,可对润滑油进行充分冷却。

轴承和轴承座的检修与前述"卧式与斜式机组的检修"相关内容和要求类似,可参照执行。

3) 叶轮体的检修

卧式离心泵机组叶轮体主要由叶轮、泵轴、滚动轴承、挡水圈等多个部件组成,结构组成如图 2-163 所示。

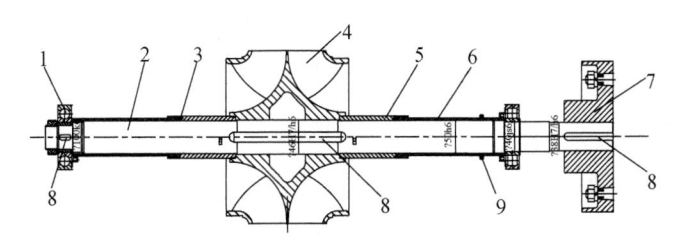

1—滚动轴承;2—泵轴;3—密封圈;4—叶轮;5—轴套;6—密封套;7—联轴器;8—键;9—挡水圈。

图 2-163 主水泵叶轮体结构图

(1) 检查吸入口和排出口密封环,应无松动,密封环表面光滑,与叶轮装配间隙量符合制造厂规定要求,如磨损严重应更换。

(2) 检查填料压盖、水封环、填料套等磨损或腐蚀情况,如损坏严重应更换。

(3) 检查叶轮径向跳动、端面跳动应不大于制造厂规定要求。

(4) 检查叶轮磨损和汽蚀情况,如磨损严重应进行修复或更换,汽蚀损坏按前述叶轮室汽蚀检查、记录和修补要求进行修复。

(5) 检查水泵主轴与轴承配合面应无损坏,轴颈表面应无伤痕、锈斑等缺陷,如有应用细油石沾透平油轻磨,消除伤痕、锈斑后,再用透平油与研磨膏混合物研磨抛光轴颈,表面应光滑,粗糙度应符合要求。检查不锈钢衬套有无脱壳、裂缝和过度磨损等现象,如有损坏,应进行更换。

(6) 根据以上叶轮部件检查情况决定是否应进行解体检查、处理或更换。

① 叶轮拆卸

a. 拆下泵侧联轴器,妥善保管好连接键。

b. 如为滚动轴承,依次拆下轴承紧固螺母、轴承、轴承端盖及挡水圈。

c. 将密封环、填料压盖、水封环、填料套等取下,并检查其磨损或腐蚀情况。

d. 松开两侧的轴套螺母,取下轴套并检查其磨损情况,必要时予以更换。

e. 叶轮拆卸前应测量并记录叶轮装配位置,拆卸时采用专门的拉力工具和边加热边拆卸的方法进行拆卸,防止损伤泵轴。

② 叶轮体组装

a. 叶轮或泵轴处理后,将叶轮按原位装在轴上。装配前,测量叶轮与轴之间、键与键槽之间的配合间隙,应符合制造厂规定要求。一般叶轮与轴之间为间隙配合,键与键槽配合为过盈配合。

b. 装上轴套并拧紧轴套螺母,为防止水顺轴漏出,在轴套部位装入密封胶圈,组装后应保证胶圈被轴套螺母压紧且螺母与轴套已靠紧。

c. 将密封环、填料套、水封环、填料压盖及挡水圈装在轴上。

d. 装上轴承端盖和轴承,拧紧轴承螺母。

e. 装上联轴器。

4）电动机的检修

电动机的检修与前述"卧式与斜式机组的检修"相关内容和要求类似,可参照执行。

5）测温系统的检修

测温系统检修与前述"卧式与斜式机组的检修"相关内容和要求类似,可参照执行。

四、机组的安装

1）一般要求

（1）机组安装的顺序依拆卸逆顺序进行,安装工艺可参照卧式与斜式轴流泵机组的检修工艺要求。

（2）组装好的水泵,其密封环处和轴套外圆的摆度值、密封环与叶轮单侧配合径向间隙应符合制造厂规定和规范的要求。

（3）所有密封件应进行更换。

2）质量标准

（1）水泵安装质量标准

水泵安装的轴向、径向水平偏差应不大于 0.01 mm/m。下叶片间隙应小于上叶片间隙,总间隙不超过制造厂规定的要求。

（2）轴瓦安装质量标准

下轴瓦与轴承座接触应紧密,承力面不应小于 60%,上轴瓦与轴承盖间应无间隙,且应有 0.03～0.05 mm 的压紧量。

（3）电动机安装质量标准

电动机轴联轴器应以水泵联轴器为基准进行找正,其同轴度不应大于 0.04 mm/m,倾斜度不应大于 0.02 mm/m。

（4）主轴连接后,应盘车检查各部分跳动值,允许偏差应符合下列要求。

①各轴颈处的跳动值应小于 0.03 mm。

②推力盘的断面跳动值应小于 0.02 mm。

③联轴器侧面摆度应小于 0.10 mm。

3）总装过程

（1）水泵叶轮室中开面轴向、径向水平的复测和调整。

（2）水泵叶轮部件吊装、调整及装配。

（3）泵盖吊装,轴密封及轴承盖装配。

（4）电动机吊装,同轴度调整。

（5）泵体辅机管道及线缆恢复。

（6）泵体充水,检查密封渗漏情况。

4）测量与调整水泵固定部件水平、同轴度

用水平仪测量调整水泵泵体两轴承箱中开面的水平度,使其符合规范要求。用电气回路法测量调整水泵轴承箱、水泵叶轮室部位的同心度,使其符合规范要求。

5) 叶轮部件吊装就位、调整及装配

如为滑动轴承,安装轴承箱、下滑动轴承,吊入叶轮部件至叶轮室,通过调节轴承箱上下高程调整叶轮和密封环之间的间隙符合制造厂或规范规定要求。通过调节叶轮锁定螺母或轴承箱、角接触球轴承等调整叶轮和密封环轴向间隙,使其两边均等符合制造厂或规范规定要求。

6) 泵盖吊装和轴承盖装配

进行泵盖吊装、泵轴密封装配和轴承盖装配并使轴承盖与轴承之间的间隙符合规范要求。

如为滑动轴承,安装轴承箱上半滑动轴承时,用压铅法检查轴承与轴颈间隙,应满足规范要求。

7) 电动机组装

(1) 检查电动机和相关的起吊设备,整体吊装电动机至安装位置。

(2) 以水泵轴为基准,盘车调整电动机轴同轴度及轴向间隙,轴线中心调整合格后,应用百分表监测主轴位置,进行定位销的安装及基础螺栓的固定。

(3) 联轴器连接后,应盘车检查各部分跳动值。

8) 安装其他部件

(1) 安装主泵填料函部件。

(2) 安装电机和水泵油、水管路,检查应无渗漏。

(3) 安装测温、测振等装置接线,检查各测温元件应显示正确。安装电气一二次接线,应符合规范要求。

9) 充水试验

充水时,应注意排气,派专人仔细检查各密封面和结合面,应无渗漏水现象。观察 24 小时,确认无渗漏水现象后,方能全部打开进出水电动蝶阀。如发现漏水,立即在漏水处做好记号,关闭进出水电动蝶阀,打开排水阀,待管道及水泵转轮室排空,对漏水处进行处理完毕后,再次进行充水试验,直到完全消除漏水现象。

第六节 主电动机的电气试验

一、一般规定

1. 测量绝缘电阻应在常温下(10～40 ℃)下进行,规定采用 60 s 时的绝缘电阻值(R_{60})。吸收比测量规定采用 60 s 与 15 s 时的绝缘电阻比值(R_{60}/R_{15})。

测定绝缘电阻使用的兆欧表电压等级,如未做特殊规定可按表 2-22 规定选择。

2. 耐压试验电压值用额定电压的倍数计算,电动机应按铭牌上标示的额定电压计算。

3. 在进行与温度有关的电气试验时,应同时测量被试物和周围环境的温度及湿度。绝缘试验应在天气良好,且被试物温度及周围温度不低于 5 ℃,空气相对湿度不高于 80%

的条件下进行。

4. 涉及的仪表、继电器和二次回路的试验,应按专用规范规定的要求进行。

二、试验项目

机组检修后应对电动机进行试验。主要试验项目如下。

1. 绕组的绝缘电阻、吸收比试验。
2. 绕组的直流电阻试验。
3. 定子绕组的直流耐压试验和泄漏电流试验。
4. 定子绕组的交流耐压试验。
5. 转子绕组的绝缘电阻试验。
6. 转子绕组的直流电阻试验。
7. 转子绕组的交流耐压试验。

三、电动机试验项目要求

电动机试验项目的要求如表 2-22 所示。

表 2-22 电动机大修试验项目要求

序号	项目	要求	说明
1	绕组绝缘电阻和吸收比	1. 绝缘电阻值:①额定电压 3 000 V 以下者,室温下不应低于 0.5 MΩ;②额定电压 3 000 V 及以上者,交流耐压前定子绕组在接近运行温度时的绝缘电阻值应不低于 U_n MΩ(取 U_n 的千伏数,下同),投运前室温下(包括电缆)不应低于 U_n MΩ;③转子绕组不应低于 0.5 MΩ。 2. 吸收比不小于 1.3	1. 500 kW 及以上的电动机,应测量吸收比(或极化指数)。 2. 3 kV 以下的电动机使用 1 000 V 兆欧表,3 kV 及以上者使用 2 500 V 兆欧表。 3. 有条件时,应分相测量
2	绕组的直流电阻	1. 3 kV 及以上或 100 kW 及以上的电动机各相绕组直流电阻值的相互差别不应超过最小值的 2%;中性点未引出者,可测量线间电阻,其相互差别不应超过 1%。 2. 应注意相互间差别的历年变化	
3	定子绕组的泄漏电流和直流耐压试验	1. 试验电压:全部更换绕组时为 $3U_n$,大修或局部更换绕组时为 $2.5U_n$。 2. 泄漏电流相间差别一般不大于最小值的 100%,泄漏电流为 20 μA 以下者不做规定。 3. 500 kW 以下的电动机自行规定	有条件时,应分相进行
4	定子绕组的交流耐压试验	1. 大修时不更换或局部更换定子绕组后试验电压为 $1.5U_n$,但不低于 1 000 V。 2. 全部更换定子绕组后试验电压为 $(2U_n+1 000)$V,但不低于 1 500 V	1. 低压和 100 kW 以下不重要的电动机,交流耐压试验可用 2 500 V 兆欧表测量代替。 2. 更换定子绕组时工艺过程中的交流耐压试验按制造厂规定

续表

序号	项 目	要 求	说 明
5	转子绕组交流耐压试验	试验电压为 1 000 V	可用 2 500 V 兆欧表测量代替
6	定子绕组极性试验	接线变动时检查定子绕组极性与连接应正确	1. 对双绕组的电动机,应检查两分支间连接的正确性。 2. 中性点无引出者可不检查极性

注:U_n 为设备额定电压。

第七节 试运行和交接验收

一、试运行

1. 机组大修完成,且试验合格后,应进行大修机组的试运行。
2. 机组试运行前,由检修单位和运行管理单位共同制定试运行方案,方案主要应包括试运行组织、试运行条件、验收标准和检验项目及要求,其中主机组振动标准如表 2-23 所示。试运行由检修单位负责,运行单位参加。试运行过程中,应做好详细记录。

表 2-23 机组振动限值表　　　　　　　　　　　　　　　　　单位:mm

项目	额定转速 n(r/min)			
	$n\leqslant100$	$100<n\leqslant250$	$250<n\leqslant375$	$375<n\leqslant750$
立式机组带推力轴承支架的垂直振动	0.08	0.07	0.05	0.04
立式机组带导轴承支架的水平振动	0.11	0.09	0.07	0.05
立式机组定子铁芯部位水平振动	0.04	0.03	0.02	0.02
卧式机组各部轴承振动	0.11	0.09	0.07	0.05
灯泡贯流式机组推力支架的轴向振动	0.10	0.08		
灯泡贯流式机组各导轴承的径向振动	0.12	0.10		
灯泡贯流式机组灯泡头的径向振动	0.12	0.10		

注:振动值在机组处于额定转速、正常工况下测得。

3. 机组试运行的主要工作是检查机组的有关检修情况,鉴定检修质量。
4. 机组试运行时间为带负荷连续运行 8 小时。

二、交接验收

1. 机组大修结束且试运行正常后,应进行大修交接验收。大修机组经验收合格,方可投入正常运行。

2. 交接验收工作由泵站上级主管部门主持,运行管理单位、检修单位及必要时聘请的专家参加。验收程序如下。

(1) 成立主机组大修验收小组。

(2) 检修单位汇报主机组检修情况,内容主要应有主机组运行状况、存在缺陷、缺陷的处理、检修质量标准、检修质量结论及遗留问题等。

(3) 运行管理单位汇报主机组检修情况,内容主要应有主机组检修及质量验收情况等。

(4) 验收小组查阅主机组大修技术资料,确认主机组大修质量。

(5) 在主机组大修符合规程及制造厂质量要求,且泵站现场具备运行条件后,发令开机。

(6) 主机组运行过程中,由运行管理单位、检修单位按规程检查和测量主机组各运行参数。

(7) 主机组运行正常且满足规定时间要求后,讨论和形成主机组检修验收报告。

3. 交接验收的主要内容如下。

(1) 检查大修项目是否按要求全部完成。

(2) 审查大修报告、试验报告和试运行情况。

(3) 进行机组大修质量鉴定,并对检修缺陷提出处理要求。

(4) 审查机组是否已具备安全运行条件。

(5) 对验收遗留问题提出处理意见。

(6) 主持机组移交。